应用型本科院校"十三五"规划教材/电工电子类

主　编　姜　波
副主编　佟巳刚　刘显忠　王　鑫
参　编　郭　宏　白亚梅　刘　芳

基于EDA技术的数字系统设计与实践

Digital System Design and Practice
Based on EDA Technology

哈尔滨工业大学出版社

内容简介

根据应用型本科院校教学大纲,以提高学生实践能力和技能水平为目的,介绍基于 EDA 技术的数字系统设计与实践。全书分为基础篇和实战篇两大部分,基础篇主要包括:EDA 技术概述、可编程逻辑器件概述、Quartus II 开发软件设计指南、VHDL 语法基础、VHDL 主要描述语句、状态机的 VHDL 设计、常用单元电路的 VHDL 程序设计、Verilog HDL 编程基础;实战篇包括:数字系统设计仿真实验、数字系统设计硬件实训等。本书注重理论联系实际,突出应用能力的培养,简明扼要,易读易懂,书中给出了大量的 VHDL 设计实例源代码及仿真结果,从而将如何使用硬件描述语言进行硬件电路设计及分析设计结果有机结合在一起。本书重点培养学生熟练使用 EDA 开发工具进行分析、设计和应用开发的能力,使其符合高等院校转型发展的需求。

本书可作为应用型本科院校电子信息工程、通信工程、电气工程及其自动化、计算机科学与技术等专业的高年级本科生教学用书,也可作为广大从事硬件工作的技术人员的参考用书。

图书在版编目(CIP)数据

基于 EDA 技术的数字系统设计与实践/姜波主编. —哈尔滨:哈尔滨工业大学出版社,2017.7
应用型本科院校"十三五"规划教材
ISBN 978-7-5603-6588-6

Ⅰ.①基… Ⅱ.①姜… Ⅲ.①数字系统-系统设计-高等学校-教材 Ⅳ.①TP271

中国版本图书馆 CIP 数据核字(2017)第 088374 号

策划编辑	杜 燕
责任编辑	范业婷 高婉秋
封面设计	卞秉利
出版发行	哈尔滨工业大学出版社
社　　址	哈尔滨市南岗区复华四道街 10 号　邮编 150006
传　　真	0451-86414749
网　　址	http://hitpress.hit.edu.cn
印　　刷	黑龙江艺德印刷有限责任公司
开　　本	787mm×1092mm　1/16　印张 17.25　字数 394 千字
版　　次	2017 年 7 月第 1 版　2017 年 7 月第 1 次印刷
书　　号	ISBN 978-7-5603-6588-6
定　　价	33.80 元

(如因印装质量问题影响阅读,我社负责调换)

《应用型本科院校"十三五"规划教材》编委会

主　任　修朋月　竺培国
副主任　王玉文　吕其诚　线恒录　李敬来
委　员　（按姓氏笔画排序）
　　　　丁福庆　于长福　马志民　王庄严　王建华
　　　　王德章　刘金祺　刘宝华　刘通学　刘福荣
　　　　关晓冬　李云波　杨玉顺　吴知丰　张幸刚
　　　　陈江波　林　艳　林文华　周方圆　姜思政
　　　　庹　莉　韩毓洁　蔡柏岩　臧玉英　霍　琳

序

哈尔滨工业大学出版社策划的《应用型本科院校"十三五"规划教材》即将付梓,诚可贺也。

该系列教材卷帙浩繁,凡百余种,涉及众多学科门类,定位准确,内容新颖,体系完整,实用性强,突出实践能力培养。不仅便于教师教学和学生学习,而且满足就业市场对应用型人才的迫切需求。

应用型本科院校的人才培养目标是面对现代社会生产、建设、管理、服务等一线岗位,培养能直接从事实际工作、解决具体问题、维持工作有效运行的高等应用型人才。应用型本科与研究型本科和高职高专院校在人才培养上有着明显的区别,其培养的人才特征是:①就业导向与社会需求高度吻合;②扎实的理论基础和过硬的实践能力紧密结合;③具备良好的人文素质和科学技术素质;④富于面对职业应用的创新精神。因此,应用型本科院校只有着力培养"进入角色快、业务水平高、动手能力强、综合素质好"的人才,才能在激烈的就业市场竞争中站稳脚跟。

目前国内应用型本科院校所采用的教材往往只是对理论性较强的本科院校教材的简单删减,针对性、应用性不够突出,因材施教的目的难以达到。因此亟须既有一定的理论深度又注重实践能力培养的系列教材,以满足应用型本科院校教学目标、培养方向和办学特色的需要。

哈尔滨工业大学出版社出版的《应用型本科院校"十三五"规划教材》,在选题设计思路上认真贯彻教育部关于培养适应地方、区域经济和社会发展需要的"本科应用型高级专门人才"精神,根据黑龙江前省委书记吉炳轩同志提出的关于加强应用型本科院校建设的意见,在应用型本科试点院校成功经验总结的基础上,特邀请黑龙江省9所知名的应用型本科院校的专家、学者联合编写。

本系列教材突出与办学定位、教学目标的一致性和适应性,既严格遵照学科体系的知识构成和教材编写的一般规律,又针对应用型本科人才培养目标及与之相适应的教学特点,精心设计写作体例,科学安排知识内容,围绕应用讲授理论,做到"基础知识够用、实践技能实用、专业理论管用"。同时注意适当融入新理论、新技术、新工艺、新成果,并且制作了与本书配套的PPT多媒体教学课件,形成立体化教材,供教师参考使用。

《应用型本科院校"十三五"规划教材》的编辑出版,是适应"科教兴国"战略对复合型、应用型人才的需求,是推动相对滞后的应用型本科院校教材建设的一种有益尝试,在应用型创新人才培养方面是一件具有开创意义的工作,为应用型人才的培养提供了及时、可靠、坚实的保证。

希望本系列教材在使用过程中,通过编者、作者和读者的共同努力,厚积薄发、推陈出新、细上加细、精益求精,不断丰富、不断完善、不断创新,力争成为同类教材中的精品。

前　言

基于 EDA 技术的数字系统设计是运用 EDA 技术解决数字系统设计的方式,电子设计自动化(Electronic Design Automation,EDA)是随着集成电路和计算机技术飞速发展应运而生的一种高级、快速、有效的电子设计自动化工具。基于 EDA 技术的数字系统设计是指以计算机为工作平台,以相关的 EDA 开发软件为工具,自动地完成电子产品电路设计、仿真分析的全过程,利用可编程逻辑器件来实现电子系统或专用集成芯片的设计。

EDA 技术发展的速度非常迅猛,高等院校在这方面的教学将面临越来越大的挑战。这主要表现在更多更新的知识有待传授、学生在该领域的自主创新能力有待进一步提高。对于电子、通信等信息类专业的学生而言,采用 EDA 技术解决数字系统的设计是一项必备的技能。为此,本书力争使读者尽快掌握这门技术——详细介绍了 Altera 公司的 Quartus Ⅱ 工具软件的使用方法,verilog HDL 和 VHDL 硬件描述语言语法及应用编程,使读者全面掌握可编程逻辑器件的开发过程,为走上工作岗位打下坚实基础。

本书系统介绍了基于 Quartus II 9.0 的 FPGA/CPLD 数字系统设计,并在结构和内容上做了优化,增加了实验仿真与硬件实训两个环节,便于实践教学;重视基础,面向应用,紧密联系实际;全书分两篇:基础篇和实践篇。基础篇共有 8 章,第 1 章介绍了 EDA 技术的基础知识和数字系统设计的基本概念;第 2 章对可编程逻辑器件进行了概述;第 3 章介绍了 Quartus Ⅱ9.0 软件的开发流程和使用技巧;第 4 章、第 5 章和第 6 章介绍了 VHDL 的语法基础、VHDL 的描述语句,以及有限状态机的 VHDL 设计;第 7 章通过大量 VHDL 设计实例,描述了常用组合逻辑电路及时序逻辑电路的 VHDL 程序设计;第 8 章介绍了 Verilog HDL 编程基础,供读者在学习和实验过程中速查参考。实践篇共有 2 章,第 9 章介绍了 3 个数字系统设计仿真实验,可进行 12 学时的实验安排;第 10 章介绍了数字系统设计硬件实训,结合相关硬件实验系统深入浅出的介绍了基于 EDA 技术设计复杂数字系统的方法。阐述力求准确、简约、避免烦琐,以做到深入浅出;所有举例均经过综合工具或仿真工具的验证,许多实例给出了仿真波形,希望能够对读者能有所帮助。

本书由姜波主编,佟已刚、刘显忠、王鑫任副主编,郭宏、白亚梅、刘芳参编。本书第 1 章和第 2 章由白亚梅编写,第 3 章由刘芳编写,第 4 章由郭宏编写,第 5 章和第 10 章由姜波编写,第 6 章和第 9 章由佟已刚编写,第 7 章由刘显忠编写,第 8 章由王鑫编写。姜波负责全书的统稿工作。本书在编写过程中得到了关晓冬、温海洋等领导的大力支持,并提出了宝贵意见和建议，在此表示衷心感谢！

由于时间仓促，加之作者水平有限，疏漏和不足之处在所难免，敬请各位读者批评指正。

作   者
2017 年 6 月

目 录

基 础 篇

- 第1章 EDA 技术概述 ……………………………………………………………… 1
  - 1.1 EDA 技术的含义 ………………………………………………………… 1
  - 1.2 EDA 技术的发展历程 …………………………………………………… 2
  - 1.3 EDA 技术的主要内容 …………………………………………………… 3
  - 1.4 EDA 设计流程 …………………………………………………………… 5
  - 1.5 数字系统的设计 ………………………………………………………… 7
    - 1.5.1 数字系统的设计模型 …………………………………………… 7
    - 1.5.2 数字系统的设计方法 …………………………………………… 8
    - 1.5.3 数字系统的设计准则 …………………………………………… 8
    - 1.5.4 数字系统的设计步骤 …………………………………………… 8
  - 1.6 EDA 技术的发展趋势 …………………………………………………… 9
  - 本章小结 ………………………………………………………………………… 11
  - 习题 ……………………………………………………………………………… 11
- 第2章 可编程逻辑器件概述 …………………………………………………… 12
  - 2.1 可编程逻辑器件简介 …………………………………………………… 12
    - 2.1.1 可编程逻辑器件发展过程 ……………………………………… 12
    - 2.1.2 可编程逻辑器件的分类 ………………………………………… 13
  - 2.2 可编程逻辑器件的硬件结构 …………………………………………… 14
    - 2.2.1 可编程电路的基本结构 ………………………………………… 14
    - 2.2.2 PLD 中阵列的表示方法 ………………………………………… 14
  - 2.3 低密度可编程逻辑器件 ………………………………………………… 15
    - 2.3.1 可编程只读存储器(PROM) …………………………………… 15
    - 2.3.2 可编程逻辑阵列(PLA)器件 …………………………………… 17
    - 2.3.3 可编程阵列逻辑(PAL)器件 …………………………………… 17
    - 2.3.4 通用阵列逻辑(GAL)器件 ……………………………………… 18
  - 2.4 高密度可编程逻辑器件 ………………………………………………… 19
    - 2.4.1 复杂可编程逻辑器件(CPLD) ………………………………… 19
    - 2.4.2 现场可编程门阵列 FPGA ……………………………………… 23

2.5 Altera公司的可编程逻辑器件 ·················· 25
　　2.5.1 Altera公司的CPLD ······················ 25
　　2.5.2 Altera公司的FPGA ······················ 26
2.6 FPGA和CPLD的开发应用选择 ················ 27
本章小结 ································· 29
习题 ··································· 29

第3章 Quartus Ⅱ开发软件设计指南 ················ 30
3.1 Quartus Ⅱ软件综述 ······················· 30
　　3.1.1 软件的功能简介及支持的器件 ················ 30
　　3.1.2 软件的安装与系统配置 ···················· 31
3.2 Quartus Ⅱ的设计指南 ····················· 32
　　3.2.1 Quartus Ⅱ的启动及工具按钮的使用 ············· 33
　　3.2.2 建立设计项目 ························ 35
　　3.2.3 新建设计文件 ························ 36
　　3.2.4 编辑设计文件 ························ 37
　　3.2.5 编译设计电路 ························ 39
　　3.2.6 设计仿真 ·························· 41
　　3.2.7 器件编程/配置 ························ 44
本章小结 ································· 44
习题 ··································· 45

第4章 VHDL语法基础 ························ 46
4.1 VHDL概述 ····························· 46
　　4.1.1 VHDL的起源 ························ 46
　　4.1.2 常用硬件描述语言比较 ···················· 47
　　4.1.3 VHDL的特点 ························ 47
　　4.1.4 VHDL的编程思想 ······················ 47
4.2 VHDL的描述结构 ························ 48
　　4.2.1 实体 ···························· 49
　　4.2.2 结构体 ··························· 51
　　4.2.3 库说明 ··························· 52
　　4.2.4 配置 ···························· 54
4.3 标识符 ······························· 55
4.4 VHDL的数据对象 ························ 56
　　4.4.1 常数 ···························· 56
　　4.4.2 变量 ···························· 57
　　4.4.3 信号 ···························· 57
4.5 VHDL的数据类型 ························ 58

4.6 VHDL 的运算符 · 64
4.6.1 逻辑运算符 · 64
4.6.2 算术运算符 · 65
4.6.3 关系运算符 · 65
4.6.4 操作符的运算优先级 · 66
本章小结 · 67
习题 · 68

第5章 VHDL 主要描述语句 · 69
5.1 顺序描述语句 · 69
5.1.1 变量赋值语句和信号赋值语句 · 69
5.1.2 IF 语句 · 71
5.1.3 CASE 语句 · 73
5.1.4 LOOP 语句 · 76
5.1.5 NEXT 和 EXIT 跳出循环语句 · 78
5.1.6 NULL 语句 · 80
5.2 并行描述语句 · 80
5.2.1 并行信号赋值语句 · 81
5.2.2 进程语句 · 84
5.2.3 元件例化语句 · 86
5.2.4 生成语句 · 89
5.2.5 块语句 · 92
5.3 子程序 · 94
5.3.1 过程 · 95
5.3.2 函数 · 96
5.4 程序包 · 97
5.5 时钟信号的描述 · 101
5.6 复位、置位信号的描述 · 103
5.6.1 同步方式 · 103
5.6.2 异步方式 · 104
本章小结 · 105
习题 · 105

第6章 状态机的 VHDL 设计 · 107
6.1 有限状态机的基本概念 · 107
6.2 有限状态机的 VHDL 设计 · 109
6.3 Moore 型状态机设计 · 111
6.4 Mealy 型状态机设计 · 116
本章小结 · 120

习题 ·· 120
第7章 常用单元电路的 VHDL 程序设计 ·· 121
7.1 门电路 ·· 121
7.2 8-3 线编码器 ··· 123
7.3 译码器 ··· 125
7.3.1 二-十进制 BCD 译码器 ··· 125
7.3.2 显示译码器 ·· 126
7.4 多路选择器 ·· 128
7.5 比较器 ··· 132
7.6 加法器 ··· 134
7.7 触发器和锁存器 ·· 135
7.8 计数器和分频器 ·· 139
7.9 寄存器 ··· 155
7.10 顺序脉冲发生器 ·· 157
本章小结 ··· 158
习题 ·· 158

第8章 Verilog HDL 编程基础 ··· 160
8.1 Verilog HDL 概述 ··· 160
8.1.1 Verilog HDL 的特点 ··· 160
8.1.2 Verilog HDL 的基本结构 ··· 160
8.2 Verilog HDL 语言要素 ··· 162
8.2.1 Verilog HDL 的基本语法规则 ··· 162
8.2.2 数据类型 ··· 163
8.2.3 Verilog HDL 运算符 ··· 166
8.2.4 系统任务与系统函数 ··· 167
8.2.5 编译向导 ··· 170
8.3 Verilog HDL 基本语句 ··· 172
8.3.1 过程语句 ··· 172
8.3.2 赋值语句 ··· 174
8.3.3 块语句 ··· 177
8.3.4 条件语句 ··· 177
8.3.5 循环语句 ··· 179
8.3.6 任务与函数 ·· 182
本章小结 ··· 184
习题 ·· 184

实 践 篇

第9章 数字系统设计仿真实验 ········· 185
9.1 Quartus Ⅱ入门及原理图输入的设计 ········· 185
9.2 基于 VHDL 的文本输入法的设计 ········· 195
9.3 图形和 VHDL 混合输入的电路设计 ········· 198
本章小结 ········· 200

第10章 数字系统设计硬件实训 ········· 201
10.1 数字系统设计实验开发系统简介 ········· 201
10.2 图形输入设计实训 ········· 202
10.2.1 Quartus Ⅱ图形输入方式设计流程 ········· 202
10.2.2 实训项目1——组合逻辑电路设计 ········· 205
10.2.3 实训项目2——时序逻辑电路设计 ········· 208
10.2.4 实训项目3——兆功能模块设计 ········· 214
10.2.5 实训项目4——图形输入综合设计 ········· 218
10.3 VHDL 文本输入设计实训 ········· 226
10.3.1 Quartus Ⅱ文本输入设计流程 ········· 226
10.3.2 实训项目1——基本门电路设计 ········· 226
10.3.3 实训项目2——组合逻辑电路设计 ········· 227
10.3.4 实训项目3——时序逻辑电路设计 ········· 237
10.3.5 实训项目4——8位数码管动态显示程序设计 ········· 242
10.3.6 实训项目5——4×4矩阵键盘设计 ········· 244
10.4 数字系统综合设计实训 ········· 247
10.4.1 16×16点阵数码管显示设计 ········· 247
10.4.2 数字电子钟的设计 ········· 251
10.4.3 状态机实现花样灯设计 ········· 257
本章小结 ········· 260

参考文献 ········· 261

基 础 篇

第 1 章

EDA 技术概述

【内容提要】

本章主要介绍了 EDA 技术的含义、发展历程、EDA 技术的主要内容和设计流程,数字系统设计的方法以及 EDA 技术的发展趋势。

1.1 EDA 技术的含义

EDA 是电子设计自动化(Electronic Design Automation)的缩写,是 20 世纪 90 年代初从 CAD(计算机辅助设计)、CAM(计算机辅助制造)、CAT(计算机辅助测试)和 CAE(计算机辅助工程)的概念发展而来的。

什么是 EDA 技术? EDA 技术,就是以大规模可编程逻辑器件(PLD)为设计载体,以硬件描述语言(HDL)为系统逻辑描述的主要表达方式,以计算机、大规模可编程逻辑器件的开发软件及实验开发系统为设计工具,通过有关的开发软件,自动完成用软件的方式设计的电子系统到硬件系统的逻辑编译、逻辑化简、逻辑分割、逻辑综合及优化、逻辑布局布线、逻辑仿真,直至完成对特定目标芯片的适配编译、逻辑映射、编程下载等工作,最终形成集成电子系统或专用集成芯片的一门新技术。

现代电子产品要求在性能提高、复杂度增大的同时,价格降低,因而产品更新换代的步伐也越来越快,进一步促进了生产制造技术和电子设计技术的发展。

生产制造技术以微细加工技术为代表,目前已进展到深亚微米阶段,可以在几平方厘米的芯片上集成数千万个晶体管。电子设计技术的核心就是 EDA 技术,EDA 是指以计算机为工作平台,融合了应用电子技术、计算机技术、智能化技术最新成果而研制成的电子 CAD 通用软件包,主要能辅助进行 3 方面的设计工作:IC 设计,电子电路设计以及 PCB 设计。

EDA 技术的出现,极大地提高了电路设计的效率和可靠性,减轻了设计者的劳动强度。20世纪90年代以来,国际上电子和计算机技术较先进的国家,一直在积极探索新的电子电路设计方法,并在设计方法、工具等方面进行了彻底的变革,取得了巨大成功。在电子技术设计领域,可编程逻辑器件的应用已得到广泛的普及,这些器件为数字系统的设计带来了极大的灵活性。没有EDA技术的支持,想要完成超大规模集成电路的设计制造是不可想象的;反过来,生产制造技术的不断进步又必将对EDA技术提出新的要求。

1.2　EDA技术的发展历程

EDA技术伴随着计算机、集成电路、电子系统设计的发展,经历了计算机辅助设计(Computer Assist Design,CAD)、计算机辅助工程设计(Computer Assist Engineering Design,CAE)和电子设计自动化(Electronic Design Automation,EDA)3个发展阶段。

1. 计算机辅助设计(CAD)阶段

早期的电子系统硬件设计采用的是分立元件,随着集成电路的出现和应用,硬件设计进入到发展的初级阶段。初级阶段的硬件设计大量选用中小规模标准集成电路,人们将这些器件焊接在电路板上,做成初级电子系统,对电子系统的调试是在组装好的PCB(Printed Circuit Board)板上进行的。

由于设计师对图形符号使用数量有限,传统的手工布图方法无法满足产品复杂性的要求,更不能满足工作效率的要求。这时,人们开始将产品设计过程中高度重复性的繁杂劳动,如布图布线工作,用二维图形编辑与分析的CAD工具替代,最具代表性的产品就是美国ACCEL公司开发的Tango布线软件。20世纪70年代,是EDA技术发展初期,由于PCB布图布线工具受到计算机工作平台的制约,其支持的设计工作有限且性能比较差。

2. 计算机辅助工程设计(CAE)阶段

初级阶段的硬件设计是用大量不同型号的标准芯片实现电子系统设计的。随着微电子工艺的发展,相继出现了集成上万只晶体管的微处理器、集成几十万甚至上百万储存单元的随机存储器和只读存储器。此外,支持定制单元电路设计的硅编辑、掩膜编程的门阵列,如标准单元的半定制设计方法以及可编程逻辑器件(PAL和GAL)等一系列微结构和微电子学的研究成果都为电子系统的设计提供了新天地。因此,可以用少数几种通用的标准芯片实现电子系统的设计。

伴随计算机和集成电路的发展,CAE技术进入计算机辅助工程设计阶段。20世纪80年代初推出的CAE工具则以逻辑模拟、定时分析、故障仿真、自动布局和布线为核心,重点解决电路设计没有完成之前的功能检测等问题。利用这些工具,设计师能在产品制作之前预知产品的功能与性能,并生成产品制造文件,在设计阶段对产品性能的分析前进了一大步。

3. 电子系统设计自动化(EDA)阶段

为了满足千差万别的系统用户提出的设计要求,最好的办法是由用户自己设计芯片,让他们把想设计的电路直接设计在自己的专用芯片上。微电子技术的发展,特别是可编程逻辑器件的发展,使微电子厂家可以为用户提供各种规模的可编程逻辑器件,使设计者通过设计芯片实现电子系统功能。EDA工具的发展,又为设计师提供了全线EDA工具。

由于电子技术和 EDA 工具的发展,设计师可以在不太长的时间内使用 EDA 工具,通过一些简单标准化的设计过程,利用微电子厂家提供的设计库来完成数万门 ASIC 和集成系统的设计与验证。

20 世纪 90 年代,设计师逐步从使用硬件转向设计硬件,从单个电子产品开发转向系统级电子产品开发,即片上系统集成(System On A Chip)。因此,EDA 工具是以系统级设计为核心,包括系统行为级描述与结构综合,系统仿真与测试验证,系统划分与指标分配,系统决策与文件生成等一整套的电子系统设计自动化工具。这时的 EDA 工具不仅具有电子系统设计的能力,而且能提供独立于工艺和厂家的系统级设计能力,具有高级抽象的设计构思手段。

未来的 EDA 技术将向广度和深度两个方向发展,EDA 将会超越电子设计的范畴进入其他领域,随着基于 EDA 的 SOC(单片系统)设计技术的发展,软硬核功能库的建立,以及基于 VHDL 所谓自顶向下设计理念的确立,未来的电子系统的设计与规划将不再是电子工程师们的专利。有专家认为,21 世纪将是 EDA 技术快速发展的时期,并且 EDA 技术将是对 21 世纪产生重大影响的十大技术之一。

1.3 EDA 技术的主要内容

EDA 技术涉及面广,内容丰富,从教学和实用的角度看,究竟应掌握哪些内容呢?

主要应掌握如下 5 个方面的内容:① 大规模可编程逻辑器件;② 硬件描述语言;③ 软件开发工具;④ 实验开发系统;⑤ 印制电路板设计。其中,大规模可编程逻辑器件是利用 EDA 技术进行电子系统设计的载体,硬件描述语言是利用 EDA 技术进行电子系统设计的主要表达手段,软件开发工具是利用 EDA 技术进行电子系统设计的智能化的自动化设计工具,实验开发系统则是利用 EDA 技术进行电子系统设计的下载工具及硬件验证工具。利用 PCB 软件不仅能打印一份精美的原理图,而且能自动生成网络表文件,可支持印制电路的自动布线及电路仿真模拟。

1. 大规模可编程逻辑器件

可编程逻辑器件(简称 PLD)是一种由用户编程以实现某种逻辑功能的新型逻辑器件。FPGA 和 CPLD 分别是现场可编程门阵列和复杂可编程逻辑器件的简称,现在,FPGA 和 CPLD 器件的应用已十分广泛,它们将随着 EDA 技术的发展而在电子设计领域扮演重要的角色。国际上生产 FPGA/CPLD 的主流公司,并且在国内占有市场份额较大的主要是 Xilinx、Altera、Lattice 3 家公司。

FPGA 在结构上主要分为 3 部分,即可编程逻辑单元,可编程输入/输出单元和可编程连线。

CPLD 在结构上主要包括 3 部分,即可编程逻辑宏单元,可编程输入/输出单元和可编程内部连线。

高集成度、高速度和高可靠性是 FPGA/CPLD 最明显的特点,其时钟延时可小至 ns 级,结合其并行工作方式,在超高速应用领域和实时测控方面有着非常广阔的应用前景。在高可靠应用领域,如果设计得当,将不会存在类似于 MCU 的复位不可靠和 PC 可能跑

飞等问题。FPGA/CPLD 的高可靠性还表现在几乎可将整个系统下载于同一芯片中,实现所谓片上系统,从而大大缩小了体积,易于管理和屏蔽。

由于 FPGA/CPLD 的集成规模非常大,可利用先进的 EDA 工具进行电子系统设计和产品开发。由于开发工具的通用性、设计语言的标准化以及设计过程几乎与所用器件的硬件结构没有关系,因而设计开发成功的各类逻辑功能块软件有很好的兼容性和可移植性。它几乎可用于任何型号和规模的 FPGA/CPLD 中,从而使产品设计效率大幅度提高。可以在很短时间内完成十分复杂的系统设计,这正是产品快速进入市场最宝贵的特征。

2. 硬件描述语言(HDL)

常用的硬件描述语言有 VHDL、Verilog 和 ABEL。

VHDL:作为 IEEE 的工业标准硬件描述语言,其在电子工程领域,已成为事实上的通用硬件描述语言。

Verilog:支持的 EDA 工具较多,适用于 RTL 级和门电路级的描述,其综合过程较 VHDL 稍简单,但其在高级描述方面不如 VHDL。

ABEL:一种支持各种不同输入方式的 HDL,被广泛用于各种可编程逻辑器件的逻辑功能设计,由于其语言描述的独立性,因而适用于各种不同规模的可编程器件的设计。

有专家认为,22 世纪,VHDL 与 Verilog 语言将承担几乎全部的数字系统设计任务。

3. 软件开发工具

目前比较流行的、主流厂家的 EDA 软件工具有 Altera 的 MAX+plus Ⅱ、Quartus Ⅱ、Lattice 的 ispEXPERT 和 Xilinx 的 Foundation Series。

Quartus Ⅱ 是 Altera 公司新近推出的 EDA 软件工具。其设计工具完全支持 VHDL 和 Verilog 的设计流程,内部嵌有 VHDL、Verilog 逻辑综合器。第三方的综合工具,如 Leonard Spectrum、Synplify Pro 和 FPGA COMPILER Ⅱ 有着更好的综合效果。Quartus Ⅱ 可以直接调用这些第三方工具,因此通常建议使用这些工具来完成 VHDL/Verilog 源程序的综合。同样,Quartus Ⅱ 具备仿真功能,也支持第三方的仿真工具,如 Modelsim。此外,Quartus Ⅱ 为 Altera DSP 开发包进行系统模型设计提供了集成综合环境,它与 MATLAB 和 DSP Builder 综合可以进行基于 FPGA 的 DSP 系统开发,是 DSP 硬件系统实现的关键 EDA 工具。Quartus Ⅱ 还可与 SOPC Builder 结合,实现 SOPC 系统开发。

ispEXPERT System 是 ispEXPERT 的主要集成环境。通过它可以进行 VHDL、Verilog 及 ABEL 语言的设计输入、综合、适配、仿真和在系统下载。ispEXPERT System 是目前流行的 EDA 软件中最容易掌握的设计工具之一,它界面友好,操作方便,功能强大,并与第三方 EDA 工具兼容良好。

Foundation Series 是 Xilinx 公司最新集成开发的 EDA 工具。它采用自动化的、完整的集成设计环境。Foundation 项目管理器集成了 Xilinx 实现工具,并包含了强大的 Synopsys FPGA Express 综合系统,是业界最强大的 EDA 设计工具之一。

4. 实验开发系统

提供芯片下载电路及 EDA 实验/开发的外围资源(类似于用于单片机开发的仿真器),供硬件验证用。一般包括:① 实验或开发所需的各类基本信号发生模块,包括时钟、脉冲、高低电平等;② FPGA/CPLD 输出信息显示模块,包括数码显示、发光管显示、声响指示等;③ 监控程序模块,提供"电路重构软配置";④ 目标芯片适配座以及上面的FPGA/CPLD目标芯片和编程下载电路。

5. 印制电路板设计

印制电路板设计是电子设计的一个重要部分,也是电子设备的重要组成部件。它的两个基本作用是进行机械固定和完成电气连接。

早期的印制电路板设计均由人工完成,一般由电路设计人员提供草图,由专业绘图员绘制黑白相图,再进行后期制作。人工设计是一件十分费事、费力且容易出差错的工作。随着计算机技术的飞速发展,新型器件和集成电路的应用越来越广泛,电路也越来越复杂、越来越精密,使得原来可用手工完成的操作越来越多地依赖于计算机完成。因此,利用计算机辅助电路设计成为设计制作电路板的必然趋势。

1.4 EDA 设计流程

完整地了解EDA技术的设计流程,对于正确选择和使用EDA软件、优化设计项目、提高设计效率十分有益。一个完整的EDA设计流程既是自顶向下设计方法的具体实施途径,也是EDA工具软件本身的组成结构。在实践中进一步了解支持这一设计流程的诸多设计工具,有利于有效地排除设计中出现的问题,提高设计质量及总结经验。

1. 设计输入

输入编辑器可以接受不同的设计输入表达方式、状态图输入方式、波形输入方式以及HDL的文本输入方式。在各PLD厂商提供的EDA开发工具中一般都含有这类输入编辑器,通常专业的EDA工具供应商也提供相应的设计输入工具,这些工具一般与该公司的其他电路设计软件整合,这一点尤其体现在原理图输入环境上。

常用的源程序输入方式有3种:原理图输入方式、HDL程序的文本输入方式和状态图(波形图)输入方式。

(1) 原理图输入方式。

利用EDA工具提供的图形编辑器以原理图的方式进行输入。原理图输入方式比较容易掌握,直观且方便,所画的电路原理图与传统的器件连接方式完全一样,很容易被人接受,而且编辑器中有许多现成的单元器件可以利用,自己也可以根据需要设计元件。

(2) HDL程序的文本输入方式。

HDL程序的文本输入方式是最一般化、最具普遍性的输入方法,任何支持HDL的EDA工具都支持文本方式的编辑和编译。

这种方式与传统的计算机软件语言编辑输入基本一致,克服了上述原理图输入法存在的各种弊端,为EDA技术的应用和发展打造了一个广阔的天地。从一定程度上来说,正是由于HDL语言的应用才使EDA技术得到了极大的发展。

(3) 状态图(波形图)输入方式。

以图形方式表示状态图的输入。当填好时钟信号名、状态转换条件、状态机类型等要素后,就可以自动生成VHDL程序。这种设计方式简化了状态机的设计,比较流行。目前有一些EDA软件支持这种输入方式。

2. 逻辑综合

由于目前通用的 HDL 语言有 VHDL 和 Verilog HDL，因此这里介绍的 HDL 综合器主要针对这两种语言。

综合就是把某些东西结合到一起，把抽象层次上的一种表述方式转换成另一种表述的过程。在电子设计领域，综合的概念可以理解为：将用行为和功能层次表达的电子系统转换为低层次的便于具体实现的模块组合装配的过程。

欲把 HDL 的软件设计与硬件的可实现性挂钩，需要利用 EDA 软件系统的综合器进行逻辑综合。综合器的功能就是将设计者在 EDA 平台上完成的针对某个系统项目的 HDL、原理图或状态图形的描述，针对给定硬件结构组件进行编译、优化、转换和综合，最终获得门级电路甚至更底层的电路描述文件。

3. 逻辑适配

适配器的任务是完成目标系统在器件上的布局布线。适配，即结构综合，通常由可编程逻辑器件生产厂商提供的专门针对器件开发的软件来完成。这些软件可以单独运行或嵌入到厂商提供的适配器中，同时提供性能良好、使用方便的专用适配器运行环境，适配器最后输出的是各厂商自己定义的下载文件，用于下载到器件中以实现设计。

逻辑综合通过后必须利用适配器将综合后的网表文件针对某一具体的目标器进行逻辑映射操作，其中包括底层器件配置、逻辑分割、逻辑优化、布线与操作，适配完成后可以利用适配所产生的仿真文件做精确的时序仿真。

4. 仿真

仿真器有基于元件(逻辑门)的仿真器和 HDL 仿真器，基于元件的仿真器缺乏 HDL 仿真器的灵活性和通用性。在此主要介绍 HDL 仿真器。

在 EDA 设计技术中仿真的地位十分重要，行为模型的表达、电子系统的建模、逻辑电路的验证乃至门级系统的测试，每一步都离不开仿真器的模拟检测。在 EDA 发展的初期，快速地进行电路逻辑仿真是当时的核心问题，即使在现在，各设计环节的仿真仍然是整个 EDA 工程流程中最耗时间的一个步骤。因此 HDL 仿真器的仿真速度、仿真的准确性和易用性已成为衡量仿真器的重要指标。

编程下载前，一般要利用 EDA 工具对适配生成的结果进行模拟测试，即所谓的仿真。仿真分为时序仿真和功能仿真。

在综合之后，VHDL 综合器一般都可以生成一个网表文件。这里所谓的网表，是特指电路网络，网表文件描述了一个电路网络。目前最通用的是 EDIF 格式的网表文件。VHDL 文件格式也可以用来描述电路网络，即采用 VHDL 语法描述各级电路互连，称之为 VHDL 网表。

功能仿真是仅对 VHDL 描述的逻辑功能进行测试模拟，以了解其实现的功能是否满足原设计的要求，仿真过程不涉及具体器件的硬件特性，如延时特性。功能仿真的好处在于耗时短，对硬件库、综合器等没有任何要求。对于规模比较大的设计项目，综合与适配的耗时是很大的，如果每次设计修改后都进行时序仿真，会大大降低开发效率。

5. 目标器件的编程/下载

下载是在功能仿真与时序仿真正确的前提下，将综合后形成的位流下载到具体的

FPGA 芯片中,也称芯片配置。

FPGA 设计有两种配置形式:直接由计算机经过专用下载电缆进行配置;由外围配置芯片进行上电时自动配置。因 FPGA 具有掉电信息丢失的性质,因此可在验证初期使用电缆直接下载位流,如有必要再将其烧录到配置芯片中。因 FPGA 大多支持 IEEE 的 JTAG 标准,所以使用芯片上的 JTAG 口是常用下载方式。

6. 硬件仿真/硬件测试

硬件仿真和硬件测试的目的是为了在更真实的环境中检验 VHDL 设计的运行情况。许多设计中的因素可能导致设计与结果的不一致。所以,VHDL 设计的硬件仿真和硬件测试是十分必要的。一般的 FPGA/CPLD 器件都支持 JTAG 技术,具有边界扫描测试能力 BST(Board Scan Test)和在线编程 ISP(In System Programing)能力,测试起来非常方便。

1.5 数字系统的设计

1.5.1 数字系统的设计模型

数字系统指的是交互式的、以离散形式表示的,具有存储、传输、信息处理能力的逻辑子系统的集合。用于描述数字系统的模型有多种,各种模型描述数字系统的侧重点不同。下面介绍一种普遍采用的模型。这种模型根据数字系统的定义,将整个系统划分为两个模块或两个子系统:数据处理子系统和控制子系统,如图 1.1 所示。

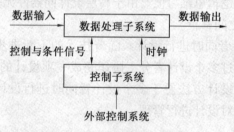

图 1.1 数字系统的设计模型

数据处理子系统主要完成数据的采集、存储、运算和传输。数据处理子系统主要由存储器、运算器、数据选择器等功能电路组成。数据处理子系统与外界进行数据交换,在控制子系统(或称控制器)发出的控制信号作用下,数据处理子系统将进行数据的存储和运算等操作。数据处理子系统将接收由控制器发出的控制信号,同时将自己的操作进程或操作结果作为条件信号传送给控制器。应根据数字系统实现的功能或算法设计数据处理子系统。

控制子系统是执行数字系统算法的核心,具有记忆功能,因此控制子系统是时序系统。控制子系统由组合逻辑电路和触发器组成,与数据处理子系统共用时钟。控制子系统的输入信号是外部控制信号和由数据处理子系统送来的条件信号,按照数字系统设计方案要求的算法流程,在时钟信号的控制下进行状态的转换,同时产生与状态和条件信号相对应的输出信号,该输出信号将控制数据处理子系统的具体操作。应当根据数字系统功能及数据处理子系统的需求设计控制子系统。

设计一个数字系统时,采用该模型的优点是:

(1)把数字系统划分为控制子系统和数据处理子系统两个主要部分,使设计者面对的电路规模减小,二者可以分别设计。

(2)由于数字系统中控制子系统的逻辑关系比较复杂,将其独立划分出来后,可突出设计重点和分散设计难点。

(3)当数字系统划分为控制子系统和数据处理子系统后,逻辑分工清楚,各自的任务明确,这可使电路的设计、调测和故障处理都比较方便。

1.5.2 数字系统的设计方法

数字系统的设计有多种方法,如模块设计法、自顶向下设计法和自底向上设计法等。

数字系统的设计一般采用自顶向下、由粗到细、逐步求精的方法。自顶向下是指将数字系统的整体逐步分解为各个子系统和模块,若子系统规模较大,则还需将子系统进一步分解为更小的子系统和模块,层层分解,直至整个系统中各子系统关系合理,并便于逻辑电路级的设计和实现为止。采用该方法进行设计时,高层设计进行功能和接口描述,说明模块的功能和接口,模块功能的更详细的描述在下一设计层次说明,最底层的设计才涉及具体的寄存器和逻辑门电路等实现方式的描述。

采用自顶向下的设计方法有如下优点:

(1)自顶向下的设计方法是一种模块化设计方法。对设计的描述从上到下逐步由粗略到详细,符合常规的逻辑思维习惯。由于高层设计同器件无关,设计易于在各种集成电路工艺或可编程器件之间移植。

(2)适合多个设计者同时进行设计。随着技术的不断进步,许多设计仅由一个设计者已无法完成,必须经过多个设计者分工协作完成一项设计的情况越来越多。在这种情况下,应用自顶向下的设计方法便于多个设计者同时进行设计,对设计任务进行合理分配,用系统工程的方法对设计进行管理。

1.5.3 数字系统的设计准则

进行数字系统设计时,通常需要考虑多方面的条件和要求,如设计的功能和性能要求,元器件的资源分配和设计工具的可实现性,系统的开发费用和成本等。虽然具体设计的条件和要求千差万别,实现的方法也各不相同,但数字系统设计还是具备一些共同的方法和准则的。

1.5.4 数字系统的设计步骤

1. 系统任务分析

数字系统设计的第一步是明确系统任务。在设计任务书中,可用各种方式提出对整个数字系统的逻辑要求,常用的方式有自然语言、逻辑流程图、时序图或几种方法的结合。当系统较大或逻辑关系较复杂时,系统任务(逻辑要求)逻辑的表述和理解都不是一件容易的工作。所以,分析系统的任务必须细致、全面,不能有理解上的偏差和疏漏。

2. 确定逻辑算法

实现系统逻辑运算的方法称为逻辑算法,也简称算法。一个数字系统的逻辑运算往往有多种算法,设计者不但是要找出各种算法,还必须比较优劣,取长补短,从中确定最合理的一种。数字系统的算法是逻辑设计的基础,算法不同,系统的结构也不同,算法的合理与否直接影响系统结构的合理性。确定算法是数字系统设计中最具创造性的一环,也是最难的一步。

3. 建立系统及子系统模型

当算法明确后,应根据算法构造系统的硬件框架(也称为系统框图),将系统划分为若干部分,各部分分别实现算法中不同的逻辑操作功能。如果某一部分的规模仍嫌大,则需进一步划分。划分后的各部分应逻辑功能清楚,规模大小合适,便于进行电路级的设计。

4. 系统(或模块)逻辑描述

当系统中各个子系统(指最低层子系统)和模块的逻辑功能和结构确定后,则需采用比较规范的形式来描述系统的逻辑功能。设计方案的描述方法可以有多种,常用的有方框图、流程图和描述语言等。

对系统的逻辑描述可先采用较粗略的逻辑流程图,再将逻辑流程图逐步细化为详细逻辑流程图,最后将详细逻辑流程图表示成与硬件有对应关系的形式,为下一步的电路级设计提供依据。

5. 逻辑电路级设计及系统仿真

电路级设计是指选择合理的器件和连接关系以实现系统逻辑要求。电路级设计的结果常采用两种方式来表达:电路图方式和硬件描述语言方式。EDA 软件允许以这两种方式输入,以便后续处理。

当电路设计完成后必须验证设计是否正确。早期,只能通过搭试硬件电路才能得到设计的结果。目前,数字电路设计的 EDA 软件都具有仿真功能,先通过系统仿真,当系统仿真结果正确后再进行实际电路的测试。由于 EDA 软件的验证结果十分接近实际结果,因此,可极大地提高电路设计的效率。

6. 系统的物理实现

物理实现是指用实际的器件实现数字系统的设计,用仪表测量设计的电路是否符合设计要求。现在的数字系统往往采用大规模和超大规模集成电路,由于器件集成度高、导线密集,故一般在电路设计完成后即设计印刷电路板,在印刷电路板上组装电路进行测试。需要注意的是,印刷电路板本身的物理特性也会影响电路的逻辑关系。

1.6 EDA 技术的发展趋势

从目前的 EDA 技术来看,其发展趋势是政府重视、使用普及、应用广泛、工具多样、软件功能强大。随着市场需求的增加以及集成电路工艺水平和计算机自动设计技术的不断提高,EDA 技术迅猛发展,这一发展趋势表现在如下几个方面:

1. 器件方面

(1) 规模大。在一个芯片上完成系统级集成已成为可能。

(2) 功耗低。对于某些便携式产品,通常要求功耗低。目前静态功耗已达 20 μA,有人称其为零功耗器件。

(3) 模拟可编程。各种应用 EDA 工具设计,ISP 编程方式下载的模拟可编程及模数混合可编程器件不断出现。

2. 工具软件方面

为了适应更大规模的 FPGA 开发,高性能的 EDA 工具得到了迅速的发展,其自动化和智能化程度不断提高,为嵌入式系统设计提供了功能强大的开发环境。

3. 应用方面

EDA 在教学、科研、产品设计与制造等多方面都发挥着巨大的作用。

在教学方面,几乎所有理工(特别是电子信息)类的高校都开设了 EDA 课程。目的是让学生了解 EDA 的基本概念和基本原理、掌握 VHDL 语言编写规范、掌握逻辑综合理论和算法以及使用 EDA 工具进行电子电路的实验,并从事简单系统的设计。一般学习电路仿真工具和 PLD 开发工具,可为今后的工作打下基础。

在科研方面,主要利用电路仿真工具(Electronics Work Bench,EWB)进行电路设计与仿真、利用虚拟仪器进行产品测试、将 CPLD/FPGA 器件实际应用到仪器设备中、从事 PCB 设计和 ASIC 设计等。

在产品设计与制造方面,包括前期的计算机仿真、产品开发中的 EDA 应用工具、系统级模拟及测试环境的仿真、生产流水线的 EDA 技术应用、产品测试等各个环节。如 PCB 的制作、电子设备的研制与生产、电路板的焊接、ASIC 的流片过程等。

从应用领域来看,EDA 技术已经渗透到各行各业。如上所说,机械、电子、通信、航空航天、化工、矿产、生物、医学、军事等各个领域,都有 EDA 技术的应用。另外,EDA 软件的功能日益强大,原来功能比较单一的软件,现在增加了很多新用途。如 AutoCAD 软件不仅用于机械及建筑设计,还扩展到建筑装潢及各类效果图以及汽车和飞机、电影特技等模型。

4. 目前国内外状况

中国的 EDA 市场已渐趋成熟,不过大部分设计工程师面对的是 PC 主板和小型 ASIC 领域,仅有小部分(约 11%)的设计人员开发复杂的片上系统器件。为了与中国台湾地区和美国的设计工程师形成更有力的竞争,中国大陆的设计软件有必要购入一些最新的 EDA 技术。

目前,EDA 软件的开发主要集中在美国,同时各国也在努力开发相应的工具。日本、韩国都有 ASIC 设计工具,但不对外开放。据最新的统计显示,中国和印度正成为电子设计自动化领域中发展最快的两个市场,年复合增长率分别达到了 50% 和 30%。

EDA 技术迅猛的发展趋势,完全可以用日新月异来描述。EDA 技术的应用广泛,现在已涉及各行各业。EDA 水平不断提高,设计工具趋于完美。EDA 市场日趋成熟,但我国的研发水平尚很有限,需迎头赶上。

本章小结

本章主要介绍了什么是 EDA，EDA 的发展历程及设计流程，数字系统设计的方法，EDA 技术的发展趋势。读者应该掌握 EDA 集成开发工具和常用的 Quartus Ⅱ 软件特点。

习　题

1. EDA 技术经历了哪几个发展阶段，各有什么特点？
2. EDA 集成开发工具的主流产品有哪些？包含哪些功能模块？
3. 与传统的数字电路系统设计方法相比，EDA 设计有哪些优势？
4. HDL 综合的任务是什么？
5. 回答 EDA 工程的设计流程？
6. 常用的 EDA 集成开发工具有哪些，能够完成哪些功能？
7. 查阅资料，介绍当前主流可编程逻辑器件厂商、产品、工程应用。

第2章

可编程逻辑器件概述

【内容提要】

本章主要介绍了可编程逻辑器件发展过程、分类、结构,按照器件的密度详细讲解可编程逻辑器,分别列举了 Altera 公司 CPLD 和 FPGA 系列等。

2.1 可编程逻辑器件简介

可编程逻辑器件(Programmable Logic Device,PLD)是一种由用户编程来实现某种逻辑功能的新型逻辑器件。一般可利用计算机辅助设计,即用原理图、状态机、硬件描述语言(VHDL)等方法来表示设计思想,经过一系列编译或转换程序,生成相应的目标文件,再由编程器或下载电缆将设计文件配置到目标器件(即 PLD)中。目前生产大规模可编程逻辑器件的厂商主要有 Altera、Xilinx、Lattice 和 Actel 等公司。

2.1.1 可编程逻辑器件发展过程

20 世纪 70 年代,熔丝编程的 PROM(Programmable Read Only Memory)和 PLA(Programmable Logic Array)是最早出现的可编程逻辑器件。

20 世纪 70 年代末,AMD 公司对 PLA 进行了改进,推出了 PAL(Programmable Array Logic)器件,它由可编程的与阵列和固定的或阵列组成,是一种低密度、一次性可编程逻辑器件。

20 世纪 80 年代初,美国的 Lattice 公司发明了通用阵列逻辑 GAL。GAL 器件采用了输出逻辑宏单元(OLMC)的结构和 E2PROM 工艺,具有可编程、可擦写、可长期保持数据的优点,使用方便,所以 GAL 得到了更为广泛的应用。

20 世纪 80 年代中期,Xilinx 公司提出了现场可编程的概念,同时生产出了世界上第一片 FPGA(Field Programmable Gate Array)器件。同一时期,Altera 公司推出了一种新型的可擦除、可编程的逻辑器件 EPLD,EPLD 采用 CMOS、SRAM 和 UVEP-ROM 工艺制成,集成度更高,设计也更灵活,但它的内部连线功能较弱。

20 世纪 80 年代末,Lattice 公司又提出了在系统可编程(In System Programmability,ISP)的概念,并推出了一系列具有在系统可编程能力的 CPLD(Complex PLD)器件。此后,其他PLD生产厂家都相继采用了ISP技术。

进入20世纪90年代后,可编程逻辑器件的发展十分迅速。主要表现为3个方面:规模越来越大;速度越来越高;电路结构越来越灵活,电路资源更加丰富。目前,器件的可编程逻辑门数已达上千万门以上,可以内嵌许多种复杂的功能模块,如CPU核、DSP核、PLL(锁相环)等,可以实现单片可编程系统(System On Programmable Chip,SOPC)。

PLD器件正处在不断发展和变革的过程中。

2.1.2 可编程逻辑器件的分类

1. 按集成度分类

集成度是集成电路一项很重要的指标,按照集成度可以将可编程逻辑器件分为两类:

低密度可编程逻辑器件LDPLD(Low Density PLD)和高密度可编程逻辑器件HDPLD(High Density PLD)。

一般以芯片GAL22V10的容量来区分LDPLD和HDPLD。不同制造厂家生产的GAL22V10的密度略有差别,大致在500~750门之间。如果按照这个标准,PROM、PLA、PAL和GAL器件属于LDPLD,EPLD、CPLD和FPGA器件则属于HDPLD。

2. 按基本结构分类

目前常用的可编程逻辑器件都是从与-或阵列和门阵列两种基本结构发展起来的,所以可以从结构上将其分成两大类器件:PLD器件和FPGA器件。

这种分类方法将基本结构为与-或阵列的器件称为PLD器件,将基本结构为门阵列的器件称为FPGA器件。LDPLD(PROM、PLA、PAL、GAL)、EPLD、CPLD的基本结构都是与-或阵列,FPGA则是一种门阵列结构。

3. 按编程工艺分类

所谓编程工艺,是指在可编程逻辑器件中可编程元件的类型。按照这个标准,可编程逻辑器件又可分为6类:

(1)熔丝型(Fuse)PLD,如早期的PROM器件。编程过程就是根据设计的熔丝图文件来烧断对应的熔丝,获得所需的电路。

(2)反熔丝型(Anti-Fuse)PLD,如一次可编程(One Time Programming,OTP)型FPGA器件。其编程过程与熔丝型PLD相类似,但结果相反,在编程处击穿漏层使两点之间导通,而不是断开。

(3)UVEPROM型PLD,即紫外线擦除/电气编程器件。Altera的Classic系列和MAX5000系列EPLD采用的就是这种编程工艺。

(4)E^2PROM编程器件,即电可擦写编程器件。Altera的MAX7000系列和MAX9000系列以及Lattice的GAL器件、ispLSI系列CPLD都属于这一类器件。

(5)静态随机存取存储器(Static Radom Access Memory,SRAM)型PLD,可方便快速地编程(也称配置),但掉电后,其内容即丢失,再次上电需要重新配置,或加掉电保护装置以防掉电。大部分FPGA器件都是SRAM型PLD。如:Xilinx的FPGA(除XC8100系列)。

(6) Flash Memory(快闪存储器)型 PLD,又称快速擦写存储器。它在断电的情况下信息可以保留。Flash Memory 既具有 ROM 非易失性的优点,又具有存取速度快、可读可写,集成度高、价格低、耗电低的优点。Atmel 的部分低密度 PLD、Xilinx 的 XC9500 系列 CPLD 采用这种编程工艺。

除以上3种分类方法外,可编程逻辑器件还有其他的一些分类方法。如:按照制造工艺,可分为双极型和 MOS 型;还有把可编程逻辑器件分为简单可编程逻辑器件 SPLD(Simple PLD)和复杂可编程逻辑器件 CPLD,将 FPGA 也归于 CPLD 中。

2.2 可编程逻辑器件的硬件结构

2.2.1 可编程电路的基本结构

可编程逻辑器件 PLD 最早是根据数字电子系统组成基本单元-门电路可编程来实现的,任何组合电路都可用与门和或门组成,时序电路可用组合电路加上存储单元来实现。早期 PLD 就是用(可编程的)与阵列和(可编程的)或阵列组成的。由输入缓冲电路、与阵列、或阵列、输出缓冲电路等4种功能部分组成,其基本结构如图2.1所示。

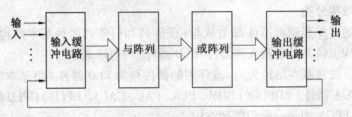

图 2.1 可编程逻辑器件的基本原理结构框图

与阵列和或阵列:电路的主体,其功能主要是用来实现组合逻辑函数。

输入缓冲电路:由输入缓冲器组成,其功能主要是使输入信号具有足够的驱动能力并产生输入变量的原变量以及反变量两个互补的信号。

输出缓冲电路:主要是由三态门寄存器组成,其功能主要是提供不同的输出方式,可以由或阵列直接输出(组合方式),也可以通过寄存器输出(时序方式)。

2.2.2 PLD 中阵列的表示方法

任何组合逻辑函数均可化为"与-或式",从而用"与门-或门"二级电路实现,而任何时序电路又都是由组合电路加上存储元件(触发器、寄存器)构成的,因而 PLD 的这种结构对数字电路具有普遍的意义。

图2.2给出了一个简单的可编程逻辑器件内部部分电路结构图。这个器件有两个输出端的单个缓冲器,缓冲器具有两个输出端,一个表示同相,另一个表示反相;与门和或门虽然在图上只画出了一条输入线,但是它表示这个逻辑门具有多个输入信号,行线和列线之间具有多少个交叉点,表示这个逻辑门就具有多少个输入端。

在 PLD 电路设计中,逻辑电路符号的表示方法与传统电路有所不同。如图2.2中变

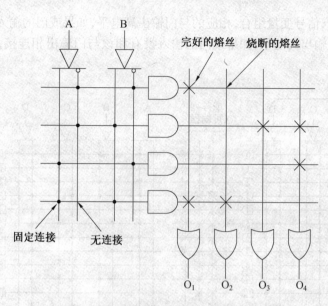

图 2.2　可编程逻辑器件内部部分电路结构图

量用最简单和最常用的输入互补缓冲器电路符号表示,输入信号 A 经过输入缓冲电路后,提供原变量 A 和反变量,变量 B 同理。

逻辑门的输入线上的交叉点表示这个逻辑门的输入端,但是这些输入端当中的一些可能与输入信号相连接,另一些可能与输入信号不连接。如果在交叉点上有"·"符号,表示这个信号与逻辑门为固定连接;如果在交叉点上无"·"符号则表示这个信号与逻辑门不连接。以图 2.2 所示的电路为例,它的与门输入端采用固定连接,或门输入端采用编程连接,4 个或门的输出分别为

$$O_1 = \overline{A}B + AB$$
$$O_2 = AB$$
$$O_3 = \overline{A}B$$
$$O_4 = \overline{A}B + A\overline{B}$$

2.3　低密度可编程逻辑器件

2.3.1　可编程只读存储器(PROM)

PROM 最初是作为计算机存储器设计和使用的,后来才被用作 PLD。最早的 PLD 器件是 20 世纪 70 年代初出现的可编程只读存储器 PROM、紫外线可擦除只读存储器 EPROM 和电可擦除只读存储器 E^2PROM。PROM 的内部结构是固定的与阵列和可编程的或阵列。

可编程只读存储器芯片的内部结构如图 2.3 所示。输入缓冲电路提供输入信号的原变量和反变量,与门提供所有输入信号组合的译码,或门的输入采用可编程连接。对于任

意一个给定的输入信号变量组合,相应的与门输出高电平,如果或门的输入和该与门输出相连接,则此或门输出高电平,如果或门的输入没有和该与门输出相连接,则此或门输出低电平。

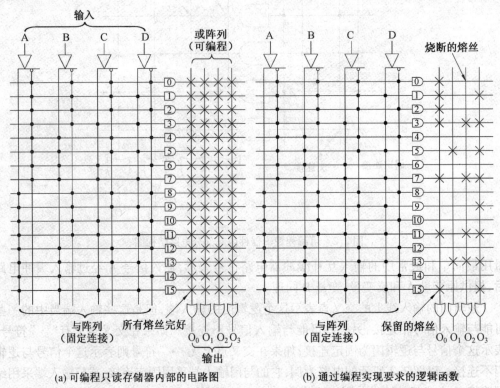

图 2.3　可编程只读存储器芯片的内部结构图

图 2.3(b)中,4 个或门的输出分别为

$$O_0 = \overline{AB} + CD$$
$$O_1 = B\overline{C}D$$
$$O_2 = CD$$
$$O_3 = D$$

PROM 的优点:对于较少的输入信号组成的与阵列固定、或阵列可编程的器件中,可以很方便地实现任意组合逻辑函数。价格低、易于编程,没有布局布线的问题,性能完全可以预测。

PROM 的不足:由于输入变量的增加会引起存储容量的急剧上升,只能用于简单组合电路的编程。而且当输入的数目太大时,器件的功耗增加,而巨大的阵列开关时间也会导致其速度缓慢。且采用熔丝结构,一次性编程使用。

实际上,大多数组合逻辑函数的最小项不超过 40 个,使得 PROM 芯片的面积利用率不高,功耗增加。

2.3.2 可编程逻辑阵列(PLA)器件

为了提高对芯片的利用率,在 PROM 的基础上又开发出了一种与阵列、或阵列都可以编程的 PLD——可编程逻辑阵列 PLA。这样,与阵列输出的乘积项不必一定是最小项,在采用 PLA 实现组合逻辑函数时可以运用逻辑函数经过化简后的最简与-或式;而且与阵列输出的乘积项的个数也可以小于 $2n$(n 为输入变量的个数),从而缩小了与阵列的规模。

PLA 的规模通常用输入变量数、乘积项的个数和或阵列输出信号数这三者的乘积来表示。例如一个 16×48×8 的 PLA,就表示它有 16 个输入变量,与阵列可以产生 48 个乘积项,或阵列有 8 个输出端。

PLA 的优点:根据需要产生乘积项,从而缩小了阵列的规模;PLA 实现逻辑函数时,运用简化后的最简与-或式;用 PLA 设计电路具有节省存储单元的优点。而且由于"与阵列"可编程,不存在 PROM 中由于输入增加而导致规模增加的问题。

PLA 的不足:仍采用熔丝结构,一次性编程使用。软件算法复杂,编程后器件运行速度慢,只能在小规模逻辑电路上应用。PLA 制作工艺复杂,没有优秀的软件开发工具的支持,而且速度慢和相对 PROM、PAL 而言高得多的价格。

2.3.3 可编程阵列逻辑(PAL)器件

可编程阵列逻辑 PAL 的主要部分仍然是与-或阵列,其中与阵列可根据需要进行编程,而或阵列是固定的。与阵列的可编程性保证了与门输入变量的灵活性,而或阵列固定使器件得以简化,进一步提高了对芯片的利用率。在实际应用时,考虑绝大多数组合逻辑函数并不需要所有的乘积项。可编程阵列逻辑对可编程只读存储器进行了改进,这种芯片的结构如图 2.4 所示。

图 2.4(b)中,4 个或门的输出分别为

$$O_0 = \overline{A}B + CD$$
$$O_1 = B\overline{C}D$$
$$O_2 = \overline{ABCD} + ABC\overline{D}$$
$$O_3 = \overline{A}B + A\overline{C} + D$$

PAL 的优点:与阵列的编程特性使输入项可以增多,而固定的或阵列又使器件简化。这种结构为大多数逻辑函数提供了较高级的性能,为 PLD 进一步的发展奠定了基础。而且 PAL 工作速度较高。

PAL 的不足:器件利用率低,很多与门都参与运作,它的寄存器的数目与输入/输出引线端子有关,使设计灵活性受到限制。而且由于其集成密度不高、编程不够灵活,且只能一次编程,很难在功能较复杂的电路与系统中胜任。修改电路需要更换整个 PAL 器件,成本太高。现在,PAL 已被 GAL 所取代。

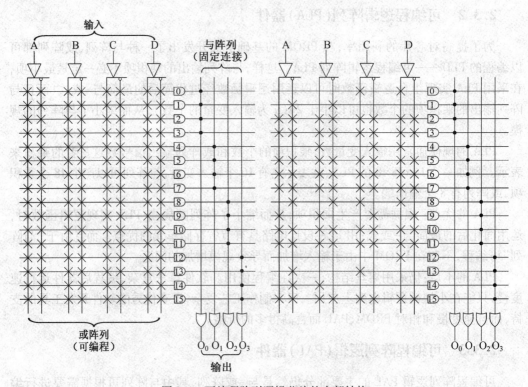

图 2.4 可编程阵列逻辑芯片的内部结构

2.3.4 通用阵列逻辑(GAL)器件

20 世纪 80 年代初,Lattice 公司推出了通用阵列逻辑(Generic Ariay Logic,GAL),GAL 采用 E^2CMOS 工艺,可以反复修改和再编程。GAL 器件在可编程阵列逻辑的基础上,增加了输出逻辑宏单元(Output Logic Macro Cell,OLMC),使其特性和使用灵活性大大优于 PAL 和 PLA,成为目前使用最广泛的简单 PLD 器件。图 2.5 给出了 GAL16V8 的结构图。

8 个专用输入管脚中每个输入信号经过一级缓冲后,产生输入信号的原变量和反变量,它们分别连接到输入矩阵对应的列线上,为与阵列提供一部分输入信号。与阵列的输入信号还包括来自输出逻辑宏单元的反馈信号,这些反馈信号也分别连接到输入矩阵对应的列线上。从图 2.5 可以看出,与阵列共有 64 个与门,每个与门具有 32 个可编程的输入变量。

GAL 器件仍然存在着以下问题:时钟必须共用;或的乘积项最多只有 8 个;GAL 器件规模小,达不到单片内集成一个数字系统的要求;尽管 GAL 器件有加密的功能,但随着解密技术的发展,对于这种阵列规模小的可编程逻辑器件的解密已不是难题。

第 2 章 可编程逻辑器件概述

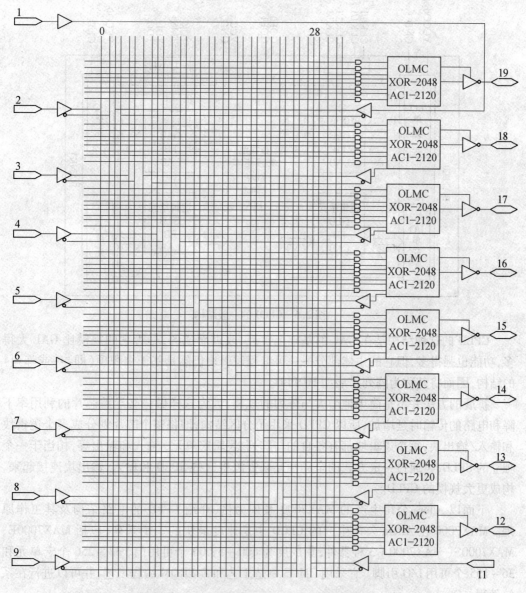

图 2.5 通用阵列逻辑 16V8 的内部结构图

2.4 高密度可编程逻辑器件

2.4.1 复杂可编程逻辑器件(CPLD)

目前生产 CPLD 的厂家有很多,各种型号的 CPLD 在结构上也都有各自的特点和长处,但概括起来,它们都是由 3 部分组成的,即可编程逻辑阵列块 LAB(构成 CPLD 的主体部分)、输入/输出块和可编程互联资源 PIA(用于逻辑块之间以及逻辑块与输入/输出块之间的连接),如图 2.6 所示。

· 19 ·

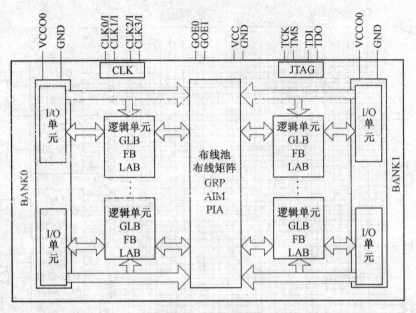

图 2.6 CPLD 的一般结构

CPLD 的这种结构是在 GAL 的基础上扩展、改进而成的,尽管它的规模比 GAL 大得多,功能也强得多,但它的主体部分——可编程逻辑块仍然是基于乘积项(即与-或阵列)的结构,因而将其称为阵列扩展型 HDPLD。

扩展的方法并不是简单地增大与阵列的规模,因为这样做势必导致芯片的利用率下降和电路的传输时延增加,所以 CPLD 采用了分区结构,即将整个芯片划分成多个逻辑块和输入/输出块,每个逻辑块都有各自的与阵列、逻辑宏单元、输入和输出等,相当于一个独立的 SPLD,再通过一定方式的全局性互联资源将这些 SPLD 和输入/输出块连接起来,构成更大规模的 CPLD。

下面以 Altera 公司生产的 MAX7000 系列为例,介绍 CPLD 的电路结构及其工作原理。MAX7000 在 Altera 公司生产的 CPLD 中是速度最快的一个系列,包括 MAX7000E、MAX7000S、MAX7000A 3 种器件,集成度为 600～5 000 个可用门、32～256 个宏单元和 36～155 个可用 I/O 引脚。它采用 CMOS 制造工艺和 E^2PROM 编程工艺,并可以进行在系统编程。

MAX7000A 的电路结构图如图 2.7 所示,它主要由逻辑阵列块 LAB(Logic Array Block)、I/O 控制块和可编程互联阵列(Programmable Interconnect Array,PIA)3 部分构成。MAX7000A 结构中还包括 4 个专用输入,它们既可以作为通用逻辑输入,也可以作为高速的全局控制信号(一个时钟信号、一个清零信号和两个输出使能信号)。

1. 逻辑阵列块 LAB

MAX7000A 的主体是通过可编程互联阵列 PIA 连接在一起的、高性能的、灵活的逻辑阵列块。每个 LAB 由 16 个宏单元组成,输入到每个 LAB 的有如下信号:

(1)来自于 PIA 的 36 个通用逻辑输入。

(2)全局控制信号(时钟信号、清零信号)。

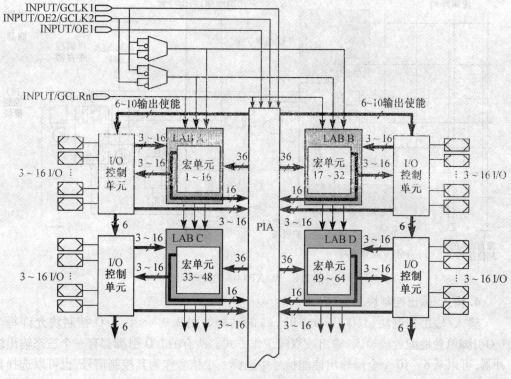

图 2.7 MAX7000A 的电路结构图

(3) 从 I/O 引脚到寄存器的直接输入通道,用于实现 MAX7000A 的最短建立时间。LAB 的输出信号可以同时馈入 PIA 和 I/O 控制块。

2. 宏单元

MAX7000A 的宏单元如图 2.8 所示。它包括与阵列、乘积项选择阵列以及由一个或门、一个异或门、一个触发器和 4 个多路选择器构成的 OLMC。每个宏单元就相当于一片 GAL。

与阵列用于实现组合逻辑,每个宏单元的与阵列可以提供 5 个乘积项。乘积项选择矩阵分配这些乘积项作为"或门"或"异或门"的输入(以实现组合逻辑函数),或者作为触发器的控制信号(清零、置位、使能和时钟)。

3. 扩展乘积项

尽管大多数逻辑函数可以用一个宏单元的 5 个乘积项来实现,但在某些复杂的函数中需要用到更多的乘积项,这样就必须利用另外的宏单元。虽然多个宏单元也可以通过 PIA 连接,但 AX7000A 允许利用扩展乘积项,从而保证用尽可能少的逻辑资源实现尽可能快的工作速度。扩展乘积项有两种:共享扩展项和并联扩展项。共享扩展项,就是反相后反馈到逻辑阵列的乘积项;并联扩展项,就是可以从邻近的宏单元借出的乘积项。

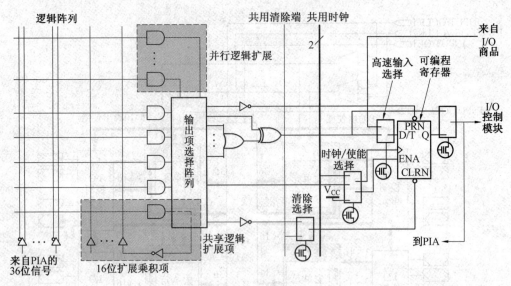

图 2.8 MAX7000A 的宏单元

4. 输入/输出控制块

输入/输出控制块(I/O Control Block)的结构如图2.9所示。I/O控制块允许每个I/O引脚单独地配置成输入、输出或双向工作方式。所有的I/O引脚都有一个三态输出缓冲器,可以从6~10个全局输出使能信号中选择一个信号作为其控制信号,也可以选择集电极开路输出。输入信号可以馈入PIA,也可以通过快速通道直接送到宏单元的触发器。

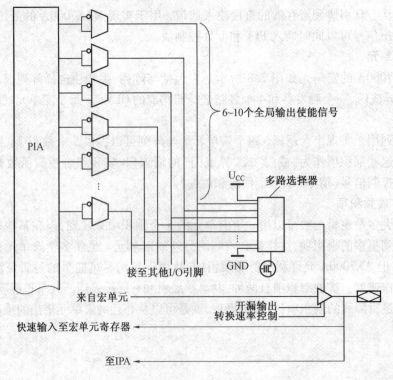

图 2.9 MAX7000A 的 I/O 控制块结构

5. 可编程互联阵列 PIA

通过可编程互联阵列可以将多个 LAB 和 I/O 控制块连接起来构成所需要的逻辑。MAX7000A 中的 PIA 是一组可编程的全局总线,它可以将馈入它的任何信号源送到整个芯片的各个地方。图 2.10 表明了馈入到 PIA 的信号是如何送到 LAB 的。每个可编程单元控制一个 2 输入的与门,以从 PIA 选择馈入 LAB 的信号。多数 CPLD 中的互联资源都有类似于 MAX7000A 的 PIA 这种结构,这种连接线最大的特点是能够提供具有固定时延的通路,也就是说信号在芯片中的传输时延是固定的、可以预测的,所以将这种连接线称为确定型连接线。

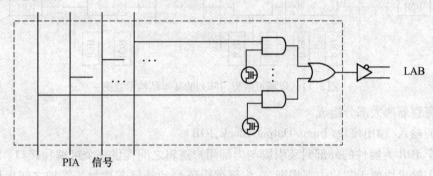

图 2.10 MAX7000A 的 PIA 布线示意图

2.4.2 现场可编程门阵列 FPGA

1. FPGA 简介

新型的现场可编程门阵列 FPGA 功能更加丰富,具有很高的密度和速度等。

FPGA(Field Programmable Gate Array)是现场可编程门阵列的简称。它是 Xilinx 公司于 20 世纪 80 年代后期发展起来的一种可编程大规模集成器件。FPGA 器件及其开发系统是开发大规模数字集成电路的新技术。它利用计算机辅助设计,绘制出实现用户逻辑的原理图或用硬件描述语言等方式作为设计输入;然后经一系列转换程序、自动布局布线、模拟仿真过程;最后生成配置 FPGA 器件的数据文件,对 FPGA 器件初始化。这样就实现了满足用户要求的专用集成电路,真正达到了用户自行设计、自行研制和自行生产集成电路的目的。

以 Xilinx 公司的 FPGA(XC3020)为例,现场可编程门阵列的基本结构如图 2.11 所示。逻辑单元之间是互联阵列。这些资源可由用户编程。

2. FPGA 的基本结构

FPGA 结构属于逻辑单元阵列,可重复编程。在系统加电后,由逻辑单元阵列自动从片外 EPROM 中读入构造数据。

由图 2.11 可得 FPGA 的基本结构主要由可编程逻辑块、输入/输出模块和可编程互联 3 大部分组成。

(1) 可组态逻辑块(Configurable Logic Block,CLB)

CLB 是 FPGA 的基本逻辑单元,能完成用户指定的逻辑功能。它的内部结构由组合

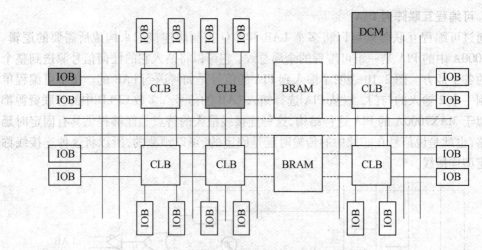

图 2.11 现场可编程门阵列的基本结构示意图

逻辑与寄存器两大部分组成。

（2）输入/输出模块（Input/Output Block，IOB）

每个 IOB 为器件的外部封装引脚与内部用户逻辑之间提供一个可编程接口。IOB 可编程输入输出块位于芯片内部周围，在内部逻辑阵列和外部芯片封装管脚之间提供一个可编程接口。IOB 内部逻辑由逻辑门、触发器和控制单元组成，它可编程为输入、输出、双向 I/O 3 种方式。

（3）可编程互联（Programmable Interconnect，PI）

FPGA 中的可编程互联资源提供布线通路，将 IOB、CLB 的输入和输出连接到逻辑网络上，实现系统的逻辑功能，构成用户电路。块间互联资源由两层金属线段构成。开关晶体管形成了可编程互联点和开关矩阵 SM，以便实现金属线段和块引脚的连接。这些开关的通断靠对应的可组态存储器（SRAM）控制。一旦断电，SRAM 中的信息会丢失。因此 FPGA 必须配上一块 EPROM，将所有编程信息保存在 EPROM 中。每次通电时，首先将 EPROM 中的编程信息传到 SRAM 中，然后才能投入运行。

3. FPGA 的配置模式

FPGA 的配置也就是该器件的编程。FPGA 的电路设计是通过 FPGA 开发系统来实现的。用户只需在计算机上输入硬件描述语言或电路原理图，FPGA 开发系统软件就能自动进行模拟、验证、分割、布局和布线，最后实现 FPGA 的内部配置。

常用的配置模式有：

（1）主动模式。利用内部振荡器产生配置时钟 CCLK，自动地从 EPROM 加载配置程序数据。

（2）外设模式。将器件作为外设来对待，从总线中接受字节型数据。

（3）从动串行模式。为计算机提供一个接口加载 LCA 配置程序，在 CCLK 时钟上升沿接收串行配置数据，在下降沿输出数据。

4. FPGA 的特点

（1）SRAM 结构：可以无限次编程，但它属于易失性元件，掉电后芯片内信息丢失。通电之后,要为FPGA重新配置逻辑,FPGA配置方式有7种,可参考相关文献。

(2)内部连线结构:CPLD的信号汇总于编程内连矩阵,然后分配到各个宏单元。它的信号通路固定,系统速度可以预测。而FPGA的内连线是分布在CLB周围,而且编程的种类和编程点很多,布线相当灵活,其在系统速度方面低于CPLD的速度。

(3)芯片逻辑利用率:由于FPGA的CLB规模小,可分为两个独立的电路,又有丰富的连线,所以系统综合时可进行充分的优化,以达到逻辑最高的利用。

(4)芯片功耗:CPLD的功耗一般在0.5~2.5 W之间,而FPGA芯片功耗在0.25~5 mW之间,静态时几乎没有功耗,所以称FPGA为零功耗器件。

概括地说,FPGA器件的优点为:高密度、高速率、系列化、标准化、小型化、多功能、低功耗、低成本,设计灵活方便,可无限次反复编程,并可现场模拟调试验证。

使用FPGA器件,一般可在几天到几周内完成一个电子系统的设计和制作,缩短研制周期,达到快速上市和进一步降低成本的要求。据统计,1993年FPGA的产量已占整个可编程逻辑器件产量的30%,并在逐年提高。

2.5 Altera公司的可编程逻辑器件

2.5.1 Altera公司的CPLD

Altera公司的CPLD器件主要有Classic系列、MAX 3000系列、MAX 5000系列、MAX 7000系列和MAX 9000系列,这些器件系列都具有可重复编程的功能,Classic系列和MAX 5000系列采用EPROM(紫外线擦除的可编程存储器)工艺;MAX 3000、MAX 7000、MAX 9000系列采用E^2PROM(电可擦除可编程存储器)工艺。由于MAX 7000系列在国内应用较为广泛,其结构具有一定的代表性。

1. MAX 7000系列

MAX 7000系列是Altera公司销售量最大的产品,属于高性能、高密度的CPLD。在结构上包含逻辑阵列块(LAB)、宏单元、扩展乘积项、可编程连线阵列(PIA)和I/O控制块。MAX 7000系列包含600~5 000个可用门、32~256个宏单元、44~208个用户I/O管脚、管脚到管脚最短延迟为5.0ns,计数器最高工作频率可达178.6 MHz。

2. MAX 9000系列

MAX 9000系列集高效宏单元和延迟可预测的快速通道互联结构于一体,器件的集成度为6 000~12 000可用门、320~560个宏单元及多达216个用户I/O管脚。MAX 9000系列器件适用于高性能、在系统可编程的系统级功能设计。

3. MAX Ⅱ系列

Altera的MAX Ⅱ系列CPLD是有史以来功耗最低、成本最低的CPLD。MAX Ⅱ CPLD基于突破性的体系结构,在所有CPLD系列中,其单位I/O引脚的功耗和成本都是最低的。

瞬时接通的非易失器件系列面向蜂窝手机设计等通用低密度逻辑应用。不但具有传统CPLD设计的低成本特性,MAX Ⅱ CPLD还进一步提高了高密度产品的功耗和成本优势,这样可以使用 MAX Ⅱ CPLD 来替代高功耗和高成本 ASSP 以及标准逻辑 CPLD。

MAX Ⅱ 器件系列具有低功耗、低成本体系结构,板上振荡器和用户闪存;不需要分立振荡器或者非易失存储器,减少了芯片数量;实时在系统可编程能力(ISP);灵活的 MultiVolt 内核。并行闪存加载程序宏功能,提高了板上不兼容 JTAG 闪存的配置效率,通过 MAX Ⅱ 器件实现 JTAG 命令,简化了电路板管理。

2.5.2 Altera 公司的 FPGA

Altera 公司的 FPGA 器件主要有 FLEX 10K 系列、FLEX 6000 系列、FLEX 8000 系列、Stratix 系列、Cyclone 系列、ACEX 1K 系列和 APEX 20K 系列等。在编程工艺上,这些系列都采用 SRAM(静态随机存储器)工艺。

1. FLEX 10K 系列

FLEX 10K 是 Altera 公司于 1998 年推出的第一个集成了嵌入式阵列块(EAB)的 PLD,由于其具有高密度、低成本、低功率等特点,已成为 Altera 公司 PLD 中应用前景最好的器件系列之一。FLEX 10K 系列把连续的快速通道互联与独特的嵌入式阵列结构相结合,同时还结合了众多可编程器件的优点来完成普通门阵列的宏功能。在结构上,FLEX 10K 主要由嵌入式阵列(EA)、逻辑阵列(LA)、快速通道(Fast Track)和输入/输出单元(IOE)4 部分组成。

2. FLEX 6000 系列

FLEX 6000 系列为大容量设计提供了一种低成本可编程的门阵列。每个逻辑单元(LE)含有一个四输入查找表、一个寄存器以及作为进位链和级联链功能的专用通道。FLEX 6000 系列提供 16 000~25 000 个可用门、1320~1960 个 LE 及 117~218 个用户可用 I/O 管脚。此外,FLEX 6000 能够实现在系统重配置并提供多电压 I/O 接口。

3. FLEX 8000 系列

FLEX 8000 系列适合于需要大量寄存器和 I/O 管脚的应用系统。该系列器件的集成度为 2 500~16 000 可用门、282~1500 个寄存器以及 78~208 个用户可用 I/O 管脚。FLEX 8000 能够通过外部配置 E^2PROM 或智能控制器进行在系统配置。FLEX 8000 还提供了多电压 I/O 接口,允许器件接在以不同电压工作的系统中。

4. Stratix 系列

Stratix 系列是 Altera 公司于 2002 年 2 月推出的 PLD 器件,内嵌的存储单元有:可配置成移位寄存器的 512 K 比特小容量 RAM(M512)、4K 比特容量的标准 RAM(M4K)和 512K 比特的大容量 RAM(Mega RAM),这 3 种存储单元都自带奇偶校验。具有增强时钟管理和锁相环能力,最多可有 40 个独立的系统时钟管理区和 12 个锁相环。内嵌乘加结构的 DSP 块,适用于高速数字信号处理。

5. Cyclone 系列

Cyclone 系列是 Altera 公司成本最低的 FPGA,集成逻辑单元 2 910~20 060 个,支持多种 I/O 标准,最多两个锁相环,共有 6 个输出和层次化的时钟结构,为复杂设计提供了强大的时钟管理电路。

6. ACEX 1K 系列

ACEX 1K 系列器件将查找表(LUT)与嵌入式阵列块(EAB)结合,提供了一种具有高效管芯的低成本结构。在 EAB 实现 RAM、ROM、双端口 RAM 或 FIFO 功能的同时,基于查找表的逻辑阵列能优化数据通路和寄存器。这些单元使 ACEX 1K 系列产品适用于复杂的逻辑功能和存储功能的应用场合,如数字信号处理、宽带数据通路控制、数据传输和微处理器等方面。

7. APEX 20K 系列

该系列器件是一种多核结构,集查找表(LUT)、乘积项(PT)和嵌入式存储器(ESB)于一体。这种特性有利于将处理器、存储器及接口等功能的各种子系统集成在单个芯片上。APEX 20K 系列芯片的主要特点是:高密度、可低功耗运行、灵活的时钟管理、先进的互联结构等。

2.6 FPGA 和 CPLD 的开发应用选择

1. 器件的逻辑资源量的选择

开发一个项目,首先要考虑的是所选器件的逻辑资源量是否满足本系统的要求。由于大规模的 PLD 器件的应用,大都是先将其安装在电路板上再设计其逻辑功能,而且在实现调试前很难准确确定芯片可能耗费的资源,考虑到系统设计完成后,有可能要增加某些新功能,以及后期的硬件升级可能性,因此,适当估测一下功能资源以确定使用什么样的器件,对于提高产品的性能价格比是有好处的。

Lattice、Altera、Xilinx 三家 PLD 主流公司的产品都有 HDPLD 的特性,且有多种系列产品供选用。相对而言,Lattice 的高密度产品少些,密度也较小。由于不同的 PLD 公司在其产品的数据手册中描述芯片逻辑资源的依据和基准不一致,所以有很大出入。例如对于 ispLSI1032E,Lattice 给出的资源是 6 000 门,而对于 EPM7128S,Altera 给出的资源是 2 500 门,但实际上这两种器件的逻辑资源是基本一样的。若以 Lattice 数据手册上给出的逻辑门数为 6 000 计算,Altera 的 EPM7128S 中也有 128 个宏单元,也应有 6 000 个左右的等效逻辑门;Xilinx 的 XC95108 和 XC9536 的宏单元数分别为 108 和 36,对应的逻辑门数应该约为 5 000 和 6 000。

实际开发中,逻辑资源的占用情况涉及的因素很多,大致有:① 硬件描述语言的选择、描述风格的选择以及 HDL 综合器的选择。这些内容涉及的问题较多,在此不宜展开。② 综合和适配开关的选择。如选择速度优化,则将耗用更多的资源,而若选择资源优化,则反之。在 EDA 工具上还有许多其他的优化选择开关,都将直接影响逻辑资源的利用率。③ 逻辑功能单元的性质和实现方法。一般情况,许多组合电路比时序电路占用的逻辑资源要大,如并行进位的加法器、比较器以及多路选择器。

2. 芯片速度的选择

随着可编程逻辑器件集成技术的不断提高,FPGA 和 CPLD 的工作速度也不断提高,pin to pin 延时已达 ns 级,在一般使用中,器件的工作频率已足够了。目前,Altera 和 Xilinx 公司的器件标称工作频率最高都可超过 300 MHz。具体设计中应对芯片速度的选择有一综合考虑,并不是速度越高越好。芯片速度的选择应与所设计系统的最高工作速度相一致。使用了速度过高的器件将加大电路板设计的难度。这是因为器件的高速性能越好,则对外界微小毛刺信号的反映灵敏性越好,若电路处理不当,或编程前的配置选择不当,极易使系统处于不稳定的工作状态,其中包括输入引脚端的所谓"glitch"干扰。

3. 器件功耗的选择

由于在线编程的需要,CPLD 的工作电压多为 5 V,而 FPGA 的工作电压的流行趋势越来越低,3.3 V 和 2.5 V 的低工作电压的 FPGA 的使用已十分普遍。因此,就低功耗、高集成度方面,FPGA 具有绝对的优势。相对而言,Xilinx 公司的器件的性能较稳定,功耗较小,用户 I/O 利用率高。例如,XC3000 系列器件一般只用两个电源、两个地,而密度大体相当的 Altera 器件可能有 8 个电源、8 个地。

4. FPGA/CPLD 的选择

FPGA/GPLD 的选择主要看开发项目本身的需要,对于普通规模且产量不是很大的产品项目,通常使用 CPLD 比较好。这是因为:

(1) 在中小规模范围,CPLD 价格较便宜,能直接用于系统。各系列的 CPLD 器件的逻辑规模覆盖面属中小规模(1 000 ~ 50 000 门),有很宽的可选范围,上市速度快,市场风险小。

(2) 开发 CPLD 的 EDA 软件比较容易得到,其中不少 PLD 公司将有条件地提供免费软件。如 Lattice 的 ispExpert、Synaio,Vantis 的 Design Director,Altera 的 Baseline,Xilinx 的 Webpack 等。

(3) CPLD 的结构大多为 E^2PROM 或 Flash ROM 形式,编程后即可固定下载的逻辑功能,使用方便,电路简单。

(4) 目前最常用的 CPLD 多为在系统可编程的硬件器件,编程方式极为便捷。这一优势能保证所设计的电路系统随时可通过各种方式进行硬件修改和硬件升级,且有良好的器件加密功能。Lattice 公司所有的 ispLSI 系列、Altera 公司的 7000S 和 9000 系列、Xilinx 公司的 XC9500 系列的 CPLD 都拥有这些优势。

(5) CPLD 中有专门的布线区和许多块,无论实现什么样的逻辑功能,或采用怎样的布线方式,引脚至引脚间的信号延时几乎是固定的,与逻辑设计无关。这种特性使设计调试比较简单,逻辑设计中的毛刺现象比较容易处理,廉价的 CPLD 就能获得比较高速的性能。

对于大规模的逻辑设计、ASIC 设计或单片系统设计,则多采用 FPGA。

从逻辑规模上讲,FPGA 覆盖了大中规模范围,逻辑门数为 5 000 ~ 2 000 000 门。目前国际上 FPGA 的最大供应商是美国的 Xilinx 公司和 Altera 公司。FPGA 保存逻辑功能的物理结构多为 SRAM 型,即掉电后将丢失原有的逻辑信息。所以在实际中需要为 FPGA 芯片配置一个专用 ROM,将设计好的逻辑信息烧录于此 ROM 中。电路一旦上电,FPGA 就能自动从 ROM 中读取逻辑信息。

(6) 专用集成电路 ASIC 设计仿真。对产品产量特别大,需要专用的集成电路,或是单片系统的设计,如 CPU 及各种单片机的设计,除了使用功能强大的 EDA 软件进行设计和仿真外,有时还有必要使用 FPGA 对设计进行硬件仿真测试,以便最后确认整个设计的可行性。最后的器件将是严格遵循原设计,适用于特定功能的专用集成电路。这个转换过程需利用 VHDL 或 Verilog 语言来完成。

5. 其他因素的选择

相对而言,在 3 家 PLD 主流公司的产品中,Altera 和 Xilinx 的设计较为灵活,器件利用率较高,器件价格较便宜,品种和封装形式较丰富。但 Xilinx 的 FPGA 产品需要外加编程器件和初始化时间,保密性较差,延时较难事先确定,信号等延时较难实现。

器件中的三态门和触发器数量,3 家 PLD 主流公司的产品都太少,尤其是 Lattice 产品。

本章小结

本章首先介绍了可编程逻辑器件的发展过程和分类;然后介绍了低密度可编程逻辑器件以及高密度可编程逻辑器件 CPLD 和 FPGA。最后介绍了 CPLD 和 FPGA 的开发应用选择。

习 题

1. CPLD 器件实现逻辑功能的基本结构是什么? CPLD 的基本组成部分包括哪些?
2. Altera 公司的主流 CPLD 器件主要有哪些,有什么特点?
3. FPGA 器件实现逻辑功能的基本结构是什么? FPGA 的基本组成部分包括哪些?
4. Altera 公司的主流 FPGA 器件主要有哪些,有什么特点?
5. CPLD 和 FPGA 器件有什么异同?

第3章　Quartus Ⅱ 开发软件设计指南

【内容提要】

本章主要针对用于电子系统设计的 EDA 开发软件 Quartus Ⅱ，详细介绍了 Quartus Ⅱ 在 EDA 数字电路系统设计中的设计流程。

3.1　Quartus Ⅱ 软件综述

Quartus Ⅱ 软件是 Altera 公司的第四代可编程逻辑器件开发设计软件，可开发 FPGA、CPLD 和结构化 ASIC，是 MAX+plus Ⅱ 软件的升级版本。Quartus Ⅱ 将设计、综合、布局、仿真验证和编程下载以及第三方 EDA 工具集成在一个无缝的环境中，可以进行系统级设计、嵌入式系统设计和百万门以上的可编程逻辑器件的设计。

为适应 MAX+plus Ⅱ 使用者的需要，Quartus Ⅱ 软件提供了两种不同的界面形式：Quartus Ⅱ 主界面和 MAX+plus Ⅱ 主界面。用户可以使用菜单命令 Tools/Customize 定制适合的界面。当然，不管选择哪种界面，软件中各种命令和按钮的功能是相同的。本节的介绍是在 Quartus Ⅱ 主界面下进行的。

3.1.1　软件的功能简介及支持的器件

Quartus Ⅱ 软件具有完全集成且与电路结构无关的开发包环境，提供了丰富的图形用户界面，并配有带示例的在线帮助。完整的 Quartus Ⅱ 系统涵盖了从"设计输入"到"器件编程"的所有步骤，用户可以轻而易举地综合不同类型的设计文件到一个结构化的工程当中，自由选择认为合适的设计输入方式。

Quartus Ⅱ 的编译器是软件的核心部分，为用户工程的芯片级实现提供强大的设计处理功能。另外，它还支持软件源文件的添加创建，能自动定位编译错误，带有高效的编程与验证工具，可读入标准的 EDIF 网表文件、VHDL 网表文件和 Verilog HDL 网表文件，同时也能生成可供第三方 EDA 软件工具使用的 VHDL、Verilog HDL 网表文件。设计者可以很方便地将不同类型的设计文件组合起来，以项目的形式进行管理。Quartus Ⅱ 软件具有功能强大的逻辑综合工具，完备的电路功能与时序逻辑仿真工具，能进行时序分析与关键路径延时分析。

综上所述，Quartus Ⅱ 软件是一种全集成的设计工具，将其所具有的功能概括起来，有以下几点：

(1) 可利用原理图、结构图、HDL 硬件描述语言完成逻辑电路的描述和编辑。

(2) 支持软件源文件的创建、添加，将它们连接起来生成编程文件。

(3) 功能强大的逻辑综合工具，并提供了 RTL 查看器（原理图视图和层次结构列表）。

(4) 自动定位编译错误，提供高效的器件编程与验证工具。

(5) 完备的电路功能仿真与时序逻辑仿真工具。

(6) 新的实时和时序分析功能，分析控制时钟斜移和数据斜移。

(7) NativeLink 第三方 EDA 工具集成。

(8) LogicLock™ 增量设计方法，在渐进式编译流程中，设计者可建立并优化设计系统，然后添加对原始系统性能影响较小或没有影响的后续模块。

(9) 使用 SignalTap Ⅱ 逻辑分析工具进行嵌入式的逻辑分析。

(10) 引入了功率分析和优化套件 PowerPlay 技术，可详细估算静态和动态功率。

(11) PowerGauge™ 功耗估算。

(12) SOPC Builder 多时钟域支持。

(13) RTL-to-Gates 形式验证。

(14) 生成测试台模板和内存初始化文件。

(15) 节点锁定和网络许可选项。

Quartus Ⅱ 软件将默认安装 SOPC Builder，自动添加、参数化和连接 IP 核，包括嵌入式处理器、协处理器、外设和用户自定义逻辑，从而为嵌入式系统的开发提供方便。

在设计的每一步，Quartus Ⅱ 软件能够让用户集中精力于设计本身，而不是软件的应用。Quartus Ⅱ 出众的集成工作环境和强大的功能能够大大提高用户的工作效率。

Quartus Ⅱ 软件能够支持更多的器件，如：Stratix、Stratix GX、Stratix Ⅱ、Stratix Ⅱ GX、Stratix Ⅲ、MAX3000A、MAX7000B、MAX7000S、MAX7000AE、MAX Ⅱ、FLEX6000、FLEX10K、FLEX10KA、FLEX10KE、Cyclone、Cyclone Ⅱ、Cyclone Ⅲ、APEX Ⅱ、APEX20KC、APEX20KE、ACEX1K 等，使用面更广。

3.1.2　软件的安装与系统配置

1. 软件的安装

Quartus Ⅱ 软件按使用对象可分为商业版和基本版，安装方法基本相同，这里仅介绍基于 PC 机在 Windows XP 平台上 Quartus Ⅱ 9.0 的安装过程。

(1) 软件系统的安装。

在安装向导的提示下，便可完成 Quartus Ⅱ 9.0 的安装。

(2) 软件系统的授权许可设置。

在首次运行 Quartus Ⅱ 9.0 时，必须设置 Altera 公司提供的授权文件 License，否则将不能实现预期的设计功能。启动软件系统，弹出"License Setup Required"对话框，选择"Specify valid license file"项，打开"Specify valid license file"对话框。单击"…"按钮，在

弹出的"License File"对话框中选择"License.dat"文件或直接在"License File"文本框中输入带全路径名的"License.dat"文件名。设置好授权文件后,单击"OK"按钮,就可以正常使用 Quartus Ⅱ 9.0 软件了。

2. 系统配置

为了使 Quartus Ⅱ 软件的性能达到最佳,Altera 公司建议计算机的最佳配置如下:

(1) CPU 在 Pentium Ⅱ 400 MHz 以上,系统内存在 512 MB 以上。

(2) 大于 800 MB 的安装 Quartus Ⅱ 软件所需的硬盘空间。

(3) Windows NT 4.0(Service Pack4 以上)、Windows 2000 或 Windows XP 操作系统。

(4) CD-ROM 驱动器。

(5) Microsoft IE5.0 以上的浏览器。

(6) TCP/IP 网络协议。

(7) 有如下之一的端口:用于 ByteBlaster Ⅱ 或 ByteBlaster MV 下载电缆的并行口(LPT 口);用于 MasterBlaster 通信电缆的串行口;用于 USB-Blaster 下载电缆、MasterBlaster 通信电缆以及 APU(Altera Programming Unit)的 USB 口(仅用于 Windows 2000 或 Windows XP)。

3.2　Quartus Ⅱ 的设计指南

Quartus Ⅱ 软件提供完整的、易于操作的图形用户界面,可以完成整个设计过程中各个阶段的设计。其设计流程与 MAX+plus Ⅱ 软件的设计流程十分相似,对于相同或相似的部分,这里只做简单介绍。Quartus Ⅱ 软件的设计流程如图 3.1 所示。

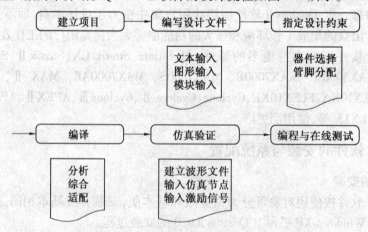

图 3.1　Quartus Ⅱ 软件的设计流程

(1) 设计输入:包括原理图输入、HDL 文本输入、波形输入以及由第三方 EDA 工具产生的 EDIF 网表文件输入等多种输入方式。

(2) 编译:先根据设计要求设定编译方式和编译策略,如器件的选择、逻辑综合方式的选择等。然后根据设定的参数和策略对设计项目进行网表提取、逻辑综合、器件适配,并产生报告文件、延时信息文件及编程文件,供分析、仿真和编程使用。

(3) 仿真验证:包括功能仿真、时序仿真和定时分析,可以利用软件的仿真功能来验证设计项目的逻辑功能和时序关系是否正确。

(4) 编程与在线测试:用得到的编程文件通过编程电缆配置 PLD,加入实际激励,进行在线测试。

(5) 在设计过程中,如果出现错误,则重新回到设计输入阶段,改正错误或调整电路后重复上述过程即可。

3.2.1 Quartus Ⅱ的启动及工具按钮的使用

在 Quartus Ⅱ软件安装完成之后,用户可以双击桌面图标,或单击"开始"按钮,在"程序"菜单下选择"Quartus Ⅱ 9.0"选项,即可打开软件系统。

启动 Quartus Ⅱ软件后默认的界面如图 3.2 所示,主要由标题栏、菜单栏、工具栏、资源管理窗口、项目工作区、编译状态显示窗口和信息显示窗口等几部分组成。

图 3.2 Quartus Ⅱ软件操作界面

下面对各部分的作用进行简要说明。

1. 标题栏

用来指明当前编辑文件的路径及名称。

2. 菜单栏

在没有打开任何项目文件时,菜单栏主要由 File、Edit、View、Project、Assignments、Processing、Tools、Window 和 Help 9 个下拉菜单构成。

其中核心的菜单有 Project、Assignments、Processing 和 Tools。Project 菜单主要是对项目的一些操作;Assignments 菜单主要针对项目的一些参数进行设置;Processing 菜单主要是对文件执行综合、布局布线、时序分析等设计流程;Tools 菜单用来调用软件中集成的设计工具。其余菜单的使用方法与其他软件窗口的功能相似,在此不再赘述。

3. 工具栏

(1) 主工具栏。

主工具栏包含了常用命令的快捷按钮,如图3.3所示,每个按钮均能在菜单栏中找到相对应的命令菜单。将鼠标移动到某一按钮时,在其下方会出现此按钮的相应含义。

图3.3 设计项目处理主工具栏

其功能依次是:项目管理框、设置按钮、资源分配按钮、布局布线按钮、编译快捷按钮、分析综合按钮、时序分析按钮、仿真按钮、编译报告按钮、编程按钮。

(2) 图形编辑工具栏。

当设计人员打开图形编辑器时,相应的图形编辑工具栏也随之弹出,如图3.4所示。

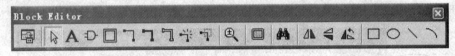

图3.4 图形编辑工具栏

从左至右,其功能依次是:在主窗口中打开图形编辑窗口、选择按钮、文本编辑按钮、拾取模块符号按钮、图表块按钮、画直角节点按钮、画直角总线按钮、画直角管道按钮、橡皮筋按钮、部分选择按钮、缩放按钮、全屏显示图形编辑窗口、查找按钮、垂直翻转180°、水平翻转180°、逆时针翻转90°、画矩形按钮、画椭圆按钮、画直线按钮、画弧线按钮。

(3) 波形编辑工具栏。

当设计人员打开波形编辑器时,将弹出波形编辑工具栏,其工具按钮如图3.5所示。

图3.5 波形编辑工具栏

其功能依次是:在主窗口中打开波形编辑窗口、选择拾取按钮、文本编辑按钮、波形编辑按钮、缩放按钮、全屏显示按钮、查找按钮、替换按钮、设定选中波形为未初始化、设定选中波形为未知电平、设定选中波形为低电平、设定选中波形为高电平、设定选中波形为高阻状态、设定选中波形为弱未知态、设定选中波形为弱低电平、设定选中波形为弱高电平、设定选中波形为无关状态、电平取反按钮、设定选中波形为计数脉冲、时钟设置按钮、设定选中波形为任意设定值、设定选中波形为随机值、设定波形对齐网格按钮、设定波形排序按钮。

4. 资源管理窗口

资源管理窗口用于显示当前设计项目中所有相关的资源文件。其下方有3个标题栏:Hierarchy(结构层次)、File(文件)和 Design Units(设计单元)。结构层次一栏列出每个源文件使用资源的具体情况,在编译前只显示顶层模块名,编译后按层次列出项目中所有模块;文件一栏列出项目编译后的所有文件;设计单元一栏列出项目编译后的所有单元,一个设计器件文件对应一个设计单元,参数定义文件没有对应的设计单元。

5. 项目工作区

根据设计文件的不同,此区域将打开不同的操作窗口,显示不同的内容及辅助工具栏。

6. 编译状态显示窗口

用于显示模块综合、布局布线过程及时间。

7. 信息显示窗口

此窗口主要显示模块综合、布局布线过程中的警告、错误信息等,并给出具体原因。

3.2.2 建立设计项目

应用 QuartusⅡ进行 PLD 设计的方法非常灵活,可以先通过 Project Wizard 命令进行项目文件的建立,再进行设计文件的建立;也可以先建立设计文件,再通过 Project Wizard 命令进行项目文件的建立。以边沿 D 触发器为例,介绍第一种建立设计项目的步骤。

1. 新建工作库目录

例如创建一个文件夹 F:\dff。

任何一个设计项目都是一个工程(Project),都必须首先为此工程建立一个工作目录以便存放所有与此设计相关的文件,此文件被 EDA 软件默认为工作库(Work Library)。在建立了工作库目录后,可以通过 QuartusⅡ软件编辑设计文件,并将设计文件存储在该项目的工作库目录下。一般来说,不同的项目存放在不同的工作库目录下,而同一个项目的所有相关文件应当存放在同一文件夹下。

2. 启动"New Project Wizard"

选择菜单命令 File/New Project Wizard,弹出的对话框主要是创建新项目的向导描述(图 3.6)。

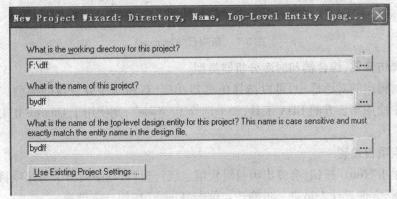

图 3.6 新项目向导 page1

单击"Next"按钮进入创建项目设置对话框,其中第一项要求指定项目的工作库目录,单击""选择 F:\dff;第二项表示此项目的项目名,输入"bydff";第三项要求填写该项目的实体名,实体名必须与项目同名,所以系统自动默认为"bydff"。设置完成以后单击"Next"按钮,出现如图 3.7 所示的界面,进行设计文件的添加。

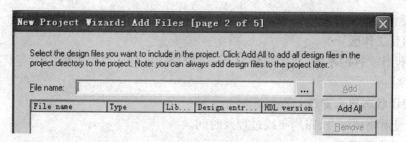

图 3.7　新项目向导 page2

3. 添加设计文件

添加的文件可以是图形文件、文本文件或 EDIF 文件。如果用户需要的文件没有在下面列出,可以单击"…"按钮查找。需要注意的是如果设计文件已经在目录中就不需要添加了,另外如果顶层文件和实体名不同就需要添加此项。

4. 选择目标芯片

在上一步设置完成后,继续单击"Next"按钮,进入选择目标芯片对话框,如图 3.8 所示。设计人员可以点选"Auto device selected by the File",交由系统帮助选择器件的系列和类型,其下方的选项表示手动选择目标芯片。单击"Next"按钮,进入项目设置的下一步操作过程。

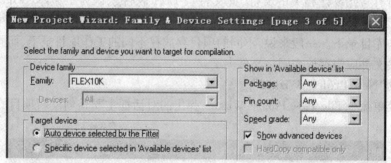

图 3.8　新项目向导 page3

5. 选择仿真器、综合器和时序分析器类型

在此时弹出的对话框中,可以选择仿真器、综合器和时序分析器的类型。QuartusⅡ允许设计中使用第三方的 EDA 工具,如果选择了"None",则使用了 QuartusⅡ集成的工具进行设计。

6. 结束项目设置

继续单击"Next"按钮,会弹出项目设置信息统计窗口,其中列出了与此项目相关的设置情况信息,方便设计人员进一步确认。单击"Finish"按钮结束设置。

3.2.3　新建设计文件

1. 建立文本设计文件

选择菜单命令 File/New,出现新建设计文件窗口,如图 3.9 所示。在弹出的新建设计文件窗口中选择"Design Files"下的"VHDL File"("Verilog HDL File"或"AHDL File"),单击"OK"按钮,将打开一个文本编辑器窗口。3 种输入方式所生成的文本文件,其文件后缀名与在 MAX+plus Ⅱ 环境下设计文本文件的后缀名相同。

在文本编辑界面就可以进行设计文件的输入了。对文本文件进行编辑时,文本文件编辑器窗口的标题名称后面将出现一个星号"*",表明正在对当前文本进行编辑操作,存盘后星号消失。

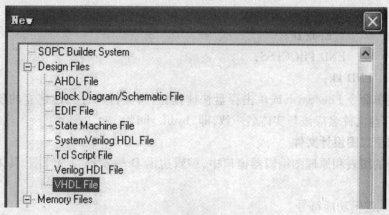

图 3.9 选择编辑文件类型

2. 建立原理图设计文件

在图 3.9 所示的选择编辑文件类型界面中,选择"Design Files"下的"Block Diagram/Schematic File"选项,进入图表和原理图编辑器,在打开的编辑器上方标题栏显示的文件名称为"Block1.bdf",而在 MAX+plus Ⅱ 环境下设计的原理图设计文件的后缀名为.gdf,注意区分。

根据设计的需要,设计人员还可以在图 3.9 所示界面中选择建立其他类型的设计文件,其建立方法与文本文件和原理图文件的建立过程相同,在此不做详细介绍。

3.2.4 编辑设计文件

1. 编辑文本文件

在打开的文本编辑器窗口中,输入边沿 D 触发器的 VHDL 源代码:

```
LIBRARY   IEEE;
USE IEEE. STD_LOGIC_1164. ALL;
USE IEEE. STD_LOGIC_ARITH. ALL;
USE IEEE. STD_LOGIC_UNSIGNED. ALL;
ENTITY bydff  IS
    PORT( cp,d:IN STD_LOGIC;
          q:BUFFER STD_LOGIC);
END bydff;
ARCHITECTURE kk OF bydff  IS
  BEGIN
```

```
PROCESS(cp,d)
    BEGIN
        IF(cp' EVENT  AND  cp='1') THEN
            q<=d;
        ELSE
            q<=q;
        END IF;
    END PROCESS;
END kk;
```

选择菜单命令 File/Save,或单击存盘快捷按钮,将文件保存到已建立的项目文件夹 F:\dff 下,存盘文件名应该与实体名一致,即"bydff.vhd"。

2. 编辑原理图设计文件

在打开的图表和原理图编辑器窗口中,编辑边沿 D 触发器的原理图,具体操作步骤如下:

(1)输入逻辑功能符号。

Quartus Ⅱ 软件为实现不同的逻辑功能提供了大量的基本单元符号和宏功能模块,设计者可以在原理图编辑器中直接调用,如基本逻辑单元、中规模器件以及参数化模块 LMP 等。

在图形编辑器窗口的空白工作区内双击,或单击图形工具栏的""按钮,或选择菜单命令 Edit/Insert Symbol,都可以弹出"Symbol"对话框。在对话框的"Name"一栏中输入要调用的逻辑功能符号名称,或从"Libraries"库元件中查找所需要的元件符号,单击"OK"按钮,即将逻辑功能符号放置到编辑器窗口中。

要重复放置同一个符号时,可以在"Symbol"对话框选中重复输入复选框,也可以进行复制操作,方法同 MAX+plus Ⅱ。

(2)放置引脚。

引脚包括输入(input)、输出(output)和双向(bidir)3 种类型,放置方法与放置符号的方法相同。

(3)连线。

符号之间的连线包括信号线和总线。如果需要连接两个端口,则将鼠标指针移动到其中的一个端口上,这时鼠标自动变为"+"形状,一直按住鼠标左键并拖动到第二个端口,放开左键,即可在两个端口之间画出信号线或总线。在连线过程中,当需要在某个地方拐弯时,只需要在该处松开鼠标左键,然后再继续按下左键拖动即可。

(4)引线和引脚命名。

元件放置完成后,需要为引线和引脚命名。

引线命名的方法是:在需要命名的引线上单击一下,此时引线处于被选中状态,然后输入名字即可。对单个信号线命名,可用字母、字母与数字组合的形式,如 CP、Y0、Y1 等;对于给 n 位总线命名,可以采用 A[n-1…0]形式。

引脚命名的方法是:在已放置引脚的"pin_name"处双击,然后输入该引脚的名字,或在引脚上双击,在弹出的引脚属性对话框的引脚名称文本框中输入该引脚名。引脚命名方法与引线命名一样,也分为单信号引脚和总线引脚。

(5)文件存盘。

存盘文件名称为"bydff.bdf"。

到这一步原理图输入文件基本编辑完成了,如图3.10所示。

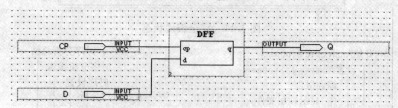

图3.10 边沿D触发器的原理图

3.2.5 编译设计电路

建立好项目和顶层设计文件后,需要对项目进行编译。Quartus Ⅱ软件的编译器是由一系列处理模块构成的,用来完成对设计项目文件的检错、逻辑综合、提取定时信息、在指定的目标器件中进行适配分割,产生的输出文件将用于设计仿真、定时分析和器件编程,同时产生各种报告文件,包括器件使用统计、编译设置、RTL级电路显示、器件资源利用率、延时分析结构和CPU使用资源等。如果项目文件编译不能通过,说明设计文件中存在语法错误或布局布线错误;如果仿真结果不正确,说明项目的逻辑功能设计存在问题,或在电路行为描述上有错误。

Quartus Ⅱ软件的编译类型有完全编译和分步编译两种。完全编译的过程包括分析与综合、适配/布局布线、配置和时序分析4个环节,执行完全编译命令,Quartus Ⅱ将自动完成整个编译过程。而这4个环节各自对应的菜单命令,可以单独分步执行,也就是分步编译。分步编译就是使用对应命令分步执行对应的编译环节,每完成一个编译环节,生成一个对应的编译报告。完全编译操作简单,适合简单的设计。对于复杂的设计,选择分步编译可以及时发现问题,提高设计纠错的效率,从而提高设计效率。

1. 完全编译

在打开文本设计文件"bydff.vhd"的窗口中,选择菜单命令 Processing/Start Compilation,或在主工具栏中单击"▶"按钮可以进行完全编译。在窗口左边的编译状态显示栏中显示编译4个过程的运行状态,如图3.11所示。或者选择菜单命令 Processing/Compiler Tool,将弹出与MAX+plusⅡ软件相似的编译工具窗口,如图3.12所示。在此对话框中单击"Start"按钮,将显示完全编译的过程。

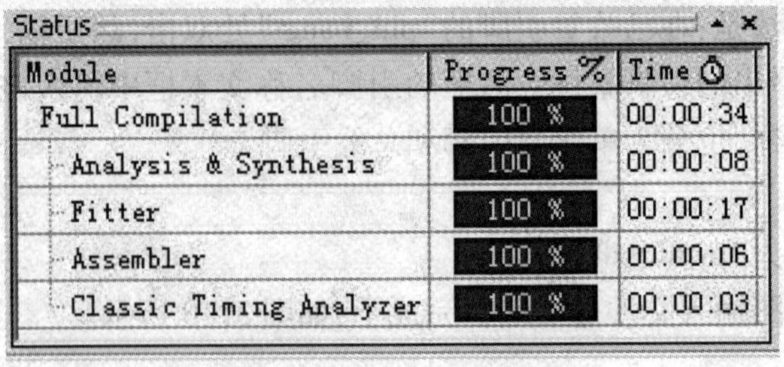

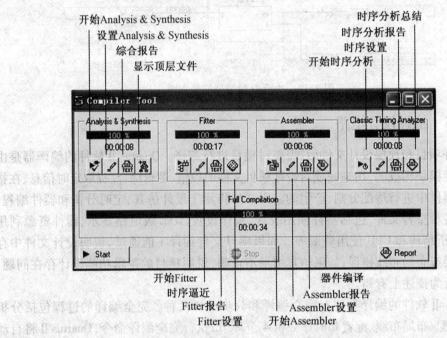

图3.11 完全编译状态

图3.12 Quartus Ⅱ 编译工具窗口

在编译过程中，Quartus Ⅱ 会在信息显示框中显示编译的警告、错误和其他信息，并在编译结束后给出编译报告。在编译过程中遇到错误时，软件会立即终止编译过程，并给出错误信息，双击错误名称，Quartus Ⅱ 会自动错误定位。

完全编译包括的4个过程的主要功能如下：

（1）分析与综合（Analysis & Synthesis）。将 HDL 语言翻译成最基本的与门、或门、非门、RAM、触发器等基本逻辑单元的连接关系（网表），并根据约束条件优化所生成的门级逻辑连接，输出网表文件。

（2）适配（Fitter）。根据综合后的网表文件进行布局布线、选择适当的内部互联路径、引脚分配、逻辑元件分配等，将项目的逻辑和时序要求与器件的可用资源相匹配。如果对设计设置了约束条件，则布局布线器将试图使这些资源与器件上的资源相匹配，优化逻辑设计，否则布局布线器将自动优化设计。

（3）配置（Assembler）。在完成适配之后进入该环节，在此过程中，Quartus Ⅱ 会将布局布线结果连同引脚分配等约束条件配置成目标器件的输出文件。

(4)时序分析(Timing Analyzer)。编译的最后一步是时序分析。在时序分析中,计算给定设计与器件上的延时,完成设计分析的时序分析和所有逻辑的性能分析。

2. 查看 RTL 视图

在设计的调试和优化过程中,可以使用 RTL 阅读器(RTL Viewer)观察设计电路的综合结果,直观地查看到设计文件的电路结构,并可以根据图中的节点回溯到设计描述,验证以及优化设计。RTL 阅读器是观察和确定源设计是否实现设计要求的理想工具。

要想利用 RTL Viewer 来观察设计的电路结构,必须首先通过选择菜单命令 Processing/Start/Start Analysis & Elaboration 来分析设计,也可以执行 Analysis & Synthesis 或者进行完全编译,因为这些步骤中包括编译流程的 Analysis & Elaboration 阶段。成功执行 Analysis & Elaboration 后,选择菜单命令 Tools/Netlist Viewer/RTL Viewer,将弹出"RTL Viewer"窗口,如图 3.13 所示,其中界面显示的是综合后边沿 D 触发器的 RTL 级电路图。因此,RTL 视图是在综合及布局布线前生成的,并非设计的最终电路结构。

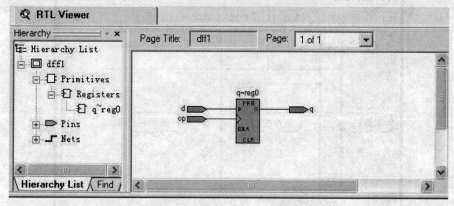

图 3.13 "RTL Viewer"窗口

"RTL Viewer"窗口的右边,是显示 RTL 级电路图的主窗口。窗口的左边,是以树状形式显示的层次列表,列出了设计电路的所有单元。层次列表的内容包括以下几个方面:

(1)Instances。能够被展开成低层次模块或实例。

(2)Primitives。不能被展开为任何低层次模块的低层次节点。

(3)Pins。当前层次的 I/O 端口,如果端口是总线,也可以将其展开,观察到端口中每个端口的信号。

(4)Nets。是连接节点的连线,当网线是总线时也可以展开,观察每条网线。

在窗口的右边,鼠标左键单击设计模块可以选中此模块,同时被选中的单元在窗口左边的列表中也被选中,此模块的等级列表自动展开。双击结构图中的 Instances,可以展开此模块的下一级结构图。

3.2.6 设计仿真

在整个设计流程中,完成了设计输入和编译,只能说明设计符合一定的语法规范,对其是否满足设计者的功能要求并不能保证,这就需要设计者通过仿真对设计进行验证。仿真的目的就是在软件环境下,验证电路的行为和设想的是否一致。仿真一般需要建立波形文件、设置仿真时间区域、输入信号节点、编辑输入波形、启动仿真器和观察仿真波形等过程。

1. 建立波形文件

波形文件用来为设计产生输入激励信号。利用 Quartus Ⅱ 软件的波形编辑器可以创建矢量波形文件(.vwf)。波形文件以波形图的形式描述仿真输入矢量,并在仿真结束后产生仿真输出矢量。

创建一个新的矢量波形文件的步骤如下:

(1) 选择 Quartus Ⅱ 主界面下的菜单命令 File/New。

(2) 在新建对话框中选择"Vector Waveform File",单击"OK"按钮,则打开一个空白的波形编辑器窗口,主要分为信号栏、工具栏和波形栏,如图 3.14 所示。

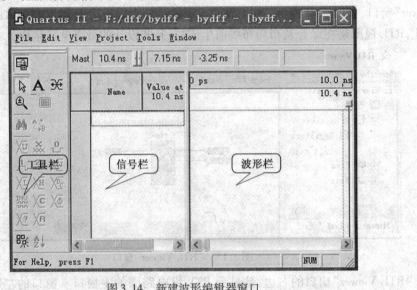

图 3.14 新建波形编辑器窗口

2. 设置仿真时间区域

为了使仿真时间轴设置在一个合理的时间区域上,在图 3.14 所示的窗口中,选择菜单命令 Edit/End Time,在弹出的窗口中键入 2.0,单位选"ns",即整个仿真域的时间设定为 2.0 ns,点击"OK"按钮,结束设置。

3. 输入信号节点

在波形编辑方式下,执行菜单命令 Edit/Insert/Insert Node or Bus,或者在波形编辑器左边"Name"列的空白处单击鼠标右键,弹出"Insert Node or Bus"对话框,如图 3.15 所示。单击对话框中的"Node Finder..."按钮,弹出如图 3.16 所示的"Node Finder"窗口。

在出现的"Node Finder"窗口中,在"Filter"列表中选择"Pins: all",然后单击"List"按钮,则在"Nodes Found"栏列出设计中的所有节点名。在此栏中选择要加入波形文件的节点名称,然后单击" ≥ "按钮,所选择的节点即加入到右边的"Selected Nodes"栏,单击" >> "按钮可将全部节点加入到"Selected Nodes"栏中。如果要删除某个节点,首先选择要删除的节点,然后单击" ≤ "按钮即可,单击" << "可删除所有节点。

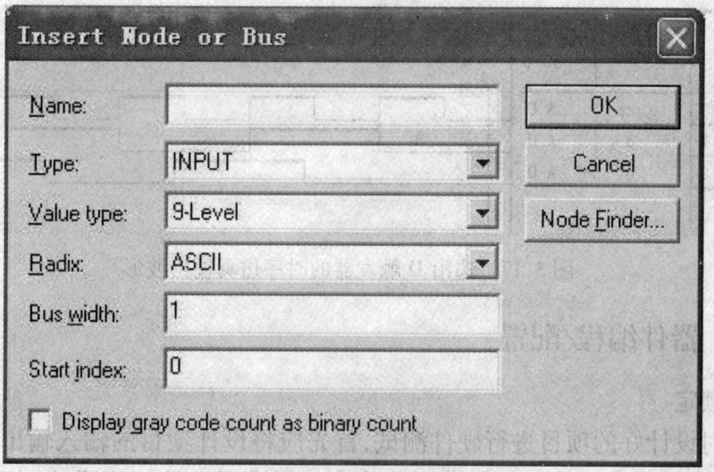

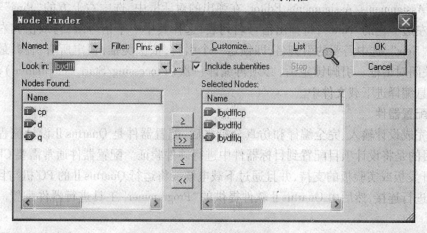

图 3.15 "Insert Node or Bus"对话框

图 3.16 "Node Finder"窗口

4. 编辑输入波形

编辑输入信号是指在波形编辑器中指定输入节点的逻辑电平变化,编辑输入节点的波形。单击波形编辑器窗口中的全屏显示按钮,使窗口全屏显示,使用波形编辑窗口中的各种波形赋值按钮,编辑各输入信号的激励波形。还可以设置各个信号的数据格式,有5种数据格式可供选择:Binary(二进制)、Hexadecimal(十六进制)、Octal(八进制)、Signed Decimal(有符号十进制)、Unsigned Decimal(无符号十进制)。本例中将所有信号都设置为二进制格式。

5. 启动仿真器

所有参数设置完毕后,选择菜单命令 Processing/Start Simulation 或单击" "快捷按钮,即可启动仿真器,直到出现"Simulator was successful"提示框为止。

6. 观察仿真波形

仿真完成后,查看仿真波形,边沿 D 触发器的时序仿真输出波形如图 3.17 所示。

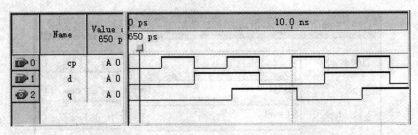

图 3.17 边沿 D 触发器的时序仿真输出波形

3.2.7 器件编程/配置

1. 引脚锁定

为了能对设计好的项目进行硬件测试,首先应将设计项目的输入输出信号锁定在芯片确定的引脚上,再将设计文件下载到芯片中。假设现在已打开了"bydff"项目,选择菜单命令 Assignments/Assignments Editor,在弹出的对话框中,选中右上方的"Pins"项,双击下方最左边一栏的"New",将弹出信号名列表,选择其中一个信号端,再双击其右侧一栏对应的"New",选中需要的引脚名,即锁定一个引脚,依次类推,锁定所有引脚,最后点击存盘,关闭对话框。引脚锁定后,必须再编译一次(Processing/Start Compilation),将引脚锁定信息编译进下载文件中。

2. 配置器件

在完成设计输入、完全编译和仿真分析之后,配置器件是 Quartus Ⅱ 设计流程的最后一步,目的是将设计项目配置到目标器件中进行硬件验证。配置器件通常需要 CPLD/FPGA 的开发板或实验板的支持,并且通过下载电缆线将运行 Quartus Ⅱ 的 PC 机与目标器件开发板进行连接,然后由 Quartus Ⅱ 软件提供的"Programmer"工具进行器件配置。其步骤如下:

(1)启动"Programmer"工具。选择菜单命令 Tools/Programmer,或者单击工具栏中的" "快捷按钮,可弹出"Programmer"对话框,在"Mode"栏选择合适的编程模式。

(2)器件配置。在开始对器件进行配置前,还需要指定编程文件(.sof 或 .pof)。在"Programmer"对话框中,单击"Add File"按钮,选择编程文件(图 3.18),并在"Program/Configure"栏下的框内打对"√"标记,然后单击"Start"按钮即可完成对器件的配置。"Progress"进行达到 100%,实验开发板上的芯片便根据设计要求成为具有一定功能的电路系统。

本章小结

Quartus Ⅱ 是 Altera 公司推出的 CPLD/FPGA 开发工具,它提供了一种与结构无关的设计环境,设计人员只需使用自己熟悉的开发工具,通过设计软件提供的多种输入方式进行编译、仿真和综合,最终将设计方案转化为可编程逻辑器件所需的格式便可完成设计开发。本章主要介绍了 Quartus Ⅱ 开发工具的主要功能及其设计流程。

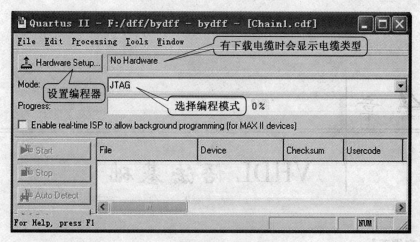

图 3.18 选择编程下载文件

习 题

1. 简述功能仿真和时序仿真的区别,如何判断这两种仿真波形的正确性?
2. 简述 Quartus Ⅱ 进行 HDL 输入的完整设计流程,并举例说明。
3. 用 Quartus Ⅱ 软件的图形输入方式设计同步十进制计数器,完成编译和仿真分析。
4. 设计一带进位输出的十二进制加法计数器,编译并进行时序仿真分析,说明电路设计的正确性。

第4章

VHDL 语法基础

【内容提要】

利用硬件描述语言(Hardware Description Language,HDL)来描述电子系统是EDA建模和实现技术中最基本和最重要的方法,其他的许多方法都是建立在这一基础之上的,因此VHDL的学习在EDA技术的掌握中具有十分重要的地位。

本章首先介绍了VHDL程序的基本结构,然后详细地说明了VHDL语言的数据类型、数据对象和数据的操作符的功能以及使用方法,并配以程序的实例,对其进行了深入浅出地讲解。对本章内容的充分理解,是进行VHDL设计的前提。

4.1 VHDL 概述

VHDL 的英文全称为 Very High Speed Integrated Circuit Hardware Description Language,即超高速集成电路硬件描述语言。VHDL语言是随着集成电路系统化和高度集成化的发展而逐步发展起来的,它是一种用形式化的方法来描述数字电路和设计数字逻辑系统的硬件描述语言。

4.1.1 VHDL 的起源

对于小规模的数字集成电路,通常可以用传统的原理图输入方式来完成。但纯原理图输入方式对于大型的、复杂的系统,由于种种条件和环境的制约,其工作效率较低,而且容易出错,暴露出很多弊端。在信息技术高速发展的今天,对集成电路提出了高集成度、系统化、微尺寸、微功耗的要求,因此,高密度可编程逻辑器件和VHDL便应运而生。

VHDL诞生于1982年。1987年美国国防部开发的超高速集成电路硬件描述语言VHDL被IEEE确认为IEEE1076标准,VHDL是最早被接纳为IEEE标准的硬件描述语言。1993年,IEEE对VHDL进行了修订,从更高的抽象层次和系统描述能力上扩展VHDL的内容,公布了新版本的VHDL,即IEEE标准的1076—1993版本。VHDL支持数字系统设计、综合、验证和测试。目前,绝大多数的EDA工具都支持VHDL,VHDL因其简明的语言结构,多层次的功能描述,良好的移植性以及快速的ASIC转换能力,获得了广泛的应用。

4.1.2 常用硬件描述语言比较

常用的硬件描述语言有 VHDL、Verilog 和 ABEL 语言。VHDL 起源于美国军方，Verilog HDL 起源于集成电路的设计，ABEL 则来源于早期可编程逻辑器件的设计。目前最主要的硬件描述语言是 VHDL 和 Verilog，它们都通过了 IEEE 标准。

一般的硬件描述语言可以在 3 个层次上进行电路的描述，其层次由高到低依次可分为行为级、RTL(寄存器)级和门电路级。VHDL 语言适应于行为级(也包括 RTL 级)的描述，也被称为行为描述语言。Verilog 属于 RTL 级硬件描述语言，通常只适于 RTL 级和门电路级的描述。对于任何一种语言的源程序，最终都要转换成门电路级才能被布线器或适配器所接受，因此 Verilog 比 VHDL 语言的源程序综合过程要稍简单些。VHDL 语言是一种高级描述语言，适用于电路高级建模，比较适合于 FPGA/CPLD 目标器件的设计。Verilog 语言是一种较低级的描述语言，更适用于描述门级电路，易于控制电路资源，因此更适合于大规模集成电路或 ASIC 设计。

VHDL 发展得较早，语言比较严格，Verilog 是在 C 语言的基础上发展起来的一种硬件描述语言，语法较自由，容易掌握。VHDL 和 Verilog 两者相比，VHDL 的书写规则比 Verilog 烦琐一些。

VHDL 和 Verilog 两种语言差别不大，描述能力也类似。在 IC 设计领域，通常会采用 Verilog 语言进行设计。但是对于其他 CPLD/FPGA 的设计者而言，两种语言可以自由选择。

4.1.3 VHDL 的特点

VHDL 主要用于描述设计复杂数字系统的结构、行为、功能和接口。应用 VHDL 进行工程设计有很多的优点，具体表现有：

(1)与其他硬件描述语言相比，VHDL 的行为描述能力更强，从而决定了它成为系统设计领域最佳的硬件描述语言。

(2)VHDL 具有丰富的仿真语句和库函数，随时可对设计进行仿真模拟，因而能将设计中的错误消除在电路系统装配之前，在设计早期就能检查设计系统功能的可行性，有很强的预测能力。

(3)VHDL 设计方法灵活，对设计的描述具有相对独立性。设计者可以不懂硬件结构，不必顾及最终设计实现的目标器件，而进行独立的设计。

(4)VHDL 支持广泛，目前大多数 EDA 工具几乎都在不同程度上支持 VHDL。

4.1.4 VHDL 的编程思想

VHDL 适应于实际电路系统的工作方式，以并行和顺序的多种语句方式来描述在同一时刻中所有可能发生的事件。因此可以认为，VHDL 具有描述由相关和不相关的多维时空组合的复合体系统的功能，因此，系统设计人员要摆脱一维的设计方式，以多维并发的思路来完成 VHDL 的程序设计。

一个优秀的 VHDL 设计的评判标准包括功能要求能否完成，速度要求能否满足，并考虑其可靠性以及资源的占用情况。在具体的工程设计中,必须清楚软件程序和硬件构成之间的联系,在考虑语句能够实现功能的同时,还要考虑实现这些功能可能付出的硬件代价。在编程的过程中某个不恰当的语句、算法或可省去的操作等都可能浪费其硬件资源,因此,在保证完成功能的条件下,应该合理而有效地利用 VHDL 语言所提供的各种语法条件,尽量地优化算法,从而节约硬件资源。

4.2 VHDL 的描述结构

VHDL 设计的基本单元实际上就是对电子系统的抽象。一个完整的 VHDL 程序通常包含实体、结构体等几部分组成。本节通过对 2 选 1 数据选择器的 VHDL 描述,介绍 VHDL 语言的描述结构。

【例 4.1】 2 选 1 数据选择器的 VHDL 描述
```
LIBRARY   IEEE;                  - -IEEE 库使用说明
USE   IEEE. STD _ LOGIC _ 1164. ALL;
ENTITY mux21 IS                  - -实体说明
    PORT( a,b: IN STD _ LOGIC;
          s: IN STD _ LOGIC;
          y: OUT STD _ LOGIC);
END   ENTITY  mux21 ;
ARCHITECTURE arc OF mux21 IS     - - 结构体说明
BEGIN
  y <=a WHEN s = '0' ELSE
      b WHEN s = '1';
END   ARCHITECTURE arc;
```
由例 4.1 可见,选择器逻辑功能的 VHDL 描述使用了三个层次:

1. 库(LIBRARY)说明

VHDL 库包含了描述器件的输入、输出端口数据类型时,将要用到的 IEEE 的标准库中的程序包,本例中用到了 IEEE. STD _ LOGIC _ 1164 程序包。

2. 实体(ENTITY)说明

由关键词 ENTITY 引导,以 END ENTITY mux21 结尾的语句部分,称为实体。实体的电路意义相当于器件,在电路原理图上相当于元件符号。实体是一个完整的、独立的语言模块,它描述了 mux21 接口信息,定义了器件 mux21 端口引脚 a、b、s 和 y 的输入输出性质和数据类型。图 4.1 可以认为是实体的图形表达。

3. 结构体(ARCHITECTURE)说明

由关键词 ARCHITECTURE 引导,以 END ARCHITECTURE arc 结尾的语句部分,称为结构体。结构体描述电路器件的内部逻辑功能或电路结构。这一层次描述了 mux21 内部逻辑功能,本例的逻辑描述十分简洁,它并没有将选择器内部逻辑门的连接方式表达出来,而是将此选择器看作一个黑盒,以类似于计算机高级语言的表达方式描述了它的外部

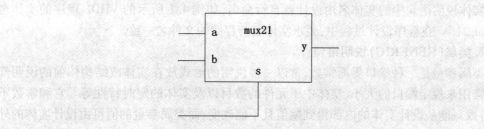

图 4.1　例 4.1 实体的图形表达

逻辑行为。符号"⇐"是信号赋值符,是信号传递的意思,"y⇐a"表示将 a 获得的信号赋值给 y 输出端,这是一个单向过程。

在 VHDL 结构体中用于描述逻辑功能和电路结构的语句分为顺序语句和并行语句两部分,顺序语句的执行方式十分类似于普通软件语言的程序执行方式,都是按照语句的前后排列顺序执行的。而在结构体中的并行语句,都是同时执行的,与语句的前后次序无关。VHDL 的一条完整语句结束后,必须为它加上";",作为前后语句的分界。程序中的注释使用"--",线及后面的文字不参与编译和综合。

一个相对完整的 VHDL 程序(或称为设计实体)具有如图 4.2 所示的比较固定的结构。至少应包括 3 个基本组成部分:库、程序包使用说明,实体和实体对应的结构体。

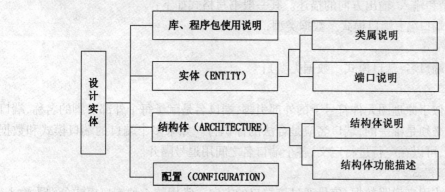

图 4.2　VHDL 程序的结构

4.2.1　实　体

实体(ENTITY)是 VHDL 设计中最基本的组成部分之一,其功能是对这个设计实体与外部电路进行接口描述,它规定了设计单元的输入/输出接口信号或引脚,是设计实体对外的一个通信界面,实体并不描述设计的具体功能。

1. 实体语句结构

实体说明的常用语句结构如下:

ENTITY　实体名　IS

　　[GENERIC(类属表);]　--本章均用[ ]表示可选项

　　[PORT(端口表);]

END　ENTITY　实体名;

实体说明语句中的实体名由设计者自行命名,如例4.1所示的VHDL程序的实体名为"mux21"。在程序设计过程中,要求实体名与存储的文件名一致。

2. 类属(GENERIC)说明语句

类属参量是一种端口界面常数,常以一种说明的形式放在实体或结构体前的说明部分。常用来规定端口的大小、实体中子元件的数目以及实体的定时特性等。它和常数不同,常数只能从设计实体的内部得到赋值且不能改变,而类属参量的值可由设计实体的外部提供。因此,设计者可以从外面通过类属参量的重新设定而容易地改变一个设计实体或一个元件的内部电路结构和规模。

类属说明语句的格式为:
GENERIC(常数名:数据类型[:=设定值];
 ⋮
　　　常数名:数据类型[:=设定值]);

例如:定义参数delay的延时值为10 ns。
GENERIC(delay:TIME:=10 ns);

3. 端口(PORT)说明语句

端口说明是对基本设计实体与外部接口的描述,也可以认为是对外部引脚信号的名称、数据类型和输入、输出方向的描述。其一般书写格式如下:
PORT(端口名:端口模式　数据类型;
 ⋮
　　　端口名:端口模式　数据类型);

(1)端口名。

端口类似于原理图元件符号上的外部引脚,端口名是赋予每个外部引脚的名称,端口名在实体中必须是唯一的,端口名应是合法的标识符。如果多个端口的端口模式和数据类型都相同,可以在一行进行定义,各个端口名之间用逗号隔开。

(2)端口模式。

端口模式用来说明数据、信号通过该端口的方向。常用的4种端口模式分别为输入、输出、缓冲和双向。如果端口模式未被定义,则该端口默认输入模式。各端口模式的符号如图4.3所示。

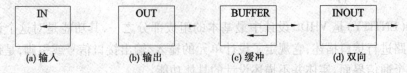

图4.3　各端口模式的符号

①输入(IN):仅允许数据流入端口,它主要用于时钟输入、控制输入(如复位和使能)和单向的数据输入。

②输出(OUT):仅允许数据从实体内部输出,该模式不能用于反馈,常用于计数输出、单向数据输出等。

③缓冲(BUFFER):允许内部引用该端口的信号,缓冲端口既能用于输出,也能用于

反馈。其输入功能是不完整的,它只能将自己输出的信号再反馈回来,并不含有 IN 的功能。

④双向(INOUT):信号是双向的,既可以进入实体,也可以离开实体,当然也可以允许用于内部反馈。

(3)数据类型。

VHDL 是一种强类型语言,任何一种数据对象必须严格限定其取值范围,即对其传输或存储的数据类型做出明确的界定。数据类型就是指端口上流动数据的表达格式或取值类型。VHDL 要求只有相同数据类型的端口信号和操作数才能相互作用。常用的数据类型有 BIT、INTEGER、STD_LOGIC、STD_LOGIC_VECTOR 等,详细内容见 4.4 节。

4.2.2 结构体

结构体(ARCHITECTURE)用于描述设计实体内部工作的逻辑关系。结构体的基本结构的描述层次和描述内容可以用图 4.4 来说明。

结构体将具体实现一个实体。一个实体可以有多个结构体,每个结构体对应着实体功能的不同实现方案,各个结构体的地位是同等的,它们完整地实现了实体的行为,但同一结构体不能为不同的实体所拥有。结构体不能单独存在,它必须有一个界面说明,即一个实体。对于具有多个结构体的实体,必须用 CONFIGURATION 配置语句进行说明,在综合后实现一个实体只对应一个结构体。

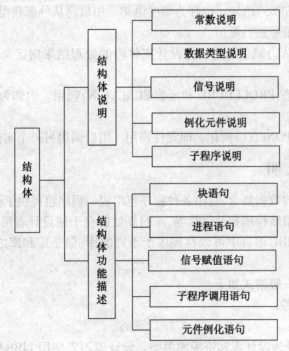

图 4.4 结构体的基本结构

1. 结构体的语句结构

结构体的语句基本格式为：

ARCHITECTURE 结构体名 OF 实体名 IS
　　［说明语句］
BEGIN
　　［功能描述语句］
END ARCHITECTURE 结构体名；

结构体说明语句中的结构体名也是由设计者自行命名，它也应符合标识符的要求。

2. 结构体说明语句

结构体说明语句必须放在关键词 ARCHITECTURE 和 BEGIN 之间，用来声明该结构体将用到的信号、数据类型、常数、元件、子程序。需要注意的是，实体说明中定义的信号是外部信号，而结构体定义的信号为该结构体的内部信号，它只能用于这个结构体中。

3. 功能描述语句

结构体的功能描述语句可以含有 5 种不同类型的并行工作方式的语句。每一语句结构内部既可以使用并行语句，也可以使用顺序语句。各功能描述语句的基本组成和功能分别为：

(1) 块（BLOCK）语句。由一系列并行语句构成，它的功能是将结构体中的并行语句组成一个或多个模块。

(2) 进程（PROCESS）语句。内部为顺序语句。用以将从外部获得的信号值或内部的运算数据向其他的信号进行赋值。

(3) 信号（SIGNAL）赋值语句。将设计实体内的处理结果向定义的信号或界面端口进行赋值。

(4) 子程序（过程 PROCEDURE 和函数 FUNCTION）调用。内部为顺序语句。用于调用过程和函数。

(5) 元件（COMPONENT）例化。即元件调用。用以调用另一个实体所描述的电路。

4.2.3 库说明

库是经编译后的数据集合，它由各种程序包组成。程序包提供了各种数据类型、函数的定义以及各种类型转换函数及运算等，库的好处就在于使设计者可以共享已经编译过的设计结果。在 VHDL 语言中可以存在多个不同的库，但是库和库之间是独立的，不能互相嵌套。

库说明语句的一般格式如下：

LIBRARY 库名；

1. 库的种类

VHDL 中的库分为设计库和资源库两类。设计库不需使用 LIBRARY 和 USE 语句声明；资源库是标准模块和常规元件存放的库，使用之前要声明。

VHDL 语言提供的常用库有 5 种：IEEE 库、STD 库、VITAL 库、WORK 库和自定义库。

（1）IEEE 库。

IEEE 库是按国际 IEEE 组织制定的工业标准进行编写的标准资源库，库的内容很丰富，是最常用的资源库。IEEE 库中的标准程序包主要包括 STD_LOGIC_1164、NUMERIC_BIT 和 NUMERIC_STD 等程序包。其中的 STD_LOGIC_1164 是最重要和最常用的程序包，大部分基于数字系统设计的程序包都是以此程序包中设定的标准为基础的。

除此之外，还有一些程序包虽不是 IEEE 标准，但由于已成为事实上的工业标准，也都并入了 IEEE 库。这些程序包中，最常用的是 Synopsys 公司的 STD_LOGIC_ARITH、STD_LOGIC_SIGNED 和 STD_LOGIC_UNSIGNED 程序包。一般基于大规模可编程逻辑器件的数字系统设计，IEEE 库中的 4 个程序包 STD_LOGIC_1164、STD_LOGIC_ARITH、STD_LOGIC_SIGNED 和 STD_LOGIC_UNSIGNED 已经足够使用。另需注意的是，IEEE 库中符合 IEEE 标准的程序包并非符合 VHDL 语言标准，如 STD_LOGIC_1164 程序包。因此在使用 VHDL 设计实体的前面必须以显式表达出来。

（2）STD 库。

VHDL 语言标准定义了两个标准程序包，即 STANDARD 和 TEXTIO 程序包，它们都被收入在 STD 库。只要在 VHDL 应用环境中，可随时调用这两个程序包中的所有内容，即在编译和综合过程中，VHDL 的每一项设计都自动地将其包含进去了。由于 STD 库符合 VHDL 语言标准，在应用中不必如 IEEE 库那样以显式表达出来。

（3）VITAL 库。

使用 VITAL 库可以提高门级时序仿真的精度，一般在 VHDL 语言程序进行时序仿真时使用。该库主要包含两个程序包：

①VITAL_TIMING 程序包。时序仿真程序包；

②VITAL_PRIMITIVES 程序包。基本单元程序包。

（4）WORK 库。

WORK 库是用户的 VHDL 设计的现行工作库，用于存放用户设计和定义的一些设计单元和程序包。因而是用户自己的仓库，用户将设计项目的成品、半成品模块，以及先期已经设计好的元件都放在其中。

（5）自定义库。

设计者自己定义的库文件，把自己的设计内容或通过交流获得的程序包设计实体并入到这些库中。

2. 库的用法

在 VHDL 语言中，库的说明语句总是放在实体单元前面，而且库语句一般必须与 USE 语句一起使用。库语句关键词 LIBRARY，指明所使用的库名。USE 语句指明库中的程序包。

USE 语句的使用将所说明的程序包对本设计实体部分全部开放，即是可视的。USE 语句的使用有两种常用格式：

USE 库名.程序包名.项目名；

USE 库名.程序包名.ALL；

第一种格式表达的是向本设计实体开放指定库中的指定程序包内所选定的项目。第二种格式表达的是向本设计实体开放指定库中的特定程序包内所有的内容。
例如：
　　LIBRARY IEEE;
　　USE IEEE. STD _ LOGIC _ 1164. ALL;
　　USE IEEE. STD _ LOGIC _ UNSIGNED. ALL;
以上的3条语句表示打开 IEEE 库,再打开此库中的 STD _ LOGIC _ 1164 程序包和 STD _ LOGIC _ UNSIGNED. ALL 程序包的所有内容。

4.2.4 配　置

配置语句描述层与层之间的连接关系以及实体与结构体之间的连接关系。配置可以把特定的结构体指定给一个确定的实体。通常在复杂的 VHDL 工程设计中,配置语句可以为实体指定或配置一个结构体。

在综合或仿真中,利用 VHDL 的配置功能可以选择不同的结构体进行仿真和对比,从而得到最佳的设计目标。配置语句还能用于对元件的端口连接进行重新安排等。

配置语句的一般格式如下：
　　CONFIGURATION　配置名　OF　实体名
　　　　FOR　选配结构体名
　　　　END　FOR;
　　END　配置名;

配置主要为顶层设计实体指定结构体,或为参与例化的元件实体指定某一结构体,以层次的方式来对元件例化作结构配置。每一个实体可以拥有多个不同的结构体,而每个结构体的地位是相同的,此时就可以利用配置说明语句为该实体指定一个结构体。

【例4.2】　配置的简单应用
```
LIBRARY IEEE;
USE IEEE. STD _ LOGIC _ 1164. ALL;
ENTITY xor2 IS
    PORT ( x,y: IN STD _ LOGIC;
           z: OUT STD _ LOGIC);
END ENTITY xor2;
ARCHITECTURE arc1 OF xor2 IS
BEGIN
    z<=x XOR y;
END ARCHITECTURE arc1;
ARCHITECTURE arc2 OF xor2 IS
BEGIN
    z<='0' WHEN (x='0') AND (y='0') ELSE
      '1' WHEN (x='0') AND (y='1') ELSE
      '1' WHEN (x='1') AND (y='0') ELSE
```

```
    '0' WHEN (x='1') AND (y='1') ELSE
    'Z';
END ARCHITECTURE arc2;
CONFIGURATION second OF xor2 IS
    FOR arc2
    END FOR;
END second;
CONFIGURATION first OF xor2 IS
    FOR arc1
    END FOR;
END first;
```

在例 4.2 所示程序中,若指定配置名为 second,则为实体 xor2 配置的结构体为 arc2;若指定配置名为 first,则实体 xor2 配置的结构体为 arc1。这两种结构体的描述方式是不同的,但具有相同的逻辑功能。

4.3 标识符

标识符是 VHDL 语言中各种成分的名称,这些成分包括常数、变量、信号、端口等。VHDL 的基本标识符是由 26 个大小写英文字母、数字 0~9 以及下划线"_"组成。VHDL1993 标准还支持扩展标识符,但是目前仍有许多 VHDL 工具不支持扩展标识符。合法的标识符必须遵循以下规则:

(1) VHDL 不区分大小写。
(2) 任何标识符必须以英文字母开头。
(3) 下划线不能连用。
(4) 下划线不能放在结尾。

例如 decoder_1_h、Multi_abc、ABC123 是合法的标识符;decoder__1、4_found、illegal-3、multi_abc_、ABC%3 是非法的。

VHDL 的常用关键字见表 4.1。关键字在 VHDL 中具有特殊的意义,因此不能作为标识符出现。

在程序书写中,熟悉掌握标识符的书写格式非常重要。

表 4.1 VHDL 的关键字

ABS	DOWNTO	LIBRARY	POSTPONED	SRL
ACCESS	FLSE	LINKAGE	PROCEDURE	SUBTYPE
AFTER	FLSIF	LITERAL	PROCESS	THEN
ALIAS	END	LOOP	PURE	TO
ALL	ENTITY	AMP	RANGE	TRANSPORT

续表 4.1

AND	EXIT	MODE	RECORD	TYPE
ARCHITECTURE	FILE	NAND	REGISTER	UNAFFECTED
ARRAY	FOR	NEW	REJECT	UNITES
ASSERT	FUNCTION	NEXT	REM	UNTIL
ATTRIBUTE	GENERATE	NOR	REPORT	USE
BEGIN	GENERIC	NOT	RETURN	VARIABLE
BLOCK	GROUP	NULL	ROL	WAIT
BODY	GUARDED	OF	ROR	WHEN
BUFFER	IF	ON	SELECT	WHILE
BUS	IMPURE	OPEN	SEVERITY	WITH
CASE	IN	OR	SIGNAL	XNOR
COMPONENT	INERTIAL	OTHERS	SHARED	XOR
CONFIGURATION	INPUT	OUT	SLA	
CONSTANT	IS	PACKAGE	SLL	
DISTANT	LABEL	PORT	SRA	

4.4 VHDL 的数据对象

在 VHDL 中，凡是可以赋予一个值的对象就称为数据对象，它类似于一种容器，可以接受不同数据类型的赋值。VHDL 数据对象包含有专门数据类型，主要有 3 个基本类型：常数、变量和信号。

4.4.1 常 数

常量(CONSTANT)是全局量。它可以在很多部分进行说明，并且可以是任何数据类型。

常数定义一个恒定不变的值，主要是为了使设计实体中的某些量易于阅读和修改。常数说明就是对某一常数名赋予一个固定值。常数通常在程序开始前进行赋值，该值的数据类型在相应的说明语句中说明。

常数说明的一般格式如下：
CONSTANT 常数名:数据类型[:= 表达式];
例如：
CONSTANT vcc:REAL: = 5.0; ——实数类型
CONSTANT dhf:STD _ LOGIC _ VECTOR: = "1011"; ——标准位矢量型
CONSTANT delay:TIME: = 10 ns; ——时间类型

VHDL 要求所定义的常数数据类型必须与表达式的数据类型一致。

4.4.2 变 量

变量(VARIABLE)是局部量。变量只能在进程和子程序中使用,不能将信息带出对它做出定义的当前设计单元。

变量是在设计实体中会发生变化的值,变量的赋值是理想化数据传输,赋值是立即生效的,不存在任何的延时行为。定义变量的语法格式如下:

VARIABLE 变量名:数据类型[:= 初始值];
例如:VARIABLE a:INTEGER RANGE 0 TO 9;   — — a 为整数型变量
　　　VARIABLE b:STD_LOGIC;   — — b 为数组型变量

变量的定义语句中的初始值可以是一个常数,也可以是一个全局静态表达式,但其数据类型必须与该变量一致。此初始值也不是必需的,由于硬件电路上电后的状态具有随机性,因此综合器并不支持设置初始值,但仿真器支持该初始值。变量赋值的一般表达式是:

目标变量名:=表达式;

变量的使用规则如下:
(1)变量赋值和初始化赋值都是用":="表示。
(2)变量不能用于硬件连线和存储元件。
(3)变量所赋的初值不是预设的,某一时刻只能包含一个值。
(4)变量不能用于在进程间传递数据。

4.4.3 信 号

信号(SIGNAL)是全局量。信号一般在结构体、程序包和实体中使用。

信号是描述硬件系统的基本数据对象。信号可以作为设计实体中并行语句模块间的信息交流通道。信号作为一种数值的容器,不但可以容纳当前值,也可以保持历史值。这一属性与触发器的记忆功能有很好的对应关系。定义信号的一般格式如下:

SIGNAL 信号名:=数据类型[:=初始值];
例如:
SIGNAL qn:STD_LOGIC_VECTOR (3 DOWNTO 0):="0000";

信号赋值语句语法格式如下:

目标信号名<=表达式;

例如:q<=qn;

对信号赋初值一般会在结构体中完成,而不是在信号定义处,因为综合器往往会忽略信号声明时所赋初值。信号的赋值并不是立即执行的,至少要经历一个特定的延时时间 δ。

信号与变量有许多的不同之处,使用时应当特别注意。
(1)信号类似于电路设计中的一条硬件连接线;变量与硬件没有直接对应关系,通常用来暂存某些值。

（2）信号是全局量，用于进程间的数据传递；变量是局部量，只能在进程和子程序中使用。

（3）信号的赋值至少有 δ 延时，而变量赋值没有延时，是立即执行的。

（4）信号赋值使用"<="符号；变量赋值使用"："="符号。

（5）信号定义在结构体、程序包和实体的说明语句中，变量则定义在进程和子程序说明部分中。

（6）在一个进程中多次为一个信号赋值时，只有最后一次赋值会起作用；而当为变量赋值时，变量的改变是立即发生的。即变量将保持着当前值，直到被赋予新的值为止。

4.5　VHDL 的数据类型

VHDL 具有很强的数据类型，因此 VHDL 语言中信号、变量、常数都要指定数据类型。为此，VHDL 提供了多种标准数据类型。另外，为使用户设计方便，还可以由用户自定义数据类型。这样可以使语言的描述能力更强，描述方式更自由，从而为系统高层次的仿真提供了必要的手段。

在 VHDL 语言中，数据类型的定义相当严格，不同类型的数据不能相互传递和作用，而且，即使数据类型相同，但位长不同时也不能直接代入。

1. VHDL 的标准数据类型

（1）布尔（BOOLEAN）量。

布尔量常用来表示信号的状态或者总线上的情况，它实际上是一个二值枚举类型。一个布尔量只有 TURE 和 FALSE 两种状态："真"或"假"。布尔量不能进行算术运算，只能进行关系运算。例如：它可以在 IF 语句中被测试，测试结果产生一个布尔量 TURE 或 FALSE，综合器将其变为 1 或 0 信号值。

（2）字符（CHARACTER）。

字符允许的数据内容为 128 个标准 ASCII 标准字符，字符量通常用单引号引起来，如'A'。一般情况下，VHDL 对大小写是不区分的，但用了单引号的字符的大小写是有区别的。

（3）字符串（STRING）。

字符串是字符的一个非约束型数组，或称字符串数组。字符串要用双引号标明，VHDL 综合器支持字符串数据类型。字符串的定义示例如下：

SIGNAL string _ kj:SRTRING(1 TO 5)：="ac de"；

（4）整数（INTEGER）。

整数与数学中整数的定义相同，在 VHDL 中，整数的取值范围为 $-2\ 147\ 483\ 647 \sim +2\ 147\ 483\ 647$，即可用 32 位有符号的二进制数表示，范围从 $-(2^{31}-1) \sim +(2^{31}-1)$。在实际应用中，VHDL 仿真器通常将整数作为有符号数处理，而 VHDL 综合器则将整数作为无符号数处理。

如语句"SIGNAL hsk：INTEGER RANGE 0 TO 9；"规定整数 hsk 的取值范围是 0~9 共 10 个值，可用 4 位二进制来表示，因此，hsk 将被综合成由四条信号线构成的信号。

不同进制的整数常量的书写方式示例如下：

4	——十进制整数4，注意不加单、双引号
3E2	——十进制整数300
8#12#	——八进制整数12
2#10110101#	——二进制整数10110101

(5)实数(REAL)。

VHDL 的实数类似于数学上的实数，或称浮点型。实数的取值范围为 $-1.0E38 \sim +1.0E38$。由于实数类型的实现相当复杂，目前在电路规模上难以承受。通常情况下，实数类型仅能在 VHDL 仿真器中使用，综合器不支持实数。

实数常量的书写方式示例如下：

4.3332	——十进制实数4.3332
16#4F.6#E+1	——十六进制实数4F6

(6)自然数(NATURAL)和正整数(POSITIVE)。

自然数是整数的一个子类型，非负的整数，即零和正整数；正整数也是整数的一个子类型，它包括整数中非零和非负的数值。它们在 STANDARD 程序包中的定义如下：

SUBTYPE NATURAL IS INTEGER RANGE 0 TO INTEGER'HIGH

SUBTYPE POSITIVE IS INTEGER RANGE 1 TO INTEGER'HIGH

(7)位(BIT)。

位数据类型与布尔量一样，都属于枚举型，取值只能是'1'或者'0'。位数据类型通常也用单引号引起来。位的数据对象，如变量、信号等，可以参与逻辑运算，运算结果仍是位的数据类型。在程序包 STANDARD 中定义的源代码为：

TYPE BIT IS ('0','1');

(8)位矢量(BIT_VECTOR)。

位矢量是基于 BIT 数据类型的数组，使用位矢量必须注明宽度，即数组中的元素个数和排列顺序。它是使用双引号括起来的一组位数据，如"11011010"。在程序包 STANDARD 中定义的源代码为：

TYPE BIT_VECTOR IS ARRAY (NATURAL RANGE <>) OF BIT;

若将信号 a 定义为一个具有8位位宽的矢量，其最左位为a(7)，最右位为a(0)，则应为如下所示定义：

SIGNAL a :BIT_VECTOR(7 DOWNTO 0);

(9)时间(TIME)。

时间类型值的范围是整数所定义的范围，时间类型的完整表达方法应包括整数和单位两部分，两部分之间至少留一个空格，如 20 ns,15 ms。时间类型一般用于仿真，对于逻辑综合来说意义不大。

(10)错误等级(SEVERITY LEVEL)。

在 VHDL 仿真中，错误用来表征设计系统的工作状态。共有4种可能的状态值：NOTE(注意)、WARING(警告)、ERROR(错误)、FAILURE(失败)。在系统仿真过程中，可输出这4种值来提示设计者仿真系统的当前工作状况。

2. IEEE 预定义标准逻辑位和矢量

在 IEEE 的程序包 STD_LOGIC_1164 中定义了两个非常重要的数据类型标准逻辑位(STD_LOGIC)和标准逻辑矢量(STD_LOGIC_VECTOR)。

(1)标准逻辑位(STD_LOGIC)。

标准逻辑位类型是 BIT 类型的扩展,共定义了 9 种不同的值,各值的含义分别是:

X——强未知; 0——强 0; 1——强 1; Z——高阻态;
W——弱未知; L——弱 0; H——弱 1; U——未初始化;
-——不可能情况。

其中未知状态方便了系统仿真,高阻状态方便了双向总线的描述。而在这 9 种值中,只有前 4 种取值具有实际物理意义,其他的是为了与模拟环境相容才保留的。

在程序中若使用此数据类型,需在库说明部分加入如下语句:

LIBRARY IEEE;
USE IEEE.STD_LOGIC_1164.ALL;

目前在设计中通常使用 IEEE 的 STD_LOGIC,而 BIT 型则很少使用。由于标准逻辑位数据类型的多值性,在编程时要特别注意,要将 STD_LOGIC 所有的可能取值都要进行处理,否则可能会引入不希望的寄存器。

(2)标准逻辑位矢量(STD_LOGIC_VECTOR)。

标准逻辑位矢量是工业标准的逻辑类型,STD_LOGIC 的组合。STD_LOGIC_VECTOR 数据类型的数据对象赋值方式与一位数组 ARRAY 是一样的,即遵照同位宽、同数据类型的矢量间才能进行赋值的原则。在 VHDL 语言中,标准逻辑位矢量的某一位或某几位的表示方法是用括号将该元素的序号括起来。例如:

SIGNAL a,b,c:STD_LOGIC_VECTOR(0 TO 7);
SIGNAL k:INTEGER RANGE 0 TO 3;
SIGNAL g,h:STD_LOGIC;
g <= a(k);   --k 是不可计算型下标
h <= b(3);   --3 是可计算型下标
c(0 TO 3) <= b(0 TO 3); --以段的方式进行赋值

使用 STD_LOGIC_VECTOR 描述总线信号很方便,但需要注意的是总线中的每一根信号线都必须定义为同一种数据类型 STD_LOGIC。

3. 用户自定义数据类型

除了上述一些标准的数据类型外,VHDL 还允许用户自行定义新的数据类型。由用户定义的数据类型有很多种,如枚举类型(ENUMERATION TYPE)、整数类型(INTEGER TYPE)、数组类型(ARRAY TYPE)、存储类型(ACCESS TYPE)、记录类型(RECORD TYPE)、时间类型(TIME TYPE)、实数类型(REAL TYPE)等。用户定义的数据类型的规范书写格式为:

TYPE 数据类型名 IS 数据类型定义 [OF 基本数据类型];

其中,数据类型定义部分用来描述所定义的数据类型的表达方式和表达内容;基本数据类型是指数据类型定义中所定义的元素的基本数据类型,一般都是取已有的数据类型,如

BIT、STD_LOGIC 或 INTEGER 等。

(1) 枚举类型。

枚举类型可以混合不同数据类型的元素,组合出特殊的数据类型,也可将相同类型以枚举方式组成一种新的数据类型。不同枚举可以包含相同元素,但调用时必须标明该枚举的名称。编译器先将集合中元素的位置顺序编码,再据此识别枚举数据类型,并以集合涵盖的方式定义一种新的特殊的数据类型,很适合用于状态机中所有状态的定义。其定义格式如下:

TYPE 枚举类型名 IS (枚举元素 1,枚举元素 2,……);

数据内容出现的顺序会影响关系运算符的运算结果。在括号中,由左至右,编码值依次为 0,1,2…

例如:

TYPE state_type IS (s0、s1、s2、s3);

此例定义了一个新数据类型名为 state_type,数据位矢量的长度可以为 2 的状态机的所有可能状态:s0、s1、s2、s3。

(2) 整数与实数类型。

此处的整数与实数类型是标准包中预定义的整数类型的子集。由于综合器无法综合未限定范围的整数类型的信号或变量,故一定要用 RANGE 子句为所定义整数限定范围以使综合器能决定该信号或变量的二进制的位数,以便能为综合器所接受,从而提高芯片资源的利用率。

整数类型和实数类型用户定义的一般格式如下:

TYPE 数据类型名 IS RANGE 约束范围;

例如:

TYPE data IS RANGE −5 TO 5;

(3) 数组类型。

数组类型是将一组具有相同数据类型的元素集合起来,作为一个数据对象来处理的数据类型。数组可以是每个元素只有一个下标的一维数组,也可以是每个元素有多个下标的多维数组。数据类型的规范书写格式为:

TYPE 数据类型名 IS ARRAY(约束范围) OF 原数据类型名称

例如:

TYPE word IS ARRAY (0 TO 15) OF STD_LOGIC;

定义数据类型 word 为一维的 15 位标准逻辑数组。

TYPE multi IS ARRAY (0 TO 15 , 0 TO 63) OF STD_LOGIC;

定义数据类型 multi 为 16×64 的二维标准逻辑数组。

(4) 记录类型。

记录类型与数组类型类似,所不同的是记录类型是将不同类型元素集合成一种新的数据类型,记录中的元素其数据类型可以不是 VHDL 预先定义的,而是在程序中临时定义的。记录数据类型的定义格式为:

TYPE 数据类型名 IS RECORD

元素名:元素数据类型名;
元素名:元素数据类型名;
  ⋮
END RECORD [记录类型名];

例如:
TYPE operator IS (s0,s1,s2,s3)
TYPE record_ex IS RECORD
    ad:INTEGER RANGE 0 TO 15;
    syd:STD_LOGIC;
    div:operator;
    decal:STD_LOGIC_VECTOR (7 DOWNTO 0);
END RECORD;

此程序以枚举数据类型定义 operator 为一个 4 状态的集合。定义 record_ex 为一种记录,该记录类型包含 4 个不同类型的元素。

4. 用户自定义子类型

用户自定义的子类型是用户对已定义的数据类型做一些范围限制而形成的一种新的数据类型。子类型 SUBTYPE 只是由 TYPE 所定义的原数据类型的一个子集,它满足原数据类型的所有约束条件,原数据类型称为基本数据类型。子类型定义的一般格式为:

SUBTYPE 子类型名 IS 基本数据类型 RANGE 约束范围;

例如,在 STD_LOGIC_VECTOR 基础上所形成的子类型:
SUBTYPE data IS STD_LOGIC_VECTOR (7 DOWNTO 0);

由于子类型与其基本数据类型属同一数据类型,因此属于子类型的和属于基本数据类型的数据对象间的赋值和被赋值可以直接进行,因此不需要进行数据类型的转换。

利用子类型定义数据对象可以提高程序的可读性,更显著的优点是子类型有利于提高综合的优化效率,这是因为综合器可以根据子类型所设的约束范围有效地推出参与综合的寄存器的最合适的数目。

5. 数据类型的转换

在 VHDL 程序设计中,不同类型的对象不能直接代入。对于某一数据类型的变量、信号、常量赋值时,类型一定要一致,否则在综合或仿真时将无法通过。

为了进行不同类型的数据变换,可以有 3 种转换方法:类型标记法、函数转换法和常数转换法。

(1)用类型标记法实现类型转换。

类型标记就是类型的名称。类型标记法只适用于关系亲密的标量类型之间的类型转换,即整数和实数的类型转换。其语句格式如下:

    数据类型标识符(表达式);

若
    VARIABLE x: INTEGER;
    VARIABLE y: REAL;

则

    x := INTEGER (y); --把变量y取整后赋值给x

    y := REAL(x);   --把变量x加上小数点变实数后赋值给y

在上面语句中,实数转换成整数时会发生舍入现象。如果某实数的值正好处于两个整数的正中间,其转换结构可能向任何方向靠拢。

类型标记转换法必须遵循以下规则:

仅限于数据类型相互间的关联性非常大的数据类型之间的转换,如(整型、浮点型),如果浮点型数转换为整型数,则转换结果是最接近的一个整型数。

如果两个数组具有相同的维数,它们的元素是同一类型,并且在各自的下标范围内索引是同一类型或非常接近的类型,那么这两个数组类型可以相互转换。

枚举型不能被转换。

(2)用函数法进行类型转换。

在VHDL语言中,程序包定义了类型的转换函数,设计人员可以直接调用转换函数进行类型的转换。有3种程序包,每个程序包中的转换函数都不相同。引用时,先打开库和相应的程序包。表4.2列举了几种转换函数及其功能。

表 4.2 数据类型转换函数及其功能

程序包	函数名	功能
STD_LOGIC_1164	TO_STDLOGICVECTOR(A)	由 BIT_VECTOR 转换成 STD_LOGIC_VECTOR
	TO_BITVECTOR(A)	由 STD_LOGIC_VECTOR 转换成 BIT_VECTOR
	TO_STDLOGIC(A)	由 BIT 转换成 STD_LOGIC
	TO_BIT(A)	由 STD_LOGIC 转换成 BIT
STD_LOGIC_ARITH	CONV_STD_LOGIC_VECTOR(A,位长)	由 INTEGERR、UNSIGNED、SIGNED 转换成 STD_LOGIC_VECTOR
	CONV_INTEGER(A)	由 UNSIGNED、SIGNED 转换成 INTEGER
STD_LOGIC_UNSIGNED	CONV_INTEGER(A)	由 STD_LOGIC_VECTOR 转换成 INTEGER

【例 4.3】 数据类型转换

LIBRARY IEEE ;

USE IEEE. STD_LOGIC_1164. ALL;

USE IEEE. STD_LOGIC_UNSIGNED. ALL;

ENTITY con IS

  PORT (red;IN STD_LOGIC_VECTOR(2 DOWNTO 0);

    ⋮

    );

```
END con；
ARCHITECTURE arc OF con IS
SIGNAL in _ red：INTEGER RANGE 0 TO 5；
    ⋮
BEGIN
    In _ red ＜＝ CONV _ INTEGER（red）；－－将信号 red 转换成整数后赋值给
                                            in _ red
    ⋮
END arc；
```

此外，由 BIT _ VECTOR 转换成 STD _ LOGIC _ VECTOR 也非常方便。代入 STD _ LOGIC _ VECTOR 的值只能是二进制数，而代入 BIT _ VECTOR 的值除二进制以外，还可能是十六进制或八进制。

4.6 VHDL 的运算符

在 VHDL 程序中，表达式是通过不同的运算符连接多个操作数来完成算术或逻辑运算的式子。其中操作数是各种运算的对象，而运算符则规定运算的方式。VHDL 语言的运算符有：逻辑（LOGICAL）运算符、关系（RELATIONAL）运算符、算术（ARITHMETIC）运算符、并置（CONCATENATION）运算符，这 4 类运算符是完成逻辑和算术运算的最基本的运算符单元。如果运算操作符和变量类型不匹配，那么在 EDA 工具的编译和综合过程中是无法通过的。

4.6.1 逻辑运算符

在 VHDL 语言中，有 7 种逻辑运算符，分别是：

（1）NOT　　——取反
（2）AND　　——与
（3）OR　　 ——或
（4）NAND　——与非
（5）NOR　　——或非
（6）XOR　　——异或
（7）XNOR　——异或非

逻辑运算符所适用操作数的数据类型为 STD _ LOGIC、BIT 和 STD _ LOGIC _ VECTOR 3 种。在一个 VHDL 语句中存在两个或两个以上逻辑表达式时，左右没有优先级差别，因此需要使用括号将这些运算分组。一个含有括号的逻辑表达式在运算时通常先做括号内的运算，再做括号外的运算。

逻辑运算符规范书写方法：

①a＜＝b AND c AND d AND e；　　　——等效的逻辑代数为 a＝b×c×d×e
②a＜＝b OR c OR d OR e；　　　　　——等效的逻辑代数为 a＝b＋c＋d＋e

③a<=(b AND c) OR (d AND e); ——等效的逻辑代数为 a=(b×c)+(d×e)

4.6.2 算术运算符

VHDL 语言有 10 种算术运算符，分别是：
(1) +　　　　——加运算
(2) -　　　　——减运算
(3) *　　　　——乘运算
(4) /　　　　——除运算
(5) MOD　　——取模运算
(6) REM　　——取余运算
(7) +　　　　——正(一元运算)
(8) -　　　　——负(一元运算)
(9) **　　　 ——指数运算
(10) ABS　　——取绝对值
(11) &　　　 ——并置运算

算术运算符的使用规则如下：
①一元运算(正、负)的操作数可以为整数、实数、物理量。
②加法和减法运算的操作数可以是整数、实数。而且加法运算的两个操作数必须具有相同的数据类型。
③乘、除运算的操作数可以同为整数和实数。物理量可以被整数或实数相乘或相除，其结果仍为一个物理量。物理量除以相同类型的物理量，其商为整数或实数。
④求模和取余运算的操作数必须是同一整数类型的数据。
⑤指数运算符的左操作数可以是任一整数或实数，而右操作数应为一整数(只有在左操作数是实数时，右操作数才可以是负整数)。

并置运算符"&"用于位的连接。并置运算符的使用规则如下：
①并置运算符可用于位的连接，形成位矢量。
②并置运算符也可用于两个位矢量的连接，以构成更大的位矢量。

例如，将 2 个位用并置运算符"&"连接就可以构成一个具有 2 位长度的位矢量。两个 2 位长度的位矢量用并置运算符"&"连接就可以构成一个具有 4 位长度的位矢量。
SIGNAL a,b:STD_LOGIC;
SIGNAL x,y:STD_LOGIC_VECTOR(1 DOWNTO 0);
z<=a&b;　——z 是 2 位长度的位矢量
w<=x&y;　——w 是 4 位长度的位矢量
加、减、乘能综合为逻辑电路，其余运算综合成逻辑电路很困难或完全不可能实现。

4.6.3 关系运算符

在两个对象作比较运算时，关系运算符可以将两个操作数比较的结果表示出来。这些关系运算符运算的结果为 BOOLEAN 数据类型，即为真(TURE)或为假(FALSE)。

VHDL 语言中有 6 种关系运算符,分别为:
(1) =　　——等于
(2) /=　　——不等于
(3) <　　——小于
(4) <=　　——小于等于
(5) >　　——大于
(6) >=　　——大于等于

在 VHDL 程序设计中,关系运算符有如下规则:

①两个对象进行比较时,数据类型一定要相同。

②等于和不等于运算符适用于所有数据类型的对象之间的比较。

③大于、小于、大于等于、小于等于适用于整数、实数、位、位矢量及数组类型的比较。

④"<="符号有两种含义:信号赋值运算符和小于等于运算符,具体是哪一种要根据上下文进行判断。

⑤在进行关系运算时,左右两边的操作数的数据类型必须相同,但位长不一定相同。

⑥在利用关系运算符对矢量进行比较时,比较过程是从最左边的位开始,从左至右按位进行比较的。在位长不同的情况下,只能按从左至右的比较结果作为关系运算的结果。

下面是对 4 位和 5 位的位矢量进行比较的实例。

```
SIGNAL a:STD _ LOGIC _ VECTOR(3 DOWNTO 0);
SIGNAL b:STD _ LOGIC _ VECTOR(4 DOWNTO 0);
a<="1111";
b<="10001";
IF(a<b)THEN
    ⋮
ELSE
    ⋮
```

上例比较结果应该为 a<b。但是,由于位矢量是从左至右按位比较的,当比较到次高位时,a 的次高位为 1 而 b 的次高位为 0,故比较结果 a>b。这样的比较结果显然与实际情况不符。

为了能使位矢量进行关系运算,在程序包 STD _ LOGIC _ UNSIGNED 中对 STD _ LOGIC _ VECTOR 关系运算重新作了定义,使其可以正确地进行关系运算。因此,在位矢量比较之前,必须说明调用该程序包。当然,此时位矢量还可以和整数进行关系运算。

4.6.4　操作符的运算优先级

在 VHDL 程序设计中,逻辑运算、关系运算、算术运算、并置运算优先级是各不相同的,各种运算符不可能放在一个程序语句中,所以把各种运算符排成一个统一的优先顺序表意义不明显。运算符的优先顺序仅在同一行的情况下有顺序、有优先,不同行的语句是并行的。运算符的优先级见表 4.3 所示,其运算符的优先级由高到低。NOT 优先级别最高,XOR 的优先级别最低。

表 4.3　VHDL 中运算符的优先级

优先级顺序	运算符类型	运算符	运算符功能
高 ↑ ↓ 低	逻辑运算符	NOT	取非
	算术运算符	ABS	取绝对值
		**	指数运算
		REM	取余
		MOD	求模
		/	除法
		*	乘
		-	负
		+	正
	并置运算符	&	并置
	算术运算符	-	减法
		+	加法
	关系运算符	>=	大于等于
		<=	小于等于
		>	大于
		<	小于
		/=	不等于
		=	等于
	逻辑运算符	XOR	异或
		NOR	或非
		NAND	与非
		OR	或
		AND	与

本章小结

一个完整的 VHDL 程序通常包括实体(ENTITY)、结构体(ARCHITECTURE)、配置(CONFIGURATION)、程序包(PACKAGE)和库(LIBRARY)5 部分。其中最基本的是实体、结构体和库部分。

在 VHDL 语言中的数据对象主要包括：信号、变量和常数。信号类似于电路设计中的一条硬件连接线；变量与硬件没有直接对应关系，通常用来暂存某些值。信号是全局量，用于进程间的数据传递；变量是局部量，只能在进程和子程序中使用。在一个进程中多次为一个信号赋值时，只有最后一个值会起作用；而当为变量赋值时，变量的改变是立即发生的。即变量将保持着当前值，直到被赋予新的值为止。

在 VHDL 语言中，数据类型的定义相当严格，不同类型的数据不能相互传递和作用，而且，即使数据类型相同，但位长不同，也不能直接代入。VHDL 语言提供了多种标准数据类型。另外，为使用户设计方便，还可以由用户自定义数据的类型。

VHDL 语言中的运算符有逻辑运算符、关系运算符、算术运算符和并置运算符 4 种。操作数的类型应该和运算符所要求的类型相一致。另外，运算符是有优先级的。

习 题

1. 简述实体说明和结构体说明的基本书写格式并说明各个组成部分的作用?
2. 试说明 VHDL 语言中实体的端口模式 BUFFER 和 INOUT 之间的区别?
3. 基本标识符的规则有哪些?
4. 信号和变量在描述和使用时有哪些主要区别?
5. VHDL 的运算符包括哪几种? 每一种运算符所适用操作数的数据类型分别是什么?
6. VHDL 中类型转换函数的程序包有哪些?
7. 试说明下面语句中定义的意义。

    SIGNAL a,b,c:BIT :='1';
    CONSTANT time0,time1:15 ms;
    VARIABLE x,y:STD_LOGIC_VECTOR(3 DOWNTO 0):='0000';

8. 试说明下面程序所执行的结果。

    LIBRARY IEEE;
    USE IEEE.STD_LOGIC_1164.ALL;
    ENTITY use_variable IS
        PORT (a,b,c:IN STD_LOGIC;
               x,y:OUT STD_LOGIC);
    END use_variable;
    ARCHITECTURE arc OF use_variable IS
    BEGIN
        PROCESS (a,b,c)
        VARIABLE d,f:STD_LOGIC;
        BEGIN
            d:=c;
            x<=a xor d;
            d:=b;
            f:=a or b;
            y<=c and d and f;
        END PROCESS;
    END arc;

第 5 章

VHDL 主要描述语句

【内容提要】

在用 VHDL 进行硬件电路描述时,按照语句的执行顺序可以把 VHDL 中的语句分成两大类:顺序描述语句和并行描述语句。

顺序描述语句就是在语句的执行过程中,语句的执行顺序是按照语句的书写顺序一个语句一个语句地执行的;并行描述语句就是在语句的执行过程中,语句的执行顺序与语句的书写顺序无关,所有语句是并发执行的。在逻辑系统的设计中,这些语句从多侧面完整地描述数字系统的硬件结构的基本逻辑功能,其中,包括通信的方式、信号的赋值、多层次的元件例化以及系统行为等。

除以上两个内容外,本章还对 VHDL 提供的子程序、程序包以及时钟、复位信号的 VHDL 描述进行了详细的描述。子程序是一个 VHDL 程序模块,它是利用顺序语句来定义和完成算法的,应用它能更有效地完成重复性的设计工作。程序包主要用来存放各个设计都能共享的数据类型、子程序说明、属性说明和元件说明等部分。

5.1 顺序描述语句

顺序描述语句的特点是每条顺序语句的执行(指仿真执行)顺序都与它们的书写顺序基本一致,但其相应的硬件逻辑工作方式并非如此,希望读者在理解过程中注意区分 VHDL 语言的软件行为及描述综合后的硬件行为之间的差异。所谓"顺序",就是指语句的执行顺序是完全按照源代码中语句的出现顺序来执行的,而且还意味着在源代码中前面语句的执行结果可能会对后面语句的执行结果产生影响。

顺序语句只能出现在进程(PROCESS)和子程序中。利用顺序语句可以描述逻辑系统中的组合逻辑、时序逻辑或它们的综合体。

VHDL 中常用的顺序语句主要有赋值语句、IF 语句、CASE 语句、LOOP 语句、NEXT 语句、EXIT 语句、NULL 语句等。

5.1.1 变量赋值语句和信号赋值语句

赋值语句的功能就是将一个值或一个表达式的运算结果传递给某一数据对象,如信号或变量,或由此组成的数组(矢量)。VHDL设计实体内的数据传递以及对端口界面外部数据的读写都必须通过赋值语句的运行来实现;赋值语句有两种,即变量赋值语句和信号赋值语句,其语句格式如下:

变量赋值目标:=表达式;

信号赋值目标<=表达式;

注意赋值符号两边的数据类型和宽度必须保持一致,即表达式的值必须与赋值对象的类型、宽度一致。

在VHDL中,信号的说明只能在源代码的并行部分进行,而在使用时既可用在源代码的并行部分又可用在源代码的顺序部分。变量的说明和赋值语句只能在源代码的顺序部分进行说明和使用,即只能出现在进程、过程和函数中。

变量赋值和信号赋值在概念和语法上有着较大的差异,可先从变量与信号本身的性质来分析。

变量具有局部特征,它的有效范围只局限于所定义的一个进程或一个子程序,它是一个局部的、暂时性的数据对象。变量值只能在进程或子程序中使用,无法传递到进程或子程序之外,不能用作不同实体之间的连接参数。因此,它类似于一般高级语言的局部变量,只在局部范围内有效。

信号则不同,信号具有全局性特征,它不但可以作为一个设计实体内部各单元之间数据传送的载体,而且可通过信号与其他的实体进行通信(实体中描述的端口本质上也是一种信号)。信号是一种能够体现功能模块间联系的全局性的数据对象。

变量赋值使用":="操作符。对变量的赋值是立即发生的,当对变量进行赋值时,变量的值立刻被更新。其值保持到该变量被赋给另一个不同的值为止。

信号赋值使用"<="操作符。如果同一进程中同一信号赋值目标有多个赋值源时,那么只有最后一次赋值有效,信号赋值目标获得的是最后一个赋值源的赋值,前面的赋值语句无任何实际意义,可不予考虑。如果进程中的信号被多次赋值和读取,无论在进程中的什么位置,所读的值仍是最后所赋的值。信号赋值具有延迟性,其值的更新是在进程结束时发生的。

下面给出一个例子,从中可看出变量与信号赋值的特点及它们之间的区别。

【例5.1】 变量与信号赋值的VHDL描述

```
SIGNAL s1,s2:STD_LOGIC;
SIGNAL svec:STD_LOGIC_VECTOR(0 TO 3);
……
PROCESS(s1,s2)
VARIABLE v1,v2:STD_LOGIC;
BEGIN
  v1:='1';          --立即将变量v1置位为1
  v2:='1';          --立即将变量v2置位为1
  s1<='1';          --信号s1被赋值为1
  s2<='1';          --由于在本进程中,这里的s2不是最后一个赋值语句故不做任
```

何赋值操作
svec(0)<=v1;   --将变量 v1 在上面的赋值 1,赋给 svec(0)
svec(1)<=v2;   --将变量 v2 在上面的赋值 1,赋给 svec(1)
svec(2)<=s1;   --将信号 s1 在上面的赋值 1,赋给 svec(2)
svec(3)<=s2;   --将最下面的赋予 s2 的值 0,赋给 svec(3)
v1:='0';   --将变量 v1 置入新值 0
v2:='0';   --将变量 v2 置入新值 0
s2:<='0';   --由于这是信号 s2 最后一次赋值,赋值有效,此 0 将上面准备赋入的 1 覆盖掉
END PROCESS;

如果有几个进程给同一个信号赋值,则驱动源是连接在一起的,最终的电路可能无效,也可能是"线与""线或"或者是"3 态总线"。如例 5.2 所示。

【例 5.2】 信号赋值的 VHDL 描述
ARCHITECTURE rtl OF ex IS
    SIGNAL a: STD _ LOGIC;
BEGIN
    lable1:PROCESS(…)
    BEGIN
        a<=b;
        ……
    END PROCESS;
    lable2:PROCESS(…)
    BEGIN
        a<=c;
        ……
    END PROCESS;
END ex;

在例 5.2 结构体中,包含两个进程,两个进程分别对同一个信号 a 进行了赋值,则最终的结果可能无效,也可能是"线与""线或"或者是"3 态总线"。通常情况下,不建议采用这种方法对信号进行赋值。

5.1.2 IF 语句

IF 语句是一种条件语句,它根据语句中所设置的一种或多种条件,有选择地执行指定的顺序语句,常用 IF 语句的语句格式有以下 3 种:

(1) IF 条件 THEN。
        顺序处理语句;
    END IF

(2) IF 条件 THEN。
　　顺序处理语句；
　　ELSE
　　顺序处理语句；
END IF；
(3) IF 条件 THEN。
　　顺序处理语句；
　　ELSIF 条件 THEN
　　顺序处理语句；
　　……
　　ELSIF 条件 THEN
　　顺序处理语句；
　　ELSE
　　顺序处理语句；
END IF；

IF 语句语句格式(1)称为 IF 语句的门闩控制,见例 5.3；IF 语句语句格式(2)称为 IF 语句的二选择控制,见例 5.4；IF 语句语句格式(3)称为 IF 语句的多选择控制,见例 5.5。

IF 语句中至少应有一个条件句,条件句必须由布尔表达式构成。IF 语句根据条件产生的判断结果 TRUE 或 FALSE,有条件地选择执行其后的顺序语句。如果某个条件的布尔值为 TRUE,则执行该条件句后的关键词 THEN 后面的顺序语句,否则结束该条件句的执行,或执行 ELSIF 或 ELSE 后面的顺序语句后,结束该条件句的执行,直到执行到最外层的 END IF 语句才完成全部 IF 语句的执行。IF 语句中隐含了优先级别的判断,最先出现的条件优先级最高,可用于设计具有优先级的电路,如 8-3 优先级编码器等。

【例 5.3】 锁存器电路 IF 语句描述(图 5.1)
```
IF( ena = '1') THEN
    q <= d;
END IF;
```
在例 5.3 中,当锁存器的使能端 ena 为 1 时,即为高电平时,将输入信号 d 赋给输出信号 q。

【例 5.4】 二选一多路选择器电路 IF 语句描述(图 5.2)
```
ARCHITECTURE rtl OF 21mux IS
    BEGIN
        PROCESS( a, b, sel)
            BEGIN
                IF( sel = '1') THEN
                    y <= a;
                ELSE
                    y <= b;
```

END IF;
　　END PROCESS;
END rtl；

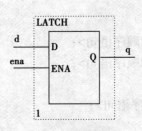
图 5.1　锁存器电路

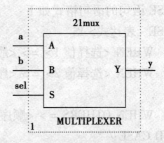
图 5.2　二选一多路选择器电路

在例 5.4 中出现的 PROCESS 是 VHDL 中的一种并行描述语句,详见 5.2.1 小节内容,IF 语句属于顺序语句,必须放在进程或子程序中使用。例 5.4 中 IF 语句为:判断当条件 sel='1'为真时,即 sel='1'时,则执行相应的顺序语句 y<=a,将 a 的值赋给 y,否则,执行 else 后面的顺序语句 y<=b,将 b 的值赋给 y。

【例 5.5】　四选一多路选择器电路的 IF 语句描述
LIBRARY IEEE;
USE IEEE. STD _ LOGIC _ 1164. ALL;
ENTITY mux4 IS
　　PORT(a,b,c,d:IN STD _ LOGIC _ VECTOR (3 DOWNTO 0);
　　　　s:IN STD _ LOGIC _ VECTOR(1 DOWNTO 0);
　　　　x:OUT STD _ LOGIC _ VECTOR(3 DOWNTO 0));
END mux4;
ARCHITECTURE behave OF mux4 IS
　　BEGIN
　　　Mux4:PROCESS(a,b,c,d)
　　　　BEGIN
　　　　　IF s="00" THEN X<=a;
　　　　　ELSIF s="01" THEN X<=b;
　　　　　ELSIF s="10" THEN X<=c;
　　　　　ELSE X<=d;
　　　　　END IF;
　　　END PROCESS mux4;
END behave;

5.1.3　CASE 语句

在用 VHDL 进行硬件电路设计的过程中,有一些语句的操作是根据某个表达式的值来进行操作的,这时常常使用 CASE 语句。CASE 语句常用来描述总线或编码、译码行为。虽然用 IF 语句也能完成类似的功能,但是 CASE 语句的条件式与执行语句的对应关系十分明显,因此它的可读性语句要比 IF 语句强得多。

CASE 语句的语句格式如下:
CASE <表达式> IS
    WHEN <选择值 1> => <顺序语句>;... ;<顺序语句>;
    WHEN <选择值 2> => <顺序语句>;... ;<顺序语句>;
    ...
    WHEN OTHERS => <顺序语句>;... ;<顺序语句>;
END CASE;

当执行到 CASE 语句时,首先计算表达式的值,然后按条件语句的书写先后顺序查找与之相同的选择值,当查找到与表达式相等的选择值时,执行后面对应的顺序语句,然后结束 CASE 语句。表达式可以是一个整数类型或枚举类型的值,可以是由这些数据类型的值构成的数组。需注意的是,条件句中的"=>"并不是操作符,它只相当于 IF 语句中的"THEN",起分隔作用,可视为一个分隔符。

选择值可以有 4 种不同的表达方式:
(1) 单个普通的数值,如 3。
(2) 数值选择范围,如(2 TO 4),表示取值 2,3 或 4。
(3) 并列数值,如 3|5,表示取值为 3 或者 5。
(4) 混合方式,以上 3 种方式的混合。

【例 5.6】 四选一多路选择器电路的 CASE 语句描述。
LIBRARY IEEE;
USE IEEE. STD _ LOGIC _ 1164. ALL;
ENTITY mux4 IS
PORT (i0,i1,i2,i3:IN STD _ LOGIC;
       sel:IN STD _ LOGIC _ VECTOR(1 DOWNTO 0);
       q:OUT STD _ LOGIC);
END mux4;
ARCHITECTURE body _ mux4 OF mux4 IS
    BEGIN
    PROCESS(i0,i1,i2,i3,sel)
    BEGIN
    CASE sel IS
        WHEN "00" => q <= i0;
        WHEN "01" => q <= i1;
        WHEN "10" => q <= i2;
        WHEN "11" => q <= i3;
        WHEN OTHERS => NULL;

```
        END CASE;
    END PROCESS;
END;
```

在例 5.6 中,CASE 语句描述的逻辑功能是:当表达式 sel 的值为 00 的时候,执行 q <= i0 语句,即把输入信号 i0 的值赋给输出信号 q;当表达式 sel 的值为 01 的时候,执行 q <= i1 语句,即把输入信号 i1 的值赋给输出信号 q;当表达式 sel 的值为 10 的时候,执行 q <= i2 语句,即把输入信号 i2 的值赋给输出信号 q;当表达式 sel 的值为 11 的时候,执行 q <= i3 语句,即把输入信号 i3 的值赋给输出信号 q;当表达式 sel 的值为除以上 4 种取值以外的其他值时,为空操作,NULL 语句详见 5.1.6 小节。即该例实现了四选一多路选择器电路逻辑功能的描述。

使用 CASE 语句需注意以下几点:

(1)条件句中的选择值必须在表达式的取值范围内。

(2)除非所有条件句中的选择值能完整覆盖 CASE 语句中表达式的取值,否则最末一个条件句中的选择必须用"OTHERS"表示,它代表已给的所有条件中未能列出的其他可能的取值,这样可以避免综合器插入不必要的寄存器。这一点对于定义为 STD_LOGIC 和 STD_LOGIC_VECTOR 数据类型的值尤为重要,因为这些数据对象的取值除了 0 和 1 以外,还可能有其他的取值,如高阻态 Z、不定态 X 等。

(3)CASE 语句中每一条件句的选择只能出现一次,不能有相同选择值的条件语句出现。

(4)CASE 语句执行时必须选中,且只能选中所列条件语句中的一条,这表明 CASE 语句中至少包含一个条件语句。

【例 5.7】 CASE 语句的误用

```
SIGNAL value: INTEGER RANGE 0 TO 15;
SIGNAL out_1: BIT;
CASE value IS              --缺少 WHEN 条件语句
END CASE;
CASE value IS              --分支条件不包含 2 到 15
    WHEN 0 => out_1 <= '1';
    WHEN 1 => out_1 <= '0';
END CASE;
CASE value IS              --在 5 到 10 上发生重叠
    WHEN 0 TO 10 => out_1 <= '1';
    WHEN 5 TO 15 => out_1 <= '0';
END CASE;
```

一般来说,能用 CASE 语句描述的逻辑电路,同样也可以用 IF 语句来描述,而且有的逻辑用 CASE 语句无法描述,只能用 IF 语句来描述。与 IF 语句相比,使用 CASE 语句的程序可读性要好一些,这是因为它把条件中所有可能出现的情况全部列出来了,可执行条件一目了然。

5.1.4 LOOP 语句

LOOP 语句与其他高级语言中的循环语句相似。LOOP 语句,即循环语句,它可使其所包含的一组顺序语句被循环执行。

VHDL 中的循环语句有 3 种形式,即 LOOP 语句、FOR LOOP 语句和 WHILE LOOP 语句。

(1) 无条件循环 LOOP 语句。

LOOP 语句格式为:

[循环体标号]:LOOP

顺序语句;

EXIT [循环体标号];

END LOOP [循环体标号];

从 LOOP 至 END LOOP 组成了一个循环体。LOOP 前可置一个循环体标号(该循环体标号不是必须的),作为该循环的标志。循环体内包含若干顺序语句,一旦开始执行此循环,这些顺序语句将周而复始地执行,直到遇到跳出循环语句 NEXT 或 EXIT,才终止循环。NEXT 和 EXIT 语句的用法将在 5.1.5 小节中介绍。

【例 5.8】 无条件循环 LOOP 语句的描述

L3:LOOP

    q:=q+1;

    EXIT L3 WHEN q>10;

    END LOOP L3;

……

在例 5.8 中,无条件进入标号为 L3 的 LOOP 循环语句中循环执行 q:=q+1 语句,当 q 大于 10 时,才退出该 LOOP 循环。

(2) FOR LOOP 语句。

FOR LOOP 语句是一个有限次循环语句。其语句格式为:

[循环体标号]:FOR 循环变量 IN 循环变量取值范围 LOOP

    顺序语句;

    END LOOP[循环体标号];

FOR 循环的循环次数由循环变量取值范围决定。执行该循环时,由循环变量从指定范围中依次每取一值进行一次循环,取尽范围中所有指定值,即结束循环。循环变量不需另外说明,其作用范围仅限于当前循环体内,且只可读不可写。注意,循环变量取值范围必须是可计算的整数范围,格式如下:

整数表达式 TO 整数表达式

整数表达式 DOWNTO 整数表达式

其中 TO 表示序列由低到高,如:"2 TO 8";DOWNTO 表示序列由高到低,如:8 DOWNTO 2。

【例 5.9】 用 FOR LOOP 语句编写的 8 位偶校验电路
```
LIBRARY IEEE;
USE IEEE.STD_LOGIC_1164.ALL;
ENTITY pcheck1 IS
    PORT(a:IN STD_LOGIC_VECTOR(7 DOWNTO 0);
         y:OUT STD_LOGIC);
END;
ARCHITECTURE test OF pcheck1 IS
  BEGIN
    PROCESS (a)
      VARIABLE tmp:STD_LOGIC;
    BEGIN
      tmp:='0';
      FOR n IN 0 TO 7 LOOP
        tmp:=tmp XOR a(n);
      END LOOP;
      y<=tmp;
    END PROCESS;
END;
```
(3) WHILE LOOP 语句。

WHILE 循环是一种条件循环。形式为：

[循环体标号]:WHILE 条件表达式 LOOP
  顺序语句;
END LOOP [循环体标号];

执行此循环时，先判别条件表达式的取值，条件为真，则完成本轮循环，并转入下一轮循环的条件判别；条件为假，则结束循环。

【例 5.10】 用 WHILE LOOP 语句编写的 8 位奇校验电路的 VHDL 程序。
```
LIBRARY IEEE;
USE IEEE.STD_LOGIC_1164.ALL;
ENTITY pcheck2 IS
    PORT(a:IN STD_LOGIC_VECTOR(7 DOWNTO 0);
         y:OUT STD_LOGIC);
END;
ARCHITECTURE test OF pcheck2 IS
  BEGIN
    PROCESS (a)
      VARIABLE tmp:STD_LOGIC;
      VARIABLE n:INTEGER RANGE 0 TO 8;
```

```
BEGIN
   tmp:='0';
   n:=0;
CHECKLOOP: WHILE n<8 LOOP
   tmp:=tmp XOR a(n);
   n:=n+1;
END LOOP CHECKLOOP;
   y<=tmp;
END PROCESS;
END;
```

注意：循环变量 n 需先定义、赋初值、指定变化方式，再使用。一般综合工具不支持 WHILE LOOP 语句，所以很少被使用。

5.1.5 NEXT 和 EXIT 跳出循环语句

VHDL 中提供了两种跳出循环的操作，一种是 NEXT 语句，另一种是 EXIT 语句。

1. NEXT 语句

LOOP 语句中，NEXT 语句用来跳出本次循环。NEXT 语句的语句格式有如下 3 种：
(1) NEXT。
(2) NEXT [LOOP 标号]。
(3) NEXT [LOOP 标号] [WHEN 条件]。

格式(1)，无条件终止当前的循环，跳回到本次循环 LOOP 语句起始位置进入下一次循环。

格式(2)，无条件终止当前的循环，跳转到指定标号的 LOOP 语句开始处，重新开始执行循环操作。当有多重 LOOP 语句嵌套时，标号尤其重要。

格式(3)，当条件表达式的值为 TRUE，则执行 NEXT 语句，即结束本次循环，跳到标号所指的下次循环的位置，否则继续向下执行。

如果 NEXT 后有 LOOP 标号，但无 WHEN 条件，与没加 LOOP 标号的功能是基本相同的，只是当有多重 LOOP 语句嵌套时，前者可以跳转到指定标号的 LOOP 语句处，重新开始执行循环操作。

【例 5.11】 NEXT 语句的应用举例 1

```
……
L1: WHILE i<10 LOOP
L2:   WHILE j<20 LOOP
         ……
         NEXT L1 WHEN i=j;
         ……
      END LOOP L2;
   END LOOP L1;
   ……
```

该例是两层嵌套循环。当 $i=j$ 时,NEXT 语句被执行,程序跳出 L2 循环(内循环),跳转到 L1 循环(外循环)的下一次循环的开始处执行。

【例 5.12】 NEXT 语句的应用举例 2
```
……
l_x:FOR cnt_value IN 1 TO 8 LOOP
    s1:a(cnt_value):='0';
    k:=0
l_y:LOOP
    S2:b(k):='0';
        NEXT l_x WHEN (e>f);
    S3:b(k+8):='0';
       k=k+1;
    NEXT LOOP l_y;
    NEXT LOOP l_x;
……
```

该例是两层嵌套循环,外层循环是 FOR LOOP 语句,内层循环是 LOOP 语句。当 e>f 为真时,执行语句 NEXT l_x,跳转到 l_x,使 cnt_value 加 1,从 s1 处开始执行语句;若为假,则执行 s3 后的语句。

2. EXIT 语句

EXIT 语句用于结束循环状态,并强迫循环语句从正常执行中跳到由语句标号所指定的新位置继续执行。EXIT 语句的语句格式有如下 3 种:

(1) EXIT。
(2) EXIT [LOOP 标号]。
(3) EXIT [LOOP 标号] [WHEN 条件]。

在这里,3 种语句格式与对应的 NEXT 语句格式和操作功能都非常相似,唯一的区别在于:NEXT 语句跳转的方向是 LOOP 标号指定的 LOOP 语句开始处,当没有 LOOP 标号时,跳转到当前 LOOP 语句的循环起始点,而 EXIT 语句跳转的方向是 LOOP 标号指定的 LOOP 循环结束处,即完全跳出指定的循环,并开始执行循环外的语句。即,NEXT 语句是转向 LOOP 语句的起始点,而 EXIT 语句则是转向 LOOP 语句的终点。

【例 5.13】 EXIT 语句的应用举例,比较两个数的大小。
```
SIGNAL a,b:STD_LOGIC_VECTOR(1 DOWNTO 0);
SIGNAL a_lessthan_b:BOOLEAN;
……
a_lessthan_b<=FALSE;
FOR i IN 1 DOWNTO 0 LOOP
    IF(a(i)='1' AND b(i)='0') THEN
        a_lessthan_b<=FALSE;
        EXIT;
```

```
        ELSIF(a(i)='0' AND b(i)='1') THEN
            a_lessthan_b<=TRUE;
            EXIT;
        ELSE NULL;
        END IF;
    END LOOP;
```
此程序先比较 a 和 b 的高位,高位是 1 者为大,输出判断结果 TRUE 或 FALSE 后退出比较程序,当高位相等时,继续比较低位。NULL 为空操作语句,详见 5.1.6 小节说明。

5.1.6 NULL 语句

NULL 为空操作语句,它不完成任何动作,只是把运行操作指向下一条语句。NULL 语句常用在 CASE 语句中,利用 NULL 来表示其余的不用的条件下的操作行为,以满足 CASE 语句对条件值全部列举的要求。NULL 语句的语句格式为:
NULL;

【例 5.14】 NULL 语句的应用举例
```
CASE light IS
    WHEN red    =>state_value:=1;
    WHEN green  =>state_value:=0;
    WHEN yellow =>state_value:=0;
    WHEN OTHERS =>NULL;
END CASE;
```

5.2 并行描述语句

VHDL 不仅提供了顺序描述语句,同时也提供了并行描述语句。并行描述语句最能体现 VHDL 作为硬件设计语言的特点。我们了解,实际的硬件系统中的很多操作都是并发的,因此在对系统进行模拟时要把这些并发性体现出来,并行语句正是用来表示这种并发行为的。

在 VHDL 中,并行描述语句在结构体中是同时并发执行的,其执行顺序与书写的顺序没有任何关系。但要注意,在一个结构体内,存在的各进程语句是并发执行的,它们之间可以通过信号进行通信。但是,每个进程内部的语句是顺序执行的。只有并行描述语句和顺序语句的灵活运用才符合 VHDL 语言设计的要求和硬件特点。

在结构体中并行描述语句的位置:
ARCHITECTURE 结构体名 OF 实体名 IS
说明语句
BEGIN
    并行描述语句
END 结构体名;

常用的并行描述语句有:并行信号赋值语句、进程语句、元件例化语句、生成语句、块语句等。并行描述语句可以出现在 VHDL 程序中的并行描述部分。

5.2.1 并行信号赋值语句

并行信号赋值语句有 3 种形式:简单信号赋值语句、条件信号赋值语句和选择信号赋值语句。

这 3 种信号赋值语句的共同点是:赋值目标必须都是信号;所有赋值语句与其他并行描述语句一样,在结构体内的执行是同时发生的,与它们的书写顺序无关;每一信号赋值语句都相当于一条缩写的进程语句,而这条语句的所有输入信号都被隐性地列入此进程的敏感信号列表中。

因此,任何信号的变化都将启动相关并行描述语句的赋值操作,而这种启动完全是独立于其他语句的,它们都可以直接出现在结构体中。

(1)简单信号赋值语句。

简单信号赋值语句是并行描述语句结构的基本单元,语句格式如下:

信号赋值目标<=表达式;

其中,信号赋值目标的数据类型必须与赋值符号右边表达式的数据类型一致。

【例 5.15】 简单信号赋值语句的应用举例

```
ARCHITECTURE one OF bc IS
   SIGNAL s,e,f,g,h:STD_LOGIC;
BEGIN
   output1<=a AND b;
   output2<=c+d;
   g<=e OR f;
   h<=e XOR f;
   s1<=g;
END ;
```

例 5.15 结构体中 5 条信号赋值语句的执行是并发执行的。

【例 5.16】 以下两种描述等价

```
ARCHITECTURE behav OF a_
   var IS
BEGIN
   output<=a;
END behav;
```

⇔

```
ARCHITECTURE behav OF a_var IS
BEGIN
   PROCESS(a)
   BEGIN
      output<=a;
   END PROCESS;
END behav;
```

一条简单并行信号赋值语句是一个进程的缩写。

(2) 条件信号赋值语句。

条件信号赋值语句的格式如下：

信号赋值目标<=表达式 WHEN 赋值条件 ELSE

　　[表达式 WHEN 赋值条件 ELSE]

　　……

　　[表达式 WHEN 赋值条件 ELSE]

　　表达式;

在结构体中的条件信号赋值语句的功能与在进程中的 IF 语句相似。在执行条件信号赋值语句时,每一赋值条件按书写的先后关系逐项判定,一旦发现赋值条件为 TRUE,立即将表达式的值赋给赋值目标。条件信号赋值语句允许有条件重叠现象,与 CASE 语句有很大的区别。

【例5.17】 条件信号赋值语句的应用举例,以下两种描述等价。

```
ARCHITECTURE ex OF mux IS
  BEGIN
    z<=a WHEN p1='1'
    ELSE
      b WHEN p2='1' ELSE
      c;
END;
```

⇔

```
ARCHITECTURE ex OF mux IS
  BEGIN
    PROCESS(p1,p2,a,b,c)
    BEGIN
      IF p1='1' THEN
        z<=a;
      ELSIF p2='1' THEN
        z<=b;
      ELSE
        z<=c;
      END IF;
    END PROCESS;
END;
```

条件信号赋值语句与进程中的多选择 IF 语句等价。同 IF 语句一样,由于条件测试的顺序性,第一句具有最高赋值优先级,第二句次之,第三句最低。在例 5.17 中当 p1 和 p2 同时为 1 时,z 得到的值是 a。

(3) 选择信号赋值语句。

选择信号赋值语句的书写格式如下：

WITH 选择表达式 SELECT

信号赋值目标<=表达式 WHEN 选择值,

　　　　　　表达式 WHEN 选择值,

　　　　　　……

　　　　　　表达式 WHEN 选择值;

在结构体中的选择信号赋值语句与进程中的 CASE 语句作用相似。CASE 语句的执行依赖于进程中敏感信号的改变而启动进程,而且要求 CASE 语句中各子句的条件不能有重叠,必须包容所有的条件。

选择信号赋值语句也有敏感量,即关键词 WITH 右边的选择表达式。每当选择表达式的值发生变化时,就将启动此语句对各子句的选择值进行测试对比,当发现有满足条件的子句的选择值时,就将此子句表达式的值赋给信号赋值目标。与 CASE 语句相类似,选择赋值语句对于子句条件选择值的测试是并行的。不像条件信号赋值语句那样是按照子句的书写顺序从上至下逐条测试的。因此,选择赋值语句不允许有条件重叠的现象,也不允许存在条件涵盖不全的情况,可用 OTHERS 代表所列选择值以外的其他所有选择值。

【例 5.18】 选择信号赋值语句的应用举例,四选一数据选择器描述。
```
ENTITY mux4 IS
    PORT(i0, i1, i2, i3, a, b: IN STD_LOGIC;
        q: OUT STD_LOGIC);
END mux4;
ARCHITECTURE rtl OF mux4 IS
    SIGNAL sel: STD_LOGIC_VECTOR (1 DOWNTO 0);
BEGIN
    sel<=b & a;
    WITH sel SELECT
        q<=i0 WHEN "00",
            i1 WHEN "01",
            i2 WHEN "10",
            i3 WHEN "11",
            'X' WHEN OTHERS;
END rtl;
```

注意:选择信号赋值语句的每个子句结尾是逗号,最后一句是分号;而条件赋值语句每个子句的结尾没有任何标点,只有最后一句为分号。

例 5.18 中,选择信号赋值语句与进程中的 case 语句等价,即以下两种描述等价。

```
WITH sel SELECT                          PROCESS(sel,i0,i1,i2,i3)
q<=i0 WHEN sel="00",                     BEGIN
    i1 WHEN sel="01",                        CASE sel IS
    i2 WHEN sel="10",                            WHEN"00"=>q<=i0;
    i3 WHEN sel="11",                            WHEN"01"=>q<=i1;
    'X' WHEN OTHERS;                             WHEN"10"=>q<=i2;
                                                 WHEN"11"=>q<=i3;
                                                 WHEN OTHERS=>q<='X';
                                             END CASE;
                                         END PROCESS;
```

5.2.2 进程语句

进程语句是最具 VHDL 语言特色的语句。进程语句本身属于并行描述语句,但它内部却由一系列顺序描述语句组成。尽管设计中的所有进程同时执行,可每个进程中的顺序描述语句却是按顺序执行的。需要注意的是,在 VHDL 中,所谓顺序仅仅是指语句在仿真时是按先后次序执行的,但这并不意味着 PROCESS 语句结构所对应的硬件逻辑行为也具有相同的顺序性。PROCESS 结构中的顺序语句及其所谓的顺序执行过程只是相对于计算机中的软件行为仿真的模拟过程而言的,这个过程与硬件结构中实现的对应的逻辑行为是不相同的。

进程语句的结构如下:

[进程标号:] PROCESS [(敏感信号表)] [IS]
 　　　　　　[进程说明部分]
 　　　　　　BEGIN
 　　　　　　顺序描述语句
 　　　　　　END PROCESS [进程标号];

其中,进程标号是该进程的名称,但这个标号不是必需的。

敏感信号表是进程要读取的所有敏感信号(包括端口)的列表,格式如下:

信号名称[,信号名称]

VHDL1987 标准不支持在进程语句中使用保留字 IS。

进程说明部分主要定义一些局部变量,可包括变量、常数、数据类型、子程序、属性等。但需注意的是,在进程说明部分不允许定义信号。

所谓进程对信号敏感,就是指当这个信号发生变化时,能触发进程中顺序语句的执行。当进程中定义的任一敏感信号发生更新时,由顺序语句定义的行为就要立即重复执行一次。当进程中最后一个语句执行完成后,执行过程将返回到进程的第一个语句,以等待下一次敏感信号变化。只要其敏感表中的任一信号发生变化,进程就可以在任何时刻被激活,而所有被激活的进程都是并行运行的,这就是为什么进程语句本身是并行描述语句的道理。一般综合后的电路需要对所有进程中要读取的信号敏感,为了保证 VHDL 仿真器和综合后的电路具有相同的结构,进程敏感表就得包括所有对进程产生作用的信号。

敏感信号表的特点:

(1)同步进程的敏感信号表中只有时钟信号。

如:PROCESS(clk)
　　BEGIN
　　　IF (clk'EVENT AND clk = '1') THEN
　　　　IF reset = '1' THEN
　　　　　data<= "00";
　　　　ELSE
　　　　　data<= in_data;
　　　　END IF;

```
        END IF;
    END PROCESS;
```
(2) 异步进程敏感信号表中除时钟信号外,还有其他信号。
```
如:PROCESS(clk,reset)
    BEGIN
        IF reset = '1' THEN
            data<="00";
        ELSIF ( clk'EVENT AND clk = '1' ) THEN
            data<=in _ data;
        END IF;
    END PROCESS;
```
通常情况下,VHDL编译器将检查敏感表的完备性,对任何进程内要读取,而敏感表中没有列出的信号要给出警告信息。如果进程中时钟信号被当作数据读取,则会产生错误。

一般可以把敏感表中的敏感信号转移到进程内部用WAIT语句来描述,WAIT语句可以看作一种隐式的敏感信号表。当进程执行到WAIT语句时,将会被挂起,当满足WAIT语句的条件后(如信号发生变化),进程才结束WAIT语句并继续下面语句的运行。如果有WAIT语句,则不允许有敏感信号表。

【例5.19】 PROCESS语句的应用举例
```
ENTITY mul IS
    PORT(a,b,c,selx,sely:IN BIT;
         dataout:OUT BIT);
END mul;
ARCHITECTURE ex OF mul IS
    SIGNAL temp:BIT;
BEGIN
    p _ a:PROCESS (a,b,selx)
        BEGIN
            IF(selx = '0') THEN temp<=a; ELSE temp<=b;
            END IF;
        END PROCESS p _ a;
    p _ b:PROCESS (temp,c,sely)
        BEGIN
            IF(sely = '0') THEN dataout<=temp; ELSE dataout<=c;
            END IF;
        END PROCESS p _ b;
END ex;
```
例5.19中有两个进程:p _ a和p _ b,它们的敏感信号分别为a、b、selx和temp、c、sely。除temp外,两个进程完全独立运行,除非两组敏感信号中的一对同时发生变化,两个进程才被同时启动。

5.2.3 元件例化语句

对一个硬件进行结构描述,就是要描述它由哪些子元件组成以及各个子元件之间的互联关系。具体地说,在 VHDL 语言中,由实体说明元件、端口与信号;由结构体描述元件之间的连接关系以及端口与元件中信号的对应关系。其中,元件是硬件的描述,即门、芯片或者电路板。而信号则是硬件连线的一种抽象表示,它既能保持变化的数据,又可以连接各个子元件对应端口。

结构描述方法能很好地体现层次化设计的优点。设计者可以将已有的设计成果方便地应用到新设计中,提高设计的效率。结构描述也比行为描述更加具体化。其结构非常清晰,与电路原理图有直接的对应关系,但同时,它也要求设计者必须具备足够的硬件设计知识。

VHDL 语言的描述风格有行为描述、数据流描述及结构描述等。其中结构描述主要依靠元件说明(COMPONENT)语句和元件调用(PORT MAP)语句来实现。

元件说明语句的语句格式为:

COMPONENT 元件实体名 [IS]
　　[GENERIC (类属声明);]
　　[PORT (端口声明);]
END COMPONENT [元件名];

元件说明语句用来说明元件的外部特性(端口名称、端口方向、数据类型),类似实体声明。它相当于对一个现成的设计实体进行封装,使其只留出对外的接口界面,就像一个集成芯片只留几个引脚在外面一样。元件说明语句可以出现在结构体、程序包和块语句中。元件说明语句与元件调用语句配合使用。

元件调用语句又称为元件例化语句,用于引用在较低层次已经定义好的一个子元件。其一般的语句格式为:

　　例化名:实体名(即元件名) PORT MAP (端口列表);

其中例化名(即子元件名)是必须存在的。实体名就是在 COMPONENT 中说明的元件名。元件例化语句类似于标在当前系统(电路板)中的一个插座名,而元件名则是准备在此插座上插入的、已定义好的元件名,PORT MAP 是端口映射的意思。端口列表是将在元件说明语句中已定义好的元件端口的名字与当前系统准备接入的元件对应端口相连的通信端口,相当于插座上各插针的引脚名。

以下是两个元件例化的应用举例,例 5.20 中首先完成了一个 2 输入与非门的设计,然后利用元件例化产生了如图 5.3 所示的由 3 个相同的与非门连接而成的电路。

【例 5.20】 元件例化语句的应用举例 1
LIBRARY IEEE;
　　USE IEEE.STD_LOGIC_1164.ALL;
ENTITY nd2 IS
　　PORT(a,b:IN STD_LOGIC;

第5章 VHDL 主要描述语句

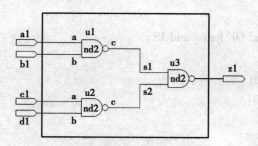

图 5.3 ord41 逻辑原理图

```
        c:OUT STD_LOGIC);
   END nd2;
   ARCHITECTURE artnd2 OF nd2 IS
   BEGIN
   c<=a NAND b;
END;

LIBRARY IEEE;
   USE IEEE.STD_LOGIC_1164.ALL;
ENTITY ord41 IS
   PORT(a1,b1,c1,d1:IN STD_LOGIC;
        z1:OUT STD_LOGIC);
END ord41;
ARCHITECTURE artord41 OF ord41 IS
   COMPONENT nd2 IS
       PORT(a,b:IN STD_LOGIC;
            c:OUT STD_LOGIC);
   END COMPONENT;
   SIGNAL x,y:STD_LOGIC;
   BEGIN
   u1:nd2 PORT MAP(a1,b1,x);
   u2:nd2 PORT MAP(a=>c1,c=>y,b=>d1);
   u3:nd2 PORT MAP(x,y,c=>z1);
END;
```

【例 5.21】 元件例化语句的应用举例 2

```
LIBRARY IEEE;
   USE IEEE.STD_LOGIC_1164.ALL;
ENTITY half_add IS
   PORT(a,b:IN BIT;
        so,co:OUT BIT);
```

· 87 ·

```
END;
ARCHITECTURE a1 OF half_add IS
  BEGIN
    so<=a XOR b;
    co<=a AND b;
END;

LIBRARY IEEE;
  USE IEEE.STD_LOGIC_1164.ALL;
ENTITY full_add IS
  PORT(a,b,c:IN BIT;
       so,co:OUT BIT);
END;
ARCHITECTURE a1 OF full_add IS
    COMPONENT half_add IS
      PORT(a,b:IN BIT;
           so,co:OUT BIT);
    END COMPONENT;
SIGNAL u0_co,u0_so,u1_co:BIT;
BEGIN
u0:half_add PORT MAP(a,b,u0_so,u0_co);
u1:half_add PORT MAP(u0_so,c,so,u1_co);
co<=u0_co OR u1_co;
END;
```

例 5.21 是一个利用元件例化语句进行描述的全加器电路,首先完成了一个半加器的设计,如图 5.4 所示,然后利用元件例化产生了如图 5.5 所示的由 2 个相同的半加器及或门电路连接而成的全加器电路。

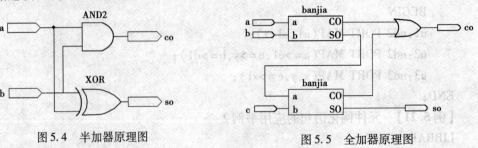

图 5.4 半加器原理图　　图 5.5 全加器原理图

总之,元件说明语句就是对所调用的较低层次的实体模块(元件)的名称、类属参数、端口类型、数据类型的声明;元件例化语句就是把低层元件安装(调用)到当前层次设计实体内部的过程。

在 VHDL 中,较低层次模块的元件端口名与当前层次模块的端口名有两种映射方法:

(1)位置映射方法。

所谓位置映射方法就是在下一层元件端口说明中的信号书写顺序位置和 PORT MAP( )中指定的实际信号书写顺序位置是一一对应的。其端口列表格式为:

当前层次端口名,当前层次端口名,……

如例 5.20 中的 u1,按书写顺序,当前层次端口名 a1 对应低层次端口名 a,当前层次端口名 b1 对应低层次端口名 b,当前层次端口名 x 对应低层次端口名 c;再如例 5.21 中的 u0 和 u1,按书写顺序,u0 中的当前层次端口名 a 对应低层次端口名 a,当前层次端口名 b 对应低层次端口名 b,当前层次端口名 u0 _ so 对应低层次端口名 so,当前层次端口名 u0 _ co 对应低层次端口名 co;u1 中的当前层次端口名 u0 _ so 对应低层次端口名 a,当前层次端口名 c 对应低层次端口名 b,当前层次端口名 so 对应低层次端口名 so,当前层次端口名 u1 _ co 对应低层次端口名 co。

(2)名称映射方法。

所谓名称映射方法就是将已经存于库中的现成模块的各端口名称通过"=>"符号,与其在设计模块中的实际信号名对应。其端口列表格式为:

低层次端口名 =>当前层次端口名,低层次端口名 =>当前层次端口名,……

如例 5.20 中的 u2,按书写顺序,当前层次端口名 c1 对应低层次端口名 a,当前层次端口名 d1 对应低层次端口名 b,当前层次端口名 y 对应低层次端口名 c;因为是通过"=>"符号进行名称对应的,所以端口列表的书写顺序是任意的,下面的两种用法实际作用是一样的。

u2:nd2 PORT MAP(b=>d1,c=>y,a=>c1);

u2:nd2 PORT MAP(c=>y,a=>c1,b=>d1);

元件例化语句是一种应用广泛的 VHDL 语句,它使得在进行 VHDL 描述时可以使用之前建立的 VHDL 模块,避免大量的重复工作。

5.2.4 生成语句

在 VHDL 中,我们经常会遇到一个设计单元内包含多个相同子结构的情况。为了节省设计程序源代码,VHDL 提供了生成语句,用来描述重复的行为。

生成(GENERATE)语句具有复制作用,在设计中,只要设定好某个组件或设计单元电路,就可以利用生成语句复制一组完全相同的并行组件或设计单元电路结构,以简化设计。生成语句包括 FOR GENERATE 语句和 IF GENERATE 语句。

1. FOR GENERATE 语句

FOR GENERATE 语句的语句格式为:

[标号:]FOR 循环变量 IN 取值范围 GENERATE

　　说明语句;

　　BEGIN

　　并行描述语句;

END GENERATE [标号];

2. IF GENERATE 语句

IF GENERATE 语句的语句格式为：

[标号:]IF 条件 GENERATE
　　说明语句；
　　BEGIN
　　并行描述语句；
　　END GENERATE [标号];

这两种语句格式共同部分的解释如下：

①标号：生成语句的标号不是必需的，但如果在嵌套式生成语句结构中就是十分重要的了。

②生成方式：FOR GENERATE 语句结构和 IF GENERATE 语句结构，都是用于规定复制方式的。

③说明语句部分：这部分包括对数据类型、数据对象（信号、变量、常量）、子程序作局部说明。

④并行描述语句：对被复制元件的结构和行为进行描述，主要包括元件、进程语句、块语句、并行信号赋值语句等。它用来拷贝基本单元。

FOR GENERATE 语句中，循环变量是一个局部变量。循环变量在取值范围内递增或递减的变化，取值范围的格式同前述 FOR LOOP 语句。

FOR GENERATE 语句结构，主要用于描述设计中一些有规律的单元结构，其生成参数及其取值范围的含义和运行方式与 LOOP 语句非常相似，区别在于生成语句中使用的是并行处理语句，因为在结构内部的语句不是按书写顺序执行的，而是并发执行的。

IF GENERATE 语句中 IF 条件为"真"时，才执行结构体内部的语句。它主要是用来描述产生例外的情况，如电路两端（边界：输入和输出）总是具有不规则性，无法用同一种结构来解决上述问题的时候使用该语句。IF GENERATE 语句与转向控制 IF 语句有很大的区别，转向控制 IF 语句的处理语句是顺序执行的，而 IF GENERATE 语句的处理语句是并行处理语句，是并发执行的，且 IF GENERATE 中没有类似于 IF 语句的 ELSE 或 ELSIF 等分支语句。

【例5.22】 FOR GENERATE 语句应用举例，四位移位寄存器（图5.6）。

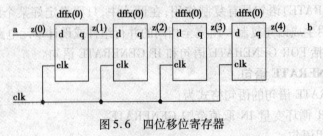

图5.6　四位移位寄存器

LIBRARY IEEE;
USE IEEE.STD_LOGIC_1164.ALL;

```
ENTITY shift_reg IS
    PORT(a,clk:IN STD_LOGIC;
         b:OUT STD_LOGIC);
END;
ARCHITECTURE a1 OF shitt_reg IS
    COMPONENT dff
        PORT(d,clk:IN STD_LOGIC;
             q:OUT STD_LOGIC);
    END COMPONENT;
    SIGNAL z: STD_LOGIC_VECTOR(4 DOWNTO 0);
BEGIN
    z(0)<=a;b<=z(4);
    g1:FOR i IN 0 TO 3 GENERATE
        dffx:dff PORT MAP(z(i),clk,z(i+1));
        END GENERATE;
END;
```

上例 FOR GENERATE 语句描述与下例元件例化语句描述功能等效。

```
LIBRARY IEEE;
USE IEEE.STD_LOGIC_1164.ALL;
ENTITY shift_reg IS
    PORT(a,clk:IN STD_LOGIC;
         b:OUT STD_LOGIC);
END;
ARCHITECTURE a1 OF shift_reg IS
COMPONENT dff
    PORT(d,clk:IN STD_LOGIC;
         q:OUT STD_LOGIC);
END COMPONENT;
SIGNAL z: STD_LOGIC_VECTOR(4 DOWNTO 0);
BEGIN
    z(0)<=a;b<=z(4);
    dffx1:dff PORT MAP(z(0),clk,z(1));
    dffx2:dff PORT MAP(z(1),clk,z(2));
    dffx3:dff PORT MAP(z(2),clk,z(3));
    dffx4:dff PORT MAP(z(3),clk,z(4));
END;
```

【例5.23】 IF GENERATE 语句的应用举例,8 位串并转换器(图5.7)。

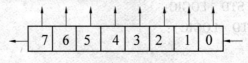

图5.7 8位串并转换器

```
ENTITY converter IS
   PORT(clk,data:IN BIT;
        convert:OUT BIT _ VECTOR(7 DOWNTO 0));
END;
ARCHITECTURE behavior OF converter IS
   SIGNAL s:BIT _ VECTOR(7 DOWNTO 0);
BEGIN
g:FOR i IN 7 DOWNTO 0 GENERATE
  g1:IF(i>0) GENERATE
     PROCESS
       BEGIN
         WAIT UNTIL(clk' EVENT AND clk = '1');
           s(i)<=s(i-1);
       END PROCESS;
     END GENERATE g1;
  g2:IF(i=0) GENERATE
     PROCESS
       BEGIN
         WAIT UNTIL(clk' EVENT AND clk = '1');
           s(i)<=data;
       END PROCESS;
     END GENERATE g2;
     convert(i)<=s(i);
  END GENERATE g;
END;
```

在实际应用中可以把两种格式混合使用,设计中,可以根据电路两端的不规则部分形成的条件用 IF GENERATE 语句来描述,而用 FOR GENERATE 语句描述电路内部的规则部分。使用这种描述方法的好处是,使设计文件具有更好的通用性、可移植性和易改性。实用中,只要改变几个参数,就能得到任意规模的电路结构。

5.2.5 块语句

对于一个大规模的设计,在传统的硬件电路设计中通常包括一个总电路原理图和若干张子电路原理图。对于 VHDL 设计来说,一个设计的结构体对应于总电路原理图,那么块语句就对应着电路原理图中的子原理图。因此,不难看出一个结构体可以由若干个块语句组成,每个块语句可以看成是结构体的子模块,块语句将若干并发语句组在一起,形成一个子模块。

块语句(BLOCK)是将结构体中的并行语句组合到一起,其主要目的是改善并行语句及其结构的可读性,一般用于复杂的 VHDL 程序中。任何能在结构体的说明部分进行说明的对象都能在 BLOCK 中进行说明。

块语句一般语句格式如下

[块标号:]BLOCK [块保护表达式]
　　　　块头部分;
　　　　说明语句;
　　　　BEGIN
　　　　并行语句;
　　　　END BLOCK [块标号];

块语句的块头部分,主要通过类属语句(GENERIC)、类属接口表(GENERIC MAP)、端口子句(PORT)和端口接口表(PORT MAP)来实现信号的映射和参数的定义。块的说明语句部分可以定义的项目有 USE 语句、子程序、数据类型、子类型、常数、信号和元件。BLOCK 是可以嵌套的,内层 BLOCK 块可以使用外层 BLOCK 块所定义的信号,而反之则不行。块语句本身属并行语句,块语句中所包含的语句也是并行语句。

块的设置和应用并不像例化语句那样会产生低层次的元件模块电路结构。从综合的角度来看,块语句的存在也是毫无意义的,因为无论是否存在块语句结构,对于同一设计实体,综合后的逻辑功能是不会有任何变化的。在综合过程中,VHDL 综合器将略去所有的块语句。

【例5.24】 块语句的应用举例,比较两个数的大小。
ARCHITECTURE behave OF test_block IS
BEGIN
p1:BLOCK
　　　BEGIN
　　　　　aequalb <= '1' WHEN a=b ELSE '0';
　　　　　agreatb <= '1' WHEN a>b ELSE '0';
　　　　　alessb <= '1' WHEN a<b ELSE '0';
　　END BLOCK;
END behave;

块语句有一种特殊的控制方式:在块语句中包含一个块保护表达式,也称卫式表达式,当块保护表达式为真时,执行块语句;当块保护表达式为假时,不执行块语句。这种通过块保护表达式来对块中的驱动器进行使能的块语句称为卫式块语句。

【例5.25】 保护的块语句用法举例
ARCHITECTURE guarded OF and_gate IS
　　BEGIN

```
    Lable:BLOCK(en='1')                  --保护条件
    BEGIN
       y<=guarded                        --保护性赋值语句
       '1' AFTER DELAY WHEN a='1' and b='1' ELSE
       '0' AFTER DELAY;
       END BLOCK;
END;
```
上面的结构体等价于：
```
    ARCHITECTURE guarded OF and_gate IS
    BEGIN
       BLOCK(en='1')                     --保护条件
       Begin
          PROCESS
          BEGIN
          IF guard THEN
             IF a='1' and b='1' THEN
                y<='1' AFTER DELAY ;
             ELSE
                y<='0' AFTER DELAY;
             END IF;
          END IF;
          WAIT ON guard,a,b;
          END PROCESS;
       END BLOCK;
END;
```

在例5.25中,描述了一个用被保护的块书写的模型。在结构体部分,只有一条语句,就是被保护的块语句。被保护的块语句中保护块表达式是"en='1'"。即当en等于1时返回"TRUE",否则返回"FALSE"。在被保护的块中,隐含说明了一个新的命名为GUARD的布尔类型信号,信号GUARD的值就是保护表达式的值。在该例中,通过GUARD来识别。当GUARD为"TRUE"时,被保护的信号赋值语句的驱动源将起作用或接通;当GUARD为"FALSE"时,被保护的信号赋值语句的驱动源将失去作用或断开。注意,一般综合器不支持保护式块语句。

5.3 子程序

子程序是一个VHDL程序模块,它是利用顺序语句来定义和完成算法的,应用它能更有效地完成重复性的设计工作。子程序不能从所在的结构体的其他块或进程结构中直接读取信号值或者向信号赋值,而只能通过子程序调用及与子程序的界面端口进行通信。

VHDL 的子程序有一个非常有用的特性,就是具有可重载性的特点,即允许有许多重名的子程序,但这些子程序的参数类型及返回值数据类型是不同的。

在实际应用中必须注意,综合后的子程序将映射于目标芯片中的一个相应的电路模块,且每次调用都将在硬件结构中产生具有相同结构的不同的模块,这一点与在普通的软件中调用子程序有很大的不同。因此,在面向 VHDL 的实际应用中,要密切关注和严格控制子程序的调用次数,每调用一次子程序都意味着增加了一个硬件电路模块。

子程序可定义在程序包(PACKAGE)、结构体(ARCHITECTURE)、进程(PROCESS)内。

子程序有两种类型,即过程(PROCEDURE)和函数(FUNCTION)。

过程和函数都有两种形式,即并行过程和并行函数以及顺序过程和顺序函数。并行的过程和函数可在进程语句和另一个子程序的外部,而顺序函数和过程仅存在于进程语句和另一个子程序语句之中。子程序内部的所有语句是顺序的,在子程序中用的进程语句有同样的顺序语句。子程序的重载也是 VHDL 程序设计的重要技巧之一。

5.3.1 过 程

过程语句的语句格式为:

```
PROCEDURE 过程名[(参数声明)];              --过程首
PROCEDURE 过程名[(参数声明)]is            --过程体开始
   {说明部分}
BEGIN
   {顺序语句}
END [过程名];                              --过程体结束
```

过程包括过程首和过程体两部分。

过程首由过程名和参数声明组成。参数声明用于对常数、变量和信号 3 类数据对象目标进行说明,并用关键词 IN、OUT、INOUT 定义这些参数的工作模式,即信息的流向。

过程体用于定义子程序算法的具体实现。过程体是由顺序语句组成的,过程的调用即启动了对过程体的顺序语句的执行。过程体中的说明部分只是局部的,其中的各种定义只能适用于过程体内部。过程体的顺序语句部分可以包含任何顺序执行的语句,包括 WAIT 语句。但如果一个过程是在进程中调用的,且这个进程已列出了敏感参量表,则不能在此过程中使用 WAIT 语句。

参数声明指明输入输出端口的数目和类型,语法如下:

```
[参数名:方式  参数类型
{;参数名:方式  参数类型}]
```

方式指参数的传递方向,有 3 种形式:IN、OUT、INOUT。

根据调用环境的不同,过程调用有两种方式,即顺序语句方式和并行描述语句方式。在一般的顺序语句自然执行过程中,一个过程被执行,则属于顺序语句方式;当某个过程处于并行描述语句环境中时,其过程体中定义的任一 IN 或 INOUT 的目标参量发生改变时,将启动过程的调用,这时的调用是属于并行描述语句方式的。过程与函数一样可以重复调用或嵌套式调用。综合器一般不支持含有 WAIT 语句的过程。

两个或两个以上有相同的过程名和互不相同的参数数量及数据类型的过程称为重载过程。对于重载过程，也是靠参量类型来辨别究竟调用哪个过程。

5.3.2 函 数

函数语句的语句格式为：
FUNCTION 函数名 [（参数声明）] RETURN 数据类型；　--函数首
FUNCTION 函数名 [（参数声明）] RETURN 类型 IS　　--函数体开始
　{说明部分}
BEGIN
　{顺序语句}
END[函数名称]；　　　　　　　　　　　　　　　　--函数体结束

函数包括函数首和函数体两部分。

函数首是由函数名、参数表和返回值的数据类型 3 部分组成的。函数的参数表用来定义输入值，它可以是信号或常数，参数名需放在关键词 CONSTANT 或 SIGNAL 之后，若没有特别说明，则参数被默认为常数。如果要将一个已编制好的函数并入程序包，函数首必须放在程序包的说明部分，而函数体需放在程序包的包体内。如果只是在一个结构体中定义并调用函数，则仅需函数体即可。由此可见，函数首的作用只是作为程序包的有关此函数的一个接口界面。

函数体用于定义子程序算法的具体实现。函数体包括对数据类型、常数、变量等的局部说明，以及用以完成规定算法或转换的顺序语句，并以关键词 END FUNCTION 以及函数名结尾。一旦函数被调用，就将执行这部分语句。

参数声明格式与过程相同，唯一区别是对于函数，方式只能用 IN 方式。

VHDL 允许以相同的函数名定义函数，即重载函数（OVERLOADED FUNCTION）。但这时要求函数中定义的操作数具有不同的数据类型，以便调用时用以分辨不同功能的同名函数。在具有不同数据类型操作数构成的同名函数中，以运算符重载式函数最为常用。这种函数为不同数据类型间的运算带来极大的方便。VHDL 中预定义的操作符如"+""AND""MOD"">"等运算符均可以被重载，以赋予新的数据类型操作功能，也就是说，通过重新定义运算符的方式，允许被重载的运算符能够对新的数据类型进行操作，或者允许不同的数据类型之间用此运算符进行运算。

【例 5.26】　过程和函数（放在程序包首中）举例
```
PACKAGE pkg IS                                      --程序包首
    TYPE byte IS ARRAY(7 DOWNTO 0) OF BIT;    --定义 BYTE 数据类型
    TYPE nibble IS ARRAY(3 DOWNTO 0) OF BIT;  --定义 NIBBLE 数据类型
    FUNCTION is_even(num:IN INTEGER)                --函数首
    RETURN BOOLEAN;
    PROCEDURE byte_to_nibbles(b:IN byte;            --过程首
                              upper:OUT nibble;
```

```
                              lower:OUT nibble);
    END pkg;
    PACKAGE BODY pkg IS                       --程序包体开始
      FUNCTION is_even(num:IN INTEGER)        --函数体开始
      RETURN BOOLEAN IS
      BEGIN
        RETURN((num REM 2)=0);
      END is_even;                            --函数体结束
      PROCEDURE byte_to_nibbles(b:IN byte;   --过程体开始
                                upper:OUT nibble;
                                lower:OUT nibble)IS
      BEGIN
        upper:=nibble(b(7 DOWNTO 4));
        lower:=nibble(b(3 DOWNTO 0));
      END byte_to_nibbles;                    --过程体结束
    END pkg;                                  --程序包体结束
```

例5.26中，函数首中定义了is_even函数名，参数num为整数类型的输入参数，返回值的数据类型为布尔类型。

过程首中定义了byte_to_nibbles过程名，参数b为byte数据类型的输入参数，参数upper为nibble数据类型的输出参数，参数lower为nibble数据类型的输出参数。

函数体和过程体都是用于定义算法的实现，函数体定义了num REM 2算法，其中REM为取余运算符，取余运算符的运算数必须是同一整数类型的数据。取余即整数除，num REM 2结果的符号与num相同，其绝对值小于2的绝对值，取余结果作为函数的返回值。过程体定义了将b参数的高四位转换为nibble数据类型后赋值给upper输出参数，将b参数的低四位转换为nibble数据类型后赋值给lower输出参数。

过程和函数的区别：过程的调用可通过其界面获得多个返回值，而函数只能返回一个值。在函数入口中，所有参数都是输入参数，而过程有输入参数、输出参数和双向参数。过程在结构体或者进程中按分散语句的形式存在，而函数经常在赋值语句或表达式中使用。过程可作为一种独立的语句结构而单独存在，函数通常作为表达式的一部分来调用。

过程和函数的相似点：过程和函数都有两种形式，即并行过程和并行函数以及顺序过程和顺序函数。并行的过程与函数可在进程语句和另一个子程序的外部，而顺序函数和过程仅存在于进程语句和另一个子程序语句之间。

5.4 程序包

在 VHDL 中，程序包主要用来存放各个设计都能共享的数据类型、子程序说明、属性说明和元件说明等部分。如果设计人员要使用程序包中的某些说明和定义，只需要用USE 语句来进行说明就可以了，USE 语句格式见4.2.3小节内容。

一个程序包一般由以下两个部分组成:程序包说明(包首)部分和程序包包体部分。

程序包的语句格式为:

PACKAGE 程序包名 IS --程序包首

　　{包说明项}

END 程序包名;

PACKAGE BODY 程序包名 IS --程序包体

　　{包体说明项}

END 程序包名;

程序包说明(包首)部分主要对数据类型、子程序、常量、元件、属性和属性指定等进行说明。程序包说明(包首)部分中的所有说明项目都是对外可见的,与实体说明部分十分相似,二者区别在于:实体说明主要用来指定哪些信号对外可见;而程序包说明部分则用来指定哪些数据类型、子程序、常量和元件等对外可见。

程序包包体部分由程序包说明部分指定的函数和过程的程序体组成,即用来规定程序包的实际功能,同时还允许建立内部的子程序和内部变量、数据类型的说明,但要注意它们对外是不可见的。程序包包体部分的描述方法与结构体的描述方式相同。

【例 5.27】 程序包应用举例

```
LIBRARY IEEE;
USE IEEE.STD_LOGIC_1164.ALL;
USE IEEE.STD_LOGIC_UNSIGNED.ALL;
PACKAGE pack IS
    FUNCTION min(a,b:IN STD_LOGIC_VECTOR) RETURN STD_LOGIC_VECTOR;
    PROCEDURE vector_to_int
      (s:IN STD_LOGIC_VECTOR(7 DOWNTO 0);
      result:INOUT INTEGER);            --注意不能为 BUFFER 类型
    COMPONENT cnt_8
      PORT(reset:IN STD_LOGIC;
          clk:IN STD_LOGIC;
          q:BUFFER STD_LOGIC_VECTOR(3 DOWNTO 0));
    END COMPONENT;
END pack;

PACKAGE BODY pack IS
    FUNCTION min(a,b:IN STD_LOGIC_VECTOR) RETURN STD_LOGIC_VECTOR IS
      VARIABLE temp:STD_LOGIC_VECTOR(3 DOWNTO 0);
      BEGIN
        IF(a<b) THEN
```

```
            temp: = a;
        ELSE
            temp: = b;
        END IF;
        RETURN temp;
    END min;
PROCEDURE vector_to_int
    (SIGNAL s: IN STD_LOGIC_VECTOR(7 DOWNTO 0);
    result: INOUT INTEGER) IS
    VARIABLE t: INTEGER: = 1;
    BEGIN
        FOR i IN 1 TO 7 LOOP
            t: = t * 2;
            IF s(i) = '1' THEN
                result: = result+t;
            END IF;
        END LOOP;
        IF s(0) = '1' THEN
            result: = result+1;
        END IF;
    END PROCEDURE;
END pack;
```

【例5.28】 调用例5.27中程序包pack中的函数

```
USE IEEE. STD_LOGIC_1164. ALL;
USE IEEE. STD_LOGIC_UNSIGNED. ALL;
USE WORK. pack. ALL;   ——一个程序包所定义的项对另一个单元并不是自动可
                        见的,如果在某个VHDL单元之前加上USE语句,则
                        可以使得程序包说明中的定义项在该单元中可见
ENTITY pack_use1 IS
    PORT(a,b: IN STD_LOGIC_VECTOR(3 DOWNTO 0);
         c: OUT STD_LOGIC_VECTOR(3 DOWNTO 0));
END pack_use1;
ARCHITECTURE rt1 OF pack_use1 IS
    BEGIN
    c<= min(a,b);
END rt1;
```

【例5.29】 调用例5.27中程序包pack中的过程
```
LIBRARY IEEE;
USE IEEE.STD_LOGIC_1164.ALL;
USE IEEE.STD_LOGIC_UNSIGNED.ALL;
USE WORK.pack.ALL;
ENTITY pack_use2 IS
    PORT(d:IN STD_LOGIC_VECTOR(7 DOWNTO 0);
         o:INOUT INTEGER);
END pack_use2;
ARCHITECTURE rt2 OF pack_use2 IS
  BEGIN
    PROCESS
      VARIABLE temp_o:INTEGER RANGE 0 TO 255;
        BEGIN
          vector_to_int(d,temp_o);
--因为过程中RESULT是个变量,所以此处也必须定义一个变量temp_o
          o<=temp_o;
      END PROCESS;
END rt2;
```
【例5.30】 调用例5.27中程序包pack中声明的元件
```
LIBRARY IEEE;
USE IEEE.STD_LOGIC_1164.ALL;
USE IEEE.STD_LOGIC_UNSIGNED.ALL;
USE WORK.pack.ALL;
ENTITY pack_use3 IS
    PORT(reset,clk:IN STD_LOGIC;
         q:Buffer STD_LOGIC_VECTOR(3 DOWNTO 0));
END pack_use3;
ARCHITECTURE rt3 OF pack_use3 IS
  BEGIN
    u1:cnt_8 PORT MAP(reset=>reset,clk=>clk,q=>q);
                      --WORK库中已存在cnt_8这个元件
END rt3;
```
在实际应用中,程序包中的程序包包体部分是一个可选项,当程序包说明部分不含有子程序说明部分时,则程序包包体部分是不需要的;当程序包说明部分含有子程序说明时,则必须有相应的程序包包体部分对子程序的程序体进行描述。

程序包常用来封装属于多个设计单元共享的信息。常用的预定义的程序包有:
(1) STD_LOGIC_1164程序包。

STD_LOGIC_1164 程序包是 IEEE 库中最常用的程序包,是 IEEE 的标准程序包。其中包含了一些数据类型、子类型和函数的定义,这些定义将 VHDL 扩展为一个能描述多值逻辑(即除具有 0 和 1 以外,还有其他的逻辑量,如高阻态 Z、不定态 X 等)的硬件描述语言,极大地满足了实际数字系统的设计需求。STD_LOGIC_1164 程序包中用得最多和最广的是定义了满足工业标准的两个数据类型 STD_LOGIC 和 STD_LOGIC_VECTOR。

(2) STD_LOGIC_ARITH 程序包。

在 STD_LOGIC_1164 程序包的基础上扩展了 3 个数据类型 UNSIGNED、SIGNED 和 SMALL_INT,并为其定义了相关的算术运算符和数据类型转换函数。

(3) STD_LOGIC_UNSIGNED 和 STD_LOGIC_SIGNED 程序包。

STD_LOGIC_UNSIGNED 和 STD_LOGIC_SIGNED 程序包都是预先编译在 IEEE 库中的 Synopsys 公司的程序包。这些程序包重载了可用于 INTEGER 型及 STD_LOGIC 和 STD_LOGIC_VECTOR 型混合运算的运算符,并定义了一个由 STD_LOGIC_VECTOR 型到 INTEGER 型的转换函数。这两个程序包的区别是,STD_LOGIC_SIGNED 中定义的运算符考虑到了符号,是有符号数的运算,而 STD_LOGIC_UNSIGNED 则是无符号数的运算。

(4) STANDARD 和 TEXTIO 程序包。

STANDARD 和 TEXTIO 程序包是 STD 库中的预编译程序包。STANDARD 程序包中定义了许多基本的数据类型、子类型和函数。TEXTIO 程序包中定义了支持文件操作的许多类型和子程序。在使用本程序包之前,需加语句 use std. textio. all。textio 程序包主要供仿真器使用。

5.5 时钟信号的描述

任何时序电路都以时钟信号为驱动信号,时序电路只是在时钟信号的边沿到来时,其状态才发生改变。因此,时钟信号通常是描述时序电路程序的执行条件。

1. 时钟边沿的描述

时钟边沿分上升沿和下降沿,一般的时序电路的同步点在上升沿,下降沿有效的情况也存在。为了描述时钟边沿事件,可以使用时钟信号的属性描述来达到。

关键词 EVENT 是信号属性,VHDL 通过以下语句来测定某信号的跳变边沿:

<信号名>' EVENT

其值为布尔型,如果正好有事件发生在该属性所附着的信号上(即信号有变化),则其取值为 TRUE,否则为 FALSE。利用此属性可决定时钟边沿是否有效,即时钟是否发生。

时钟信号发生跳变时,为区分其时钟信号是上升沿还是下降沿到来,可以从时钟信号的值是从 0 到 1 变化,还是从 1 到 0 变化中得到。当时钟信号发生跳变时,在 VHDL 中,意味着发生了一个事件,可用 CLK' EVENT 表示。上升沿跳变之后,当前值为 1,下降沿跳变之后,当前值为 0。

例:时钟信号为 clk。
(1)时钟脉冲的上升沿描述。
  clk'EVENT AND clk = '1'
即时钟变化了,且其值为 1(从 0 变化为 1),因此表示上升沿。
(2)时钟脉冲下降沿描述。
  clk'EVENT AND clk = '0'
即时钟变化了,且其值为 0(从 1 变化为 0),因此表示下降沿。

2. 时钟在程序中的表达方式

在 VHDL 描述中,时序信号可以用两种方式来体现。
(1)显式表达。
显式表达是指将时钟信号列入进程的敏感信号表,显式地出现在 PROCESS 语句后面的括号中,例如 PROCESS(clk)。时钟信号边沿的到来,将作为时序电路语句执行的条件,其语句格式如下:
PROCESS (时钟信号名,[其他敏感信号])
BEGIN
[IF 时钟边沿/电平表达式 THEN
 {语句;}
END IF;]
END PROCESS;

【例 5.31】 时钟信号使用进程的敏感信号。
PROCESS (clock _ signal)
BEGIN
IF(clock _ edge _ condition) THEN
 signal _ out< = signal _ in
 ……
 其他语句
 ……
 END IF;
END PROCESS;

例 5.31 中程序说明,该进程在时钟信号 clock _ signal 发生变化时被启动,而在 IF 语句中判断时钟边沿的条件为真时,才真正执行时序电路所要执行的语句。
(2)隐式表达。
隐式表达是指不将时钟列入进程的敏感信号表,而是将其作为进程中 WAIT ON 语句的条件,只有时钟信号到来且满足一定条件时,其余语句才能执行。其语句格式如下:
PROCESS
BEGIN
[WAIT ON 时钟信号名 UNTIL 时钟边沿/电平表达式
 {语句;}]

END PROCESS；
【例 5.32】 时钟信号使用进程中的 WAIT ON 语句。
PROCESS
BEGIN
WAIT ON（clock_signal）UNTIL（clock_edge_condition）
signal_out<=signal_in；
　……
　　其他语句
　……
END PROCESS；
在上面的格式中，"时钟边沿/电平表达式"表示可根据时序电路的具体类型选用边沿或电平表达形式。

在编写上述两个程序时应注意：
①无论 IF 语句还是 WAIT ON 语句，在对时钟边沿说明时，一定要注明是上升沿还是下降沿（前沿还是后沿），只说明是边沿是不行的。
②当时钟信号作为进程的敏感信号时，在敏感信号表中不能出现一个以上的时钟信号，除时钟信号以外，像复位信号等是可以和时钟信号一起出现在敏感表中的。
③WAIT ON 语句只能放在进程的最前面或者最后面。

5.6 复位、置位信号的描述

时序电路的初始状态一般由复位、置位信号来设置，有同步复位、置位和异步复位、置位两种工作方式。所谓同步复位、置位，就是在复位、置位信号有效且给定的时钟边沿到来时，时序电路才被复位、置位；而异步复位、置位则与时钟无关，一旦复位、置位信号有效，时序电路就立即被复位、置位。

5.6.1 同步方式

在用 VHDL 描述时，同步复位一定在以时钟为敏感信号的进程中定义，且用 IF 语句来描述必要的复位条件。其语句格式为：
PROCESS（时钟信号名）
　　IF 时钟边沿表达式 AND 复位/置位条件表达式 THEN
　　　　［复位/置位语句；］
　　　ELSE
　　　　［顺序语句；］
　　　END IF；
END PROCESS；
或
PROCESS

```
    BEGIN
      WAIT ON 时钟信号名 UNTIL 时钟边沿电平表达式
        IF 复位/置位条件表达式 THEN
          [复位/置位语句;]
        ELSE
          [顺序语句;]
        END IF;
    END PROCESS;
```

【例 5.33】 同步复位、置位 D 触发器
```
LIBRARY IEEE;
USE IEEE. STD _ LOGIC _ 1164. ALL;
ENTITY dff4 IS
PORT(clk,d,reset,set: IN STD _ LOGIC;
     q: OUT STD _ LOGIC);
END dff4;
ARCHITECTURE dff4 _ behave OF dff4 IS
BEGIN
  PROCESS(clk)
    BEGIN
  IF (clk'EVENT AND clk = '1') THEN
    IF (set = '0') THEN
      q<= '1';
    ELSIF (reset = '0') THEN
      q<= '0';
    ELSE
      q<=d;
    END IF;
  END IF;
    END PROCESS;
END dff4 _ behave;
```

例 5.33 是一同步复位、置位 D 触发器。此例中,敏感表中只有时钟信号,只有时钟到来时才启动进程,执行进程中的置位、复位功能以及 D 触发器逻辑功能。根据 IF 语句判断的先后,时钟优先级最高,置位次之,复位最低。

5.6.2 异步方式

描述异步复位、置位时,应将时钟信号和复位、置位信号同时加入到进程的敏感信号表中或 WAIT ON 语句后的信号表中,而且在执行时,需识别进程是由时钟激活还是由复位、置位信号激活,并分别执行相应的操作。其语句格式如下:

```
PROCESS(时钟信号,复位/置位信号)
BEGIN
    IF 复位/置位信号有效 THEN
        [复位/置位语句;]
    ELSIF 时钟边沿表达式 THEN
        [顺序语句;]
    END IF;
END PROCESS;
```

异步复位/置位在描述时与同步方式不同:首先在进程的敏感信号中除时钟信号以外,还应加上复位/置位信号;其次是用 IF 语句描述复位/置位条件;最后在 ELSIF 段描述时钟信号边沿的条件,并加上 EVENT 属性。其描述方式如例 5.32 所示。

【例 5.34】 异步复位的描述举例

```
PROCESS(clock,reset)
    BEGIN
        IF reset = '1' THEN
            count<= '0';
        ELSIF clock'EVENT AND clock = '1' THEN
            count<= count+1;
        END IF;
    END PROCESS;
```

例 5.34 是一个计数器的 VHDL 进程描述,且该计数器的复位方式是异步的。从格式上看,IF 语句第一个判断条件为 reset 信号是否有效,若有效,则复位,该复位信号与时钟信号无关,故为异步复位。在判断 reset 信号无效的情况下,ELSIF 语句判断时钟上升沿是否到来,若为真,则顺序执行 THEN 后面的加 1 语句,实现计数器的功能。

本章小结

本章对 VHDL 所提供的常用语句以及子程序、程序包、时钟、复位信号等进行了详细的讨论,读者要想真正掌握 VHDL,就必须熟练地掌握这些内容,以通过这些语句来实现各种硬件电路的功能描述。只有掌握了这些语句,才能够编写出思路清晰、简单和实用性较强的代码。原则上通过这些语句可以实现任何复杂的硬件电路,实际上功能描述要受到综合工具和具体器件的限制,这样会限制一些语句的使用,读者要注意这一点。

习 题

1. 信号赋值和变量赋值在描述和使用时有哪些主要区别?
2. 顺序描述语句有什么特征,哪些语句是顺序描述语句?
3. 并行信号赋值语句有哪几种形式? 试将这几种形式做比较。
4. 进程的启动条件是什么?
5. 有人说,进程中的语句是可以任意颠倒的,这样做并不会改变所描述电路的功能,这种说法对吗？为什么？请举例说明。

6. 试用 IF 语句设计一个 4-16 译码器。

7. 试用 CASE 语句设计一个 4-16 译码器。

8. 试比较 IF 语句和 CASE 语句使用场合的差别。若想设计优先级编码器,这两种语句是否都可行？

9. CASE 语句中,在什么情况下可以不用 WHEN OTHERS 语句？在什么情况下必须要用 WHEN OTHERS 语句？

10. FOR 循环语句应用于什么场合,循环变量怎么取值,是否需要事先在程序中定义？

11. 进程语句和并行赋值语句之间有什么对应关系？进程之间通信是通过什么方法来实现的？

12. 放在进程内和进程外的形式完全一样的两个信号赋值语句有何本质上的差别？试举例说明。

第 6 章

状态机的 VHDL 设计

【内容提要】
在数字系统设计中,有限状态机是一种十分重要的时序逻辑电路,它不同于一般的时序逻辑电路,不像计数器、寄存器那么简单,状态机的变化状态和规律需要精心设计与规划。本章将介绍有限状态机的基本概念,重点介绍用 VHDL 设计不同类型的有限状态机的方法。

6.1 有限状态机的基本概念

1. 有限状态机的组成

有限状态机由次态逻辑、状态寄存器和输出逻辑组成,其结构框图如图 6.1 所示。

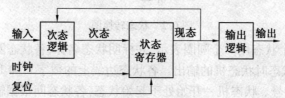

图 6.1 有限状态机结构框图

(1) 次态逻辑:在输入信号和现态作用下,经过组合逻辑电路产生次态。
(2) 状态寄存器:存储有限状态机的内部状态。在时钟信号的作用下,现态随次态变化。复位信号用于置初始状态,在时钟作用下的复位是同步复位,不受时钟控制的直接复位是异步复位。
(3) 输出逻辑:在现态作用下,经过组合逻辑电路而产生输出信号。

2. 有限状态机的分类

根据信号输出形式,有限状态机分为 Moore(摩尔)型和 Mealy(米里)型状态机。输出信号仅与当前状态(现态)有关的有限状态机称为 Moore(摩尔)型有限状态机。输出信号不仅与当前状态(现态)有关,而且还与所有的输入信号有关的有限状态机称为 Mealy(米里)型有限状态机。

根据程序结构,有限状态机分为单进程状态机、双进程状态机、三进程状态机,其中双进程状态机和三进程状态机被广泛使用。

3. 有限状态机的设计流程

在数字系统设计中,有限状态机是一种十分重要的时序逻辑电路,它不同于一般的时序逻辑电路,不再像计数器、寄存器那么简单,状态机的变化状态和规律需要精心设计与规划。

(1)根据问题背景,进行逻辑抽象。

了解设计问题的相关细节和重点,这是非常重要的,将其进行逻辑抽象。

(2)设计状态转换图,并化简。

状态转换图是实际问题与状态机之间的桥梁,它能够直接地说明状态机的主要要素。在状态转换图中给出设计中各个状态的转换关系以及转换条件。

例如某一序列检测器,检测出的序列流为"1111",当输入信号为"1111"时,输出高电平,否则输出低电平,其状态转换图如图6.2所示。

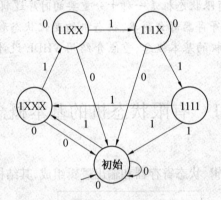

图6.2 状态转换图

图6.2中每一个状态用一个圆圈表示,并标明状态名称,各状态圆圈中括号外的数字0或1表示处于该状态时状态机的输出。各状态边线上的数字0和1表示状态转换的条件,在这里是输入信号。状态机一开始处于起始状态,各状态间根据输入信号的不同按照图6.2相互转移。当状态转移到1111时,输出高电平,否则输出低电平。此为Moore型状态机。

绘制出状态转换图后,就能很容易地使用VHDL描述状态机了。电路中的状态越少,硬件资源的耗费也就越少。若电路中出现相同输入下进入相同的次态,并得到相同的输出,这种状态称为等价状态,要将此类状态合并,避免浪费资源,从而得到最简的状态转换图。

(3)进行状态编码,并用VHDL进行状态机描述。

在状态机的编码方案中,有二进制编码和一位热码两种重要的编码方法。在实际应用中,根据状态机的复杂程度、所使用的器件系列和从非法状态退出所需的条件来选择最适合的编码方案,使之能确保高效的性能和资源的利用。

完成以上步骤,进入VHDL的状态机描述,通常把有限状态机中的所有状态用case语句来描述,把有限状态机中的状态转移、转换条件等用if语句来实现。

4. 为什么要使用状态机

在数字系统设计中,有很多逻辑都可以用 VHDL 的有限状态机设计方案来描述和实现。无论与基于 VHDL 的其他设计方案相比,还是与可完成相似功能的 CPU 相比,在很多方面,有限状态机都有其难以超越的优越性,表现在以下几个方面:

(1)状态机是根据控制信号按照预先设定的状态进行顺序运行的,状态机是硬件数字系统中的顺序控制模型。

(2)状态机结构相对简单,设计方案相对固定,可以定义符号化枚举类型的状态,使其发挥出强大的优化功能。

(3)状态机的 VHDL 程序层次分明,结构清晰,易读易懂,在模块移植方面比较便捷。

(4)一个状态机可以由多个进程构成,一个结构体中可以包含多个状态机,而其中的一个状态机或多个并行运行的状态机以顺序方式所能完成的运算和控制方面的工作与一个 CPU 的功能类似。

(5)性能可靠,容易构成良好的同步时序逻辑模块。

6.2 有限状态机的 VHDL 设计

1. 有限状态机的基本结构

有限状态机一般包含状态机说明部分和进程部分。

(1)状态机说明部分。

状态机说明部分一般放在 architecture 和 begin 之间,使用 TYPE 的定义新数据类型为状态类型,状态类型常采用枚举类型,其元素用文字符号作为其状态名;使用 signal 语句定义状态变量(如现态和次态),信号数据类型定义为 type 语句中定义的新数据类型。

例如:

ARCHITECTURE … IS

TYPE new_state IS (s0 ,s1 ,s2 ,s3);

SIGNAL present_state , next_state :new_state;

…

BEGIN

…;

其中新数据类型名是 new_state,其状态类型名分别为 s0、s1、s2、s3,使其表达状态机的 4 个状态。SIGNAL 定义信号的状态变量名为 present_state、next_state,将这两个信号定义为新数据类型 new_state,且变量的取值范围也只限于 s0、s1、s2、s3。

(2)状态机进程部分。

状态机进程部分通常包括主控时序进程、主控组合进程和辅助进程 3 个部分。

主控时序进程主要负责状态机运转和在时钟驱动下负责状态转换的进程,一般主控时序进程不负责下一个状态的具体状态取值;主控组合进程的任务是根据外部输入的控制信号(包括来自状态机外部的信号和来自状态机内部的其他信号)和当前的状态值确定下一状态的取值;辅助进程主要是配合状态机工作的组合进程或时序进程。

2. VHDL 描述的状态机

(1)三进程状态机基本结构。
P1:PROCESS(clk,rst)   --主控时序进程
BEGIN
IF rst='1' THEN present_state<=初始状态;
ELSIF clk'EVENT AND clk='1' THEN
  Present_state<=next_state;   --时钟上升沿到来时,由现态转入次态
END IF;
END PROCESS;
P2:PROCESS(present_state,输入信号) --输入组合进程,即状态转移进程,根据现
                                      态和输入条件,给次态赋值
    BEGIN
     CASE present_state IS
      WHEN 初始状态 => IF 转换条件 THEN 次态赋值;…… END IF;
       ……   --其他所有状态的描述
     END CASE;
    END PROCESS;
P3:PROCESS(present_state,输入信号) --输出组合进程(moore 型)
    BEGIN
     CASE present_state IS
      WHEN 初始状态 =>   输出赋值; --输出值仅由当前状态决定
       ……   --其他所有状态的描述

     END CASE;
    END PROCESS;
或者
P3:PROCESS(present_state,输入信号)   --输出组合进程(mealy 型)
    BEGIN
     CASE present_state IS
      WHEN 初始状态 => IF 输入信号的变化 THEN 输出赋值;…… END IF;
       --输出值由当前状态值与输入信号共同决定
       ……
     END CASE;
END PROCESS;
(2)双进程状态机基本结构。
如上例,进程 P1 不变,将进程 P2 和 P3 可以合为一个进程 P4,如下所示。
P4:PROCESS(present_state,输入信号)--输出描述进程(moore 型)
    BEGIN

```
CASE present_state IS
  WHEN 初始状态 =>  IF  转换条件 THEN 次态赋值; END IF;
                   IF  转换条件 THEN 次态赋值; END IF;
  ……
  END CASE;
END PROCESS;
```

双进程状态机中,进程 P1 是一个时序进程,时钟上升沿到来时,实现状态转换;进程 P2 是一个组合进程,根据当前状态和输入信号,决定下一个状态的取值和输出值。

若将两个进程合并成一个进程,则为单进程状态机结构,单进程状态机适用于简单的设计,不适用于复杂的状态机描述,由于语句嵌套过多,可读性差,不利于 EDA 软件优化,故在此不进行叙述。建议描述状态机时使用双进程和三进程的方式。

6.3 Moore 型状态机设计

Moore 型状态机的输出仅与当前状态(现态)有关,即输出仅为当前状态的函数,与外部输入无关。这类状态机在输入发生变化时还必须等待时钟的到来,时钟使状态发生变化时才导致输出的变化。Moore 状态机结构框图如图 6.3 所示。

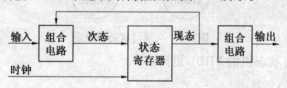

图 6.3 Moore 状态机结构框图

【例 6.1】 设计一个交通灯状态机。要求十字路口的交通灯在 A 方向和 B 方向各有红、黄、绿 3 盏,每 10 s 变换一次。

(1)逻辑抽象。

交通灯变换顺序见表 6.1。

表 6.1 交通灯功能表

A 方向	B 方向
绿	红
黄	红
红	绿
红	黄

(2)进行状态编码。

设编码中 '1' 为亮,'0' 为灭。则根据实际要求,进行状态编码见表 6.2。

表6.2 交通灯状态编码表

状态	A方向 （红绿黄）	B方向 （红绿黄）
S0	0 1 0	1 0 0
S1	0 0 1	1 0 0
S2	1 0 0	0 1 0
S3	1 0 0	0 0 1

（3）设计状态转换图。

s0~s4共4个状态在10 s的时钟信号控制下，顺序循环执行这4个状态。交通灯状态转换图如图6.4所示。

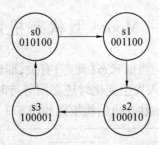

图6.4 交通灯状态转换图

（4）进行交通灯状态机的VHDL设计。

```
LIBRARY IEEE;
USE IEEE.STD_LOGIC_1164.ALL;
ENTITY jtd IS
   PORT( clk:IN STD_LOGIC;
         zo:OUT STD_LOGIC_VECTOR(5 DOWNTO 0));
END jtd;
ARCHITECTURE a OF jtd IS
TYPE STATE IS (s0,s1,s2,s3);
SIGNAL pstate :STATE;
BEGIN
  PROCESS(clk)
  BEGIN
    IF (clk'EVENT AND clk='1') THEN
    CASE pstate is
      WHEN s0=>    pstate<=s1;
      WHEN s1=>    pstate<=s2;
      WHEN s2=>    pstate<=s3;
      WHEN s3=>pstate<=s0;
```

```
        END CASE;
      END IF;
    END PROCESS;
    ZO<="010100" WHEN pstate=s0 ELSE
        "001100" WHEN pstate=s1 ELSE
        "100010" WHEN pstate=s2 ELSE
        "100001";
END a;
```

编译并仿真,得到交通灯仿真波形图如图6.5所示。

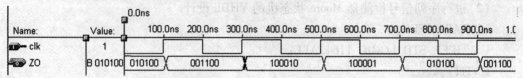

图6.5 交通灯仿真波形图

【例6.2】 用VHDL语言设计一个序列检测器Moore状态机,用以检测"1101001"序列。

序列检测器就是将一个指定序列从数字码流中识别出来。本例将设计一个"1101001"序列的检测器,设d为数字码流的输入,z为检测出标记输出,当z输出高电平时,表示发现指定的序列"1101001"。例如当前码流为"0011010010001101001",见表6.3。

表6.3 序列检测器功能表

clk	1	2	3	4	5	6	7	8	9	10	11	12	13	14	15	16	17	18	19
d	0	0	1	1	0	1	0	0	1	0	0	0	1	1	0	1	0	0	1
z	0	0	0	0	0	0	0	0	1	0	0	0	0	0	0	0	0	0	1

在时钟3~9码流d出现指定序列"1101001",对应输出z在时钟9输出'1',表示发现指定序列。同样,在时钟13~19码流d出现指定序列"1101001",对应输出z在时钟19输出'1'。

(1)进行状态编码。

序列检测器的Moore机状态表见表6.4。

表6.4 序列检测器的Moore机状态表

现 态	次态		输出 z
	d=0	d=1	
s0	s0	s1	0
s1	s0	s2	0
s2	s3	s2	0
s3	s0	s4	0

续表 6.4

现态	次态		输出 z
	d=0	d=1	
s4	s5	s1	0
s5	s6	s1	0
s6	s0	s7	0
s7	s0	s1	1

(2)进行序列信号检测器 Moore 状态机的 VHDL 设计。

```
LIBRARY IEEE;
USE IEEE.STD_LOGIC_1164.ALL;
ENTITYmoore IS
PORT(clk,rst,d: IN STD_LOGIC;
        z: OUT STD_LOGIC);
END moore;
ARCHITECTURE arc OF moore IS          --moore:输出只和当前状态有关;
TYPE state_type IS(s0,s1,s2,s3,s4,s5,s6,s7);
SIGNAL state:state_type;
BEGIN
    PROCESS(clk,rst)
    BEGIN
      IF rst='1' THEN            --1101001
          state<=s0;
      ELSIF(clk'EVENT AND clk='1') THEN
        CASE state IS             --1101001
          WHEN s0 =>
            IF d='1' THEN
                state<=s1;
            ELSE
                state<=s0;
            END IF;
          WHEN s1 =>
            IF d='1' THEN
                state<=s2;
            ELSE
                state<=s0;
            END IF;
```

```
            WHEN s2 =>
              IF d='0' THEN
                     state<=s3;
              ELSE
                     state<=s2;
              END IF;
            WHEN s3 =>
              IF d='1' THEN
                     state<=s4;
              ELSE
                     state<=s0;
              END IF;
            WHEN s4 =>
              IF d='0' THEN
                     state<=s5;
              ELSE
                     state<=s1;
              END IF;
            WHEN s5 =>                --1101001
              IF d='0' THEN
                     state<=s6;
              ELSE
                     state<=s1;
              END IF;
            WHEN s6 =>
              IF d='1' THEN
                     state<=s7;
              ELSE
                     state<=s0;
              END IF;
            WHEN s7 =>
              IF d='1' THEN
                     state<=s1;
              ELSE
                     state<=s0;
              END IF;
        END CASE;
      END IF;
```

```
END PROCESS;
PROCESS(state,d)
BEGIN
    CASE state IS
        WHEN s6 =>
            IF d='1' THEN
                z<='1';
            ELSE
                z<='0';
            END IF;
        WHEN OTHERS =>
            z<='0';
    END CASE;
END PROCESS;
END arc;
```

(3) 编译并仿真,得到序列检测器 Moore 状态机仿真波形图如图 6.6 所示。

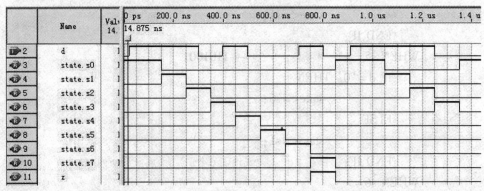

图 6.6 序列检测器 Moore 状态机仿真波形图

由图 6.6 可知,当输入 d 端依次输入"1101001"时,当检测到最后一位输入正确,需要等待下一个状态 S7 到来时,z 端才会跳为高电平,即 Moore 状态机只与当前状态有关。当处于时钟上升沿时,state 中各状态依照输入数据依次跳变。

6.4 Mealy 型状态机设计

与 Moore 状态机相比,Mealy 状态机的输出变化要领先一个周期,即一旦输入信号或状态发生变化,输出信号即刻发生变化。Moore 状态机和 Mealy 状态机在设计上基本相同,稍有不同的是,Mealy 状态机的组合进程中的输出信号是当前状态和当前输入的函数。Mealy 状态机结构框图如图 6.7 所示。

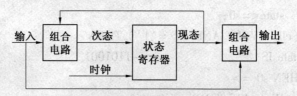

图 6.7 Mealy 状态机结构框图

【例 6.3】 用 VHDL 语言设计一个序列检测器 Mealy 状态机,用以检测"1101001"序列。

(1)进行状态编码。

序列检测器的 Mealy 机状态表见表 6.5。

表 6.5 序列检测器的 Melay 机状态表

现 态	次态/输出	
	d=0	d=1
S0	S0/0	S1/0
S1	S0/0	S2/0
S2	S3/0	S2/0
S3	S0/0	S4/0
S4	S5/0	S1/0
S5	S6/0	S1/0
S6	S0/1	S0/0

(2)进行序列信号检测器 Moore 状态机的 VHDL 设计。
LIBRARY IEEE;
USE IEEE.STD_LOGIC_1164.ALL;
ENTITY melay IS
PORT(clk,rst,d: IN STD_LOGIC;
    z: OUT STD_LOGIC);
END melay;
ARCHITECTURE arc OF melay IS
TYPE state_type IS(s0,s1,s2,s3,s4,s5,s6);
SIGNAL state: state_type;
BEGIN
    PROCESS(clk,rst)
    BEGIN
        IF rst='1' THEN

```
                state<=s0;
        ELSIF (clk'EVENT AND clk ='1') THEN
            CASE state IS                    --1101001
                WHEN s0 =>
                    IF d='1' THEN
                        state<=s1;
                    ELSE
                        state<=s0;
                    END IF;
                WHEN s1 =>
                    IF d='1' THEN
                        state<=s2;
                    ELSE
                        state<=s0;
                    END IF;
                WHEN s2 =>
                    IF d='0' THEN
                        state<=s3;
                    ELSE
                        state<=s2;
                    END IF;
                when s3 =>
                    IF d='1' THEN
                        state<=s4;
                    ELSE
                        state<=s0;
                    END IF;
                WHEN s4 =>
                    IF d='0' THEN
                        state<=s5;
                    ELSE
                        state<=s1;
                    END IF;
                WHEN s5 =>                    --1101001
                    IF d='0' THEN
                        state<=s6;
                    ELSE
                        state<=s1;
```

```
            END IF;
          WHEN s6 =>
            IF d = '1' THEN
                state<=s0;
            ELSE
                state<=s0;
            END IF;
      END CASE;
    END IF;
  END PROCESS;
  PROCESS(state,d)
  BEGIN
    CASE state IS
      WHEN s6 =>
        IF d = '1' THEN
            z<='1';
        ELSE
            z<='0';
        END IF;
      WHEN OTHERS =>
            z<='0';
    END CASE;
  END PROCESS;
END arc;
```

(3)进行仿真设置并仿真,波形图如图 6.8 所示。

rst 为复位端,高电平有效,返回最初状态;clk 为时钟信号输入端口,state 由 s0~s6 表示 mealy 机中各步状态;当检测序列为"1101001"时,z 输出高电平。

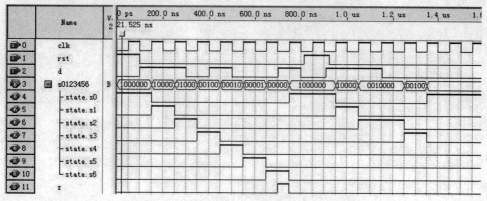

图 6.8 序列检测器 Mealy 状态机仿真波形图

由于设计的 Mealy 状态机与上节设计的 Moore 检测序列功能相同,不同之处在于 Moore 状态机比 Mealy 状态机多了一个状态 S7,当状态到达 S7 时,z 端才跳变为高电平,而 Mealy 状态机则比 Moore 状态机少了一个时钟周期,无 S7 状态,当到达最后一个状态 S6 时输入为'1',则 z 端立刻跳变为高电平。

根据 mealy 状态表和序列检测器相应功能验证,当 rst='1'时,不管当前状态为何,都将被初始为最初态 s0;当输入 d 端依次输入"1101001"时,当检测到最后一位输入正确并且 d=1,z 端才会跳为高电平,即 mealy 状态机不仅与当前状态有关,还与输入信号有关。当处于时钟上升沿时,state 中各状态依照输入数据依次跳变。

本章小结

状态机作为一种特殊的时序电路,可以有效地管理系统执行的步骤,它不仅仅是一种电路,更是一种设计思想。本章通过用 VHDL 语言对 Mealy 状态机和 Moore 状态机进行设计,用不同的状态机设计序列检测器,而对两种状态机的区别有了更深刻的了解。Moore 状态机输出只与当前状态有关,而 mealy 机输出与当前状态和输入信号有关。熟练掌握状态机的设计方法和 VHDL 描述可以迅速提升设计者的硬件电路设计水平。

习 题

1. 什么是有限状态机?一般有限状态机都包括哪些部分?分为哪两种类型的状态机?
2. 简述 Mealy 型状态机和 Moore 型状态机的主要区别?
3. 用 VHDL 语言设计一个 Mealy 机以检测"1111"序列。
4. 用 VHDL 语言设计一个 Moore 机以检测"1001"序列。

第 7 章

常用单元电路的 VHDL 程序设计

【内容提要】

在前面的章节里,对 VHDL 的基本概念、基本语法、常用语句以及利用 VHDL 描述硬件电路的设计方法进行了很详细的介绍,并且从学习语言的角度出发介绍了一些实际硬件电路的 VHDL 描述。本章将从硬件电路设计的角度出发,利用前面 VHDL 基本知识,深入地掌握用 VHDL 进行硬件电路功能具体描述的方法。

本章主要介绍组合逻辑电路及时序逻辑电路的 VHDL 设计。数字电路包括两大类,一类是组合逻辑电路,一类是时序逻辑电路。组合逻辑电路在任何时刻的输出状态只取决于该时刻的输入状态,而与原来的状态无关。即输出、输入之间没有反馈延迟,且不包含记忆性元件(触发器),仅由门电路构成的数字电路。组合逻辑电路主要包括门电路、编码器、译码器、多路选择器、比较器、加法器等,时序逻辑电路主要包括触发器、锁存器、计数器、分频器、寄存器、顺序脉冲发生器等,本章将对这些常用单元电路进行 VHDL 设计。另外,本章所有程序都是在 MAX+plus Ⅱ 软件上运行调试的。

7.1 门电路

门电路是构成所有组合逻辑电路的基本电路,因此在进行比较复杂的组合逻辑电路描述前,先要掌握基本门电路的 VHDL 描述,下面用 VHDL 语言,以二输入与门电路为例进行功能描述。二输入与门电路符号如图 7.1 所示,真值表见表 7.1。

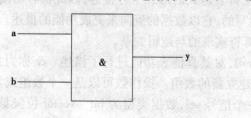

图 7.1 二输入与门电路符号

表 7.1 二输入与门真值表

a	b	y
0	0	0
0	1	0
1	0	0
1	1	1

【例7.1】 二输入与门 VHDL 设计实例

源代码一：
```
ENTITY and2 IS
  PORT(a,b:IN BIT;
        y:OUT BIT);
END ENTITY and2;
ARCHITECTURE one OF and2 IS
  BEGIN
  y<=a and b;
END ARCHITECTURE one;
```

源代码二：
```
ENTITY and2 IS
  PORT(a,b:IN BIT;
        y:OUT BIT);
END ENTITY and2;
ARCHITECTURE one OF and2 IS
  signal sel:bit_vector(0 to 1);
    BEGIN
      sel<=b&a;
      y<='0' when sel="00" else
         '0' when sel="01" else
         '0' when sel="10" else
         '1';
END ARCHITECTURE one;
```

上例是二输入与门的 VHDL 描述。

①实体描述部分：定义了该与门的2个输入信号 a、b,1个输出端口 y。端口数据类型为位类型。

②结构体描述部分：源代码一，是二输入与门的行为描述，源代码二是二输入与门的数据流描述。从中可以看到，行为描述与逻辑表达式的形式十分接近，因此很容易阅读；而数据流描述则是以真值表为根据进行编写的，它以数据的流向来完成功能的描述。

③源代码一采用的是 AND 与逻辑运算符实现的与逻辑关系。

④源代码二采用的是条件信号赋值语句，对其真值表功能进行了描述。& 称为并置运算符，并置运算符 & 通过连接操作数来建立新的数组。操作数可以是一个数组或数组中的一个元素。在结构体说明部分定义一个信号 sel，数据类型为 bit_vector 位矢量，其后的括号内必须定义其位宽，格式如下：

  整数表达式 TO   整数表达式
  整数表达式 DOWNTO 整数表达式

其中 TO 表示序列由低到高，如："2 TO 8"；DOWNTO 表示序列由高到低，如：

8 DOWNTO 2。

上例中使用的是序列由高到低 TO 格式描述。

二输入与门的仿真波形如图 7.2 所示。

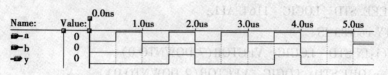

图 7.2 二输入与门的仿真波形图

7.2 8-3 线编码器

为了区分一系列不同的事物,将其中的每一个事物用一个二进制代码来表示,这就是编码的含义。在二进制逻辑电路中,信号都是以高、低电平的形式表示的,因此编码器的逻辑功能就是把输入的每一个高、低电平的信号编写成一个对应的二进制代码。

以下介绍 8-3 线编码器。8-3 线编码器的逻辑符号如图 7.3 所示,真值表见表 7.2。

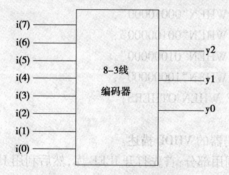

图 7.3 8-3 线编码器逻辑符号

表 7.2 8-3 线编码器真值表

i(7)	i(6)	i(5)	i(4)	i(3)	i(2)	i(1)	i(0)	y(2)	y(1)	y(0)
0	0	0	0	0	0	0	1	0	0	0
0	0	0	0	0	0	1	0	0	0	1
0	0	0	0	0	1	0	0	0	1	0
0	0	0	0	1	0	0	0	0	1	1
0	0	0	1	0	0	0	0	1	0	0
0	0	1	0	0	0	0	0	1	0	1
0	1	0	0	0	0	0	0	1	1	0
1	0	0	0	0	0	0	0	1	1	1

i0～i7 是一组互相排斥的输入变量,任何时刻只能有一个端输入有效信号。

【例 7.2】 8-3 线编码器的 VHDL 设计实例

```
LIBRARY IEEE;
USE IEEE.STD_LOGIC_1164.ALL;
ENTITY code83 IS
PORT(i:IN STD_LOGIC_VECTOR(7 DOWNTO 0);
     y:OUT STD_LOGIC_VECTOR(2 DOWNTO 0));
END;
ARCHITECTURE a OF code83 IS
BEGIN
    WITH i SELECT
        y<="000" WHEN "00000001",
           "001" WHEN "00000010",
           "010" WHEN "00000100",
           "011" WHEN "00001000",
           "100" WHEN "00010000",
           "101" WHEN "00100000",
           "110" WHEN "01000000",
           "111" WHEN "10000000",
           "XXX" WHEN OTHERS;
END;
```

例 7.2 是 8-3 线编码器的 VHDL 描述。

①库声明及程序包调用部分:首先打开 IEEE 库,然后利用 USE 语句调用了该库中的 STD_LOGIC_1164 程序包,以便在程序中可以使用 STD_LOGIC_VECTOR 等数据类型。

②实体描述部分:描述了该编码器要使用的输入、输出端口。其中端口数据类型为 STD_LOGIC_VECTOR,其后的括号内必须定义其位宽,位宽定义格式同例 7.1。

该例是将 2^3 个输入信号编码成 3 位的二进制代码。8-3 线编码器的输入信号 i 为 8 位,输出信号 y 为 3 位。

③结构体描述部分:采用数据流描述方式对编码器进行了描述。在结构体功能描述部分,使用选择信号赋值语句对其编码功能进行了描述。选择信号赋值语句与进程中的 CASE 语句作用相似,不允许有条件重叠的现象,也不允许存在条件涵盖不全的情况,因此程序中所有的 WHEN 后面的条件值没有重复的,且最后一条赋值语句用 OTHERS 代表所列选择值以外的其他所有的选择值,此语句不能省略。其中"X"代表强未知的,它是 STD_LOGIC 数据类型中所包含的九值逻辑之一。

8-3 线编码器的仿真波形如图 7.4 所示。

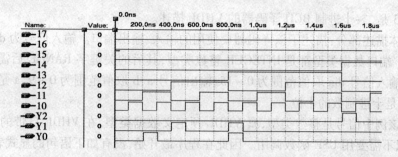

图 7.4　8-3 线编码器的仿真波形图

由图可知,当输入信号 i 为 00000001 时,将其编码为 000 赋给输出信号 y,依此类推,实现 8-3 线编码器真值表中的所有功能。

7.3　译　码　器

译码是编码的逆过程,就是将输入的二进制代码转换成与代码对应的信号。能实现译码功能的组合逻辑电路称为译码器。若译码器输入的是 n 位二进制代码,则其输出的端子数 $N \leqslant 2n$。若 $N=2n$ 称为完全译码,$N<2n$ 称为部分译码。按照功能的不同,通常可以把译码器分为二进制译码器、二-十进制译码器和显示译码器 3 种。本节针对后两种译码器进行 VHDL 描述。

7.3.1　二-十进制 BCD 译码器

二-十进制 BCD 译码器是将 BCD 码转换为十进制码。

【例 7.3】　二-十进制 BCD 译码器的 VHDL 设计实例

```
ENTITY bcdm IS
PORT(din:IN INTEGER RANGE 15 DOWNTO 0;
    a,b:OUT INTEGER RANGE 9 DOWNTO 0);
END;
ARCHITECTURE a OF bcdm IS
BEGIN
  PROCESS(din)
  BEGIN
    IF din<10 THEN
      a<=din;b<=0;
    ELSE
      a<=din-10;b<=1;
    END IF;
  END PROCESS;
END;
```

例 7.3 是二-十进制 BCD 译码器的 VHDL 描述。

①实体描述部分:描述了该译码器要使用的输入、输出端口。输入信号为 din,输出信号为 a,b。端口数据类型都是 INTEGER 整数类型,其后的关键字 RANGE 后需定义其取值范围。输入信号 din 取值范围为 0~15;输出信号 a、b 取值范围为 0~9,a 是十进制数的个位,b 是十进制数的十位。

由于该例中信号是整数类型,属 VHDL 预定义数据类型,在 VHDL 自带的 STD 库中定义,所以不需要用 USE 函数调用。因此在程序最开始,没有如下语句的显式表达。

LIBRARY IEEE;
USE IEEE.STD_LOGIC_1164.ALL;

②结构体描述部分:采用行为描述方式对译码器进行了描述。在结构体功能描述部分,使用一个进程语句,以 PROCESS 开始,到 END PROCESS 结束。进程语句本身属并行语句,但其内部使用的是顺序语句。该例中,当进程敏感信号表中 din 信号发生变化时启动该进程,否则该进程被挂起。IF 语句属顺序描述语句。

在进程中用 IF 语句描述了二-十进制 BCD 译码器的逻辑功能。

IF din<10 THEN
  a<=din;b<=0;
ELSE
  a<=din-10;b<=1;
END IF;

当输入信号 din<10 时,b(十位)= 0,a(个位)= 输入信号 din;当输入信号 din>10 时,b(十位)= 1,a(个位)= 输入信号 din-10。

二-十进制 BCD 译码器的功能仿真波形如图 7.5 所示。从二-十进制 BCD 译码器仿真波形图可以看出,当输入信号值小于 10 时,输出信号的个位 a 等于输入信号的个位,十位等于 0;当输入信号大于 9 且小于 16 时,输出信号的个位等于输入信号的个位,十位等于 1。

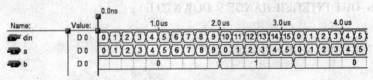

图 7.5　二-十进制 BCD 译码器的仿真波形图

7.3.2　显示译码器

在数字系统中,经常需要将数字、文字、符号的二进制代码翻译成人们习惯的形式,直观地显示出来,以便直接进行读数。目前广泛使用的是七段字符显示器,或者称为七段数码管,这种显示器是由七段可发光的二极管组成的。

七段显示译码器的设计方框图如图 7.6 所示,示意图如 7.7 所示。此处假设七段显示器为共阴极数码管,所以输出是高电平有效(点亮)。

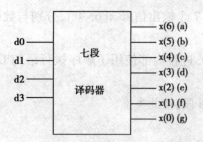

图7.6 七段显示译码器设计方框图

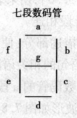

图7.7 七段显示译码器示意图

【例7.4】 七段显示译码器的 VHDL 设计实例
LIBRARY IEEE;
USE IEEE. STD _ LOGIC _ 1164. ALL;
ENTITY decoder IS
  PORT(d:IN STD _ LOGIC _ VECTOR(3 DOWNTO 0);
      x:OUT STD _ LOGIC _ VECTOR(6 DOWNTO 0));
END decoder;
ARCHITECTURE a OF decoder IS
  BEGIN
    PROCESS(d)
      BEGIN
      CASE d IS
        WHEN "0000" =>x<= "1111110";
        WHEN "0001" =>x<= "0110000";
        WHEN "0010" =>x<= "1101101";
        WHEN "0011" =>x<= "1111001";
        WHEN "0100" =>x<= "0110011";
        WHEN "0101" =>x<= "1011011";
        WHEN "0110" =>x<= "1011111";
        WHEN "0111" =>x<= "1110000";
        WHEN "1000" =>x<= "1111111";
        WHEN "1001" =>x<= "1110011";
        WHEN OTHERS=>x<= "0000000";
    END CASE;
  END PROCESS;
END a;
例7.4 是七段显示译码器的 VHDL 描述。
①实体描述部分:描述了该显示译码器要使用的输入、输出端口。该显示译码器有4

个输入信号 d[3..0]，用来表示 0000 到 1111。有 7 个输出信号 x[6..0]，分别与数码管 a、b、c、d、e、f、g 段相连。

②结构体描述部分：使用进程语句 PROCESS，进程内部使用了顺序执行语句 CASE 语句。CASE 语句的相关语法内容详见第 5 章。

x(6)对应数码管的 a 段，x(5)对应数码管的 b 段，依此类推。

功能仿真波形如图 7.8 所示。

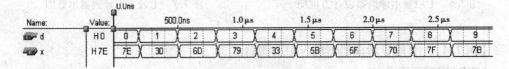

图 7.8　二输入与门的仿真波形图

从七段显示译码器仿真波形图可以看出：

当输入 d="0000"时，输出 x="1111110"，即十六进制数为 7E，数码管显示 0；
当输入 d="0001"时，输出 x="0110000"，即十六进制数为 30，数码管显示 1；
当输入 d="0010"时，输出 x="1101101"，即十六进制数为 6D，数码管显示 2；
当输入 d="0011"时，输出 x="1111001"，即十六进制数为 79，数码管显示 3；
当输入 d="0100"时，输出 x="0110011"，即十六进制数为 33，数码管显示 4；
当输入 d="0101"时，输出 x="1011011"，即十六进制数为 5B，数码管显示 5；
当输入 d="0110"时，输出 x="1011111"，即十六进制数为 5F，数码管显示 6；
当输入 d="0111"时，输出 x="1110000"，即十六进制数为 70，数码管显示 7；
当输入 d="1000"时，输出 x="1111111"，即十六进制数为 7F，数码管显示 8；
当输入 d="1001"时，输出 x="1111011"，即十六进制数为 7B，数码管显示 9；

WHEN OTHERS=>x<="0000000"语句表示当输入 d 为"0000"~"1001"以外的其他状态，将数码管各段送 0，实现数码管消隐功能。

7.4　多路选择器

多路选择器又被称为数据选择器或多路开关，其功能是把多路并行数据选通一路送到唯一的输出线上，以形成总线的传输。多路选择器有 2^N 条输入线、1 条输出线，同时还有 N 条数据选择线。在输入信号中选择哪一路数据，要由选择线上的二进制信号来决定。所以多路选择器可以想象成具有二进制编码的可控开关，由编码控制选通输入信息。

下面介绍八选一数据选择器，其真值表见表 7.3。

表7.3 八选一数据选择器真值表

sel(2)	sel(1)	sel(0)	Y
0	0	0	din(0)
0	0	1	din(1)
0	1	0	din(2)
0	1	1	din(3)
1	0	0	din(4)
1	0	1	din(5)
1	1	0	din(6)
1	1	1	din(7)

【例7.5】 八选一数据选择器的 VHDL 设计实例

源代码一：用 IF 语句编写。

```
LIBRARY IEEE;
USE IEEE.STD_LOGIC_1164.ALL;
ENTITY mux8 IS
  PORT(din:IN STD_LOGIC_VECTOR(7 DOWNTO 0);
       sel:IN STD_LOGIC_VECTOR(2 DOWNTO 0);
       y:OUT STD_LOGIC);
END;
ARCHITECTURE a1 OF mux8 IS
  BEGIN
    PROCESS(din,sel)
      BEGIN
        IF(sel="000") THEN
          y<=din(0);
        ELSIF(sel="001") THEN
          y<=din(1);
        ELSIF(sel="010") THEN
          y<=din(2);
        ELSIF(sel="011") THEN
          y<=din(3);
        ELSIF(sel="100") THEN
          y<=din(4);
        ELSIF(sel="101") THEN
          y<=din(5);
        ELSIF(sel="110") THEN
```

```
            y<= din(6);
        ELSE
            y<=din(7);
        END IF;
    END PROCESS;
END;
```

源代码二：用 CASE 语句编写。

```
LIBRARY IEEE;
USE IEEE.STD_LOGIC_1164.ALL;
ENTITY mux8case IS
    PORT(din:IN STD_LOGIC_VECTOR(7 DOWNTO 0);
         sel:IN STD_LOGIC_VECTOR(2 DOWNTO 0);
         y:OUT STD_LOGIC);
END;
ARCHITECTURE a1 OF mux8case IS
BEGIN
    PROCESS(din,sel)
        BEGIN
        CASE sel IS
            WHEN "000" =>y<=din(0);
            WHEN "001" =>y<=din(1);
            WHEN "010" =>y<= din(2);
            WHEN "011" =>y<= din(3);
            WHEN "100" =>y<= din(4);
            WHEN "101" =>y<= din(5);
            WHEN "110" =>y<= din(6);
            WHEN "111" =>y<=din(7);
            WHEN OTHERS =>y<='Z';
        END CASE;
    END PROCESS;
END;
```

源代码三：用选择信号赋值语句编写。

```
LIBRARY IEEE;
USE IEEE.STD_LOGIC_1164.ALL;
ENTITY mux8case IS
    PORT(din:IN STD_LOGIC_VECTOR(7 DOWNTO 0);
         sel:IN STD_LOGIC_VECTOR(2 DOWNTO 0);
         y:OUT STD_LOGIC);
```

END;
ARCHITECTURE al OF mux8case IS
BEGIN
　　WITH sel SELECT
　　　　y<=din(0) WHEN "000",
　　　　　　din(1) WHEN "001",
　　　　　　din(2) WHEN "010",
　　　　　　din(3) WHEN "011",
　　　　　　din(4) WHEN "100",
　　　　　　din(5) WHEN "101",
　　　　　　din(6) WHEN "110",
　　　　　　din(7) WHEN "111",
　　　　　　'Z' WHEN OTHERS;
END;

源代码四:用条件信号赋值语句编写。
LIBRARY IEEE;
USE IEEE.STD_LOGIC_1164.ALL;
ENTITY mux8case IS
　　PORT(din:IN STD_LOGIC_VECTOR(7 DOWNTO 0);
　　　　sel:IN STD_LOGIC_VECTOR(2 DOWNTO 0);
　　　　y:OUT STD_LOGIC);
END;
ARCHITECTURE al OF mux8case IS
BEGIN
　　　　y<=din(0) WHEN sel="000" else
　　　　　　din(1) WHEN sel="001" else
　　　　　　din(2) WHEN sel="010" else
　　　　　　din(3) WHEN sel="011" else
　　　　　　din(4) WHEN sel="100" else
　　　　　　din(5) WHEN sel="101" else
　　　　　　din(6) WHEN sel="110" else
　　　　　　din(7) WHEN sel="111" else
　　　　　　'Z';
END;

　　在上面的源代码中,源代码一采用 IF 语句进行描述,源代码二采用 CASE 语句进行描述,源代码三采用选择信号赋值语句进行描述,源代码四采用条件信号赋值语句进行描述,可见,用 VHDL 进行硬件描述时,由于语句形式很多,所以对于同一硬件电路的描述可以编写很多不同的 VHDL 源代码,这正体现了 VHDL 的灵活性和功能的强大。

IF 语句和 CASE 语句都属于顺序语句,在 VHDL 中,顺序语句只能出现在进程和子程序内部,不可以将顺序语句直接放在结构体中。

IF 语句是一种条件控制语句,它根据语句中所设置的一种或多种条件,有选择地执行指定的顺序语句;CASE 语句是另一种形式的条件控制语句,它根据所给表达式的值选择执行语句集。

CASE 语句与 IF 语句的相同之处在于:它们都根据某个条件在多个语句中集中进行选择。CASE 语句与 IF 语句的不同之处在于:CASE 语句根据某个表达式的值来选择执行体。

选择信号赋值语句和条件信号赋值语句都属于并行语句,在 VHDL 中,并行语句可以直接放在结构体里。并行语句在结构体中的执行都是同时进行的,即它们的执行顺序与语句书写的顺序无关。

对于上面八选一多路选择器进行功能描述的各种源代码,无论采用哪一种语句进行描述,它们的综合结果都是相同的。在上面的源代码中,建议采用源代码二,因为在这里 CASE 语句可以使源代码更加清晰易读。

八选一数据选择器的功能仿真波形如图 7.9 所示。

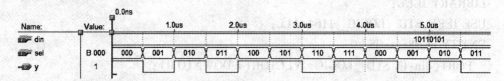

图 7.9 八选一数据选择器的仿真波形图

从图 7.9 可以看出,输入信号 din[7..0]="10110101",是任意设定的仿真值,
当选择控制端 sel 输入为"000"时,将 din(0) 的值'1'赋给输出信号 y;
当选择控制端 sel 输入为"001"时,将 din(1) 的值'0'赋给输出信号 y;
当选择控制端 sel 输入为"010"时,将 din(2) 的值'1'赋给输出信号 y;
当选择控制端 sel 输入为"011"时,将 din(3) 的值'1'赋给输出信号 y;
当选择控制端 sel 输入为"100"时,将 din(4) 的值'0'赋给输出信号 y;
当选择控制端 sel 输入为"101"时,将 din(5) 的值'1'赋给输出信号 y;
当选择控制端 sel 输入为"110"时,将 din(6) 的值'0'赋给输出信号 y;
当选择控制端 sel 输入为"111"时,将 din(7) 的值'1'赋给输出信号 y。

7.5 比较器

在计算机和许多数字系统中,经常需要比较两个数的大小或相等,这时就需要比较器来完成该逻辑功能。下面来看一个比较简单的二位等值比较器。

【例 7.6】 二位等值比较器的 VHDL 实例
LIBRARY IEEE;
USE IEEE. STD _ LOGIC _ 1164. ALL;

```
ENTITY compare IS
    GENERIC(n:natural:=2);
    PORT(a,b:IN STD_LOGIC_VECTOR(n-1 DOWNTO 0);
         greater,equal,less:OUT STD_LOGIC);
END;
ARCHITECTURE a OF compare IS
    BEGIN
    PROCESS(a,b)
        BEGIN
        IF(a>b) THEN
            greater<='1';equal<='0';less<='0';
        ELSIF (a=b) THEN
            greater<='0';equal<='1';less<='0';
        ELSE
            greater<='0';equal<='0';less<='1';
        END IF;
    END PROCESS;
END;
```

类属说明 GENERIC 语句,常用于定义实体端口的大小、设计实体的物理特性、总线宽度、元件例化的数量等。在该例中,类属说明语句定义了一个常数 n,数据类型为自然数,值为 2;在端口说明部分,定义的 a、b 输入信号为标准逻辑位数据类型,位宽为 $n-1$ DOWNTO 0,即通过类属语句中定义的 n 的值为 2,得到输入信号 a、b 的位宽为 2,即定义了实体端口的大小。此后可通过灵活更改类属语句中定义的 n 的值来实现 n 位的数值比较器的 VHDL 描述。

二位等值比较器的功能仿真波形如图 7.10 所示。

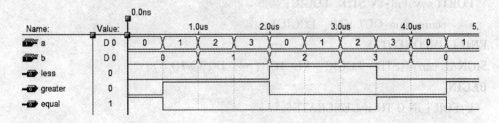

图 7.10 二位等值比较器的仿真波形图

从二位数值比较器的仿真波形图可以看出,当 a=b 时,equal='1',其他输出信号为'0';当 a>b 时,greater='1',其他输出信号为'0';当 a<b 时,less='1',其他输出信号为'0'。

7.6 加法器

在数字电路中,两个数字的算术运算,无论是加、减、乘、除,目前在数字电路中都是化作若干步加法运算进行的,因此可以说加法器是构成算术运算器的基本单元。

本节以一位全加器为基本元件,用 VHDL 对多位加法器的功能进行描述。这里将编写一个通用加法器的例子。所谓通用加法器就是指对两个加数的位数没有限制,但要求两个加数的位数必须相等。当调用该通用加法器的时候,只需要使用参数传递语句将加数的位数传递给调用的通用加法器元件即可。

下面就是该通用加法器的源代码。由于源代码中要引用一位全加器元件,而它存在于工作库 WORK 中的 apack 中,所以在源代码的开头部分要添加下面的语句:

USE WORK. apack. ALL;

【例 7.7】 通用 $n+1$ 位加法器的 VHDL 实例

```
LIBRARY IEEE;
USE IEEE. STD _ LOGIC _ 1164. ALL;
USE WORK. apack. ALL;    --在 WORK 库中已经存在 apack 程序包,见例7.8
ENTITY addern IS
    GENERIC(n:INTEGER:=15);
    PORT(a,b:IN STD _ LOGIC _ VECTOR(n DOWNTO 0);
         cin:IN STD _ LOGIC;
         co:OUT STD _ LOGIC;
         s:OUT STD _ LOGIC _ VECTOR(n DOWNTO 0));
END;
ARCHITECTURE a1 OF addern IS
COMPONENT onebitadder IS
    PORT(x,y,cin:IN STD _ LOGIC;
         count,sum:OUT STD _ LOGIC);
END COMPONENT;
SIGNAL carrys:STD _ LOGIC _ VECTOR(n-1 DOWNTO 0);
BEGIN
    k:FOR i IN 0 TO n GENERATE
        g1:IF (i=0) GENERATE
            adderx:onebitadder PORT MAP(a(i),b(i),cin,carrys(i),s(i));
        END GENERATE g1;
        g2:IF (i=n) GENERATE
            adderx:onebitadder PORT MAP(a(i),b(i),carrys(i-1),co,s(i));
        END GENERATE g2;
        g3:IF ((i/=0)AND(i/=n)) GENERATE
```

```
          adderx:onebitadder PORT MAP(a(i),b(i),carrys(i-1),carrys(i),s(i));
      END GENERATE g3;
  END GENERATE k;
END;
```

【例7.8】 存在工作库 WORK 中的 apack 程序包

```
LIBRARY IEEE;
USE IEEE.STD_LOGIC_1164.ALL;
USE IEEE.STD_LOGIC_UNSIGNED.ALL;
PACKAGE apack IS
    PROCEDURE onebitadder1(x,y,cin:IN STD_LOGIC;
                           count,sum:OUT STD_LOGIC);
END apack;
PACKAGE BODY apack IS
    PROCEDURE onebitadder1(x,y,cin:IN STD_LOGIC;
                           sum,count:OUT STD_LOGIC) IS
        BEGIN
            sum:=x XOR y XOR cin;
            count:=(x AND y) OR (x AND cin) OR(y AND cin);
    END PROCEDURE;
END apack;
```

例7.7是15位的加法计数器,如果想实现任意位的加法计数器,直接更改 GENERIC 类属语句中 n 的初值即可。

15位加法计数器的功能仿真波形如图7.11所示。图中,当输入信号 a、b、cin 三者的和达到 2^{16},即65 536时,产生进位信号,使输出 co=1,同时 a、b、cin 三者的和信号的值减去65 536后赋给输出和信号 s。

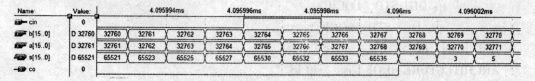

图7.11 15位加法计数器的仿真波形图

7.7 触发器和锁存器

1. 触发器

时序逻辑电路由组合逻辑电路和存储电路组成,存储电路由触发器构成,是时序逻辑电路不可缺少的部分。触发器包括 R-S 触发器、J-K 触发器、D 触发器和 T 触发器等类型。

最常用的触发器是 D 触发器,它是数字电路系统设计中最基本的时序单元。下面以基本 D 触发器和异步复位 D 触发器为例,介绍触发器的基本设计方法。

(1) 基本 D 触发器。

基本 D 触发器的逻辑符号如图 7.12 所示,其特性见表 7.4。d 是数据输入端,clk 是时钟输入端,q 和 qb 是触发器的两个互非输出端。

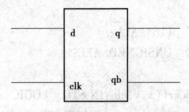

图 7.12　基本 D 触发器逻辑符号

表 7.4　基本 D 触发器的特性

d	clk	q	qb
0	上升沿(下降沿)	0	1
1	上升沿(下降沿)	1	0
X	0	保持	保持
X	1	保持	保持

【例 7.9】　基本 D 触发器的 VHDL 设计实例

```
LIBRARY IEEE;
USE IEEE.STD_LOGIC_1164.ALL;
ENTITY basic_dff IS
    PORT(d: IN STD_LOGIC;
         clk: IN STD_LOGIC;
         q: OUT STD_LOGIC;
         qb: OUT STD_LOGIC);
END basic_dff;
ARCHITECTURE rtl OF basic_dff IS
BEGIN
    PROCESS(clk)
    BEGIN
        IF(clk'EVENT AND clk = '1') THEN
            q<=d;
            qb<=NOT d;
        END IF;
    END PROCESS;
END rtl;
```

第 7 章 常用单元电路的 VHDL 程序设计

基本 D 触发器仿真波形如图 7.13 所示,当上升沿出现时刻,且 d='0'时,q='0';当上升沿出现时刻,当 d='1'时,q='1'。

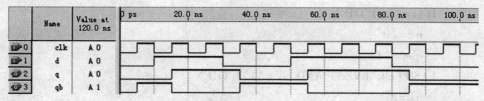

图 7.13 基本 D 触发器仿真波形图

(2) 异步复位 D 触发器

在数字设计中并非所有的器件在上电时都处于复位状态,因此实际应用的器件都会含有相应的复位端口。常用的异步复位 D 触发器逻辑符号如图 7.14 所示,其特性见表 7.5。

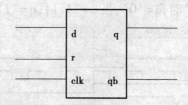

图 7.14 异步复位 D 触发器逻辑符号

表 7.5 异步复位 D 触发器的特性

r	d	clk	q	qb
1	0	上升沿	0	1
1	1	上升沿	1	0
0	X	X	0	1
1	X	0	保持	保持
1	X	1	保持	保持

【例 7.10】 异步复位 D 触发器 VHDL 设计实例

```
LIBRARY IEEE;
USE IEEE.STD_LOGIC_1164.ALL;
ENTITY async_reset_dff IS
    PORT(d: IN STD_LOGIC;
clk: IN STD_LOGIC;
r: IN STD_LOGIC;
q: OUT STD_LOGIC;
qb: OUT STD_LOGIC);
END async_reset_dff;
ARCHITECTURE rtl OF async_reset_dff IS
BEGIN
```

· 137 ·

```
PROCESS(clk,r)
BEGIN
  IF(r='0') THEN
    q<='0';
    qb<='1';
  ELSIF(clk'EVENT AND clk='1') THEN
    q<=d;
    qb<=NOT d;
  END IF;
END PROCESS;
END rtl;
```

异步复位D触发器仿真波形如图7.15所示，当'r'=0时，触发器置零；当'r'=1时，且上升沿出现时刻，当d='0'时，q='0'；当d='1'时，q='1'。

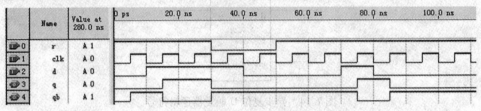

图7.15 异步复位D触发器仿真波形图

2. 锁存器

D触发器只能用来传输或存储一位数据，而在实际设计中常常需要同时对多位数据进行输出或存储，这时可以把多个D触发器的时钟端口连接起来，然后采用一个公共的信号进行控制。根据公共控制信号的不同，通常可将这种时序逻辑电路分为两种：如果公共控制信号是一个电平信号，那么这种时序逻辑电路称为锁存器；如果公共控制信号是一个时钟信号，即采用边沿来进行触发，那么这种时序逻辑电路称为寄存器。

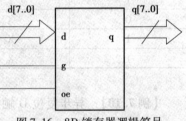

图7.16 8D锁存器逻辑符号

下面以具有三态输出的8D锁存器为例，介绍锁存器的基本设计方法。8D锁存器逻辑符号如图7.16所示，其特性见表7.6所示。

表7.6 8D锁存器的特性表

oe	g	输出
0	1	d q
0	0	保持
1	X	高阻

【例7.11】 8D 锁存器 VHDL 设计实例
```
LIBRARY IEEE;
USE IEEE.STD _ LOGIC _ 1164.ALL;
ENTITY latch8 IS
  PORT(d: IN STD _ LOGIC _ VECTOR(7 DOWNTO 0);
       oe: IN STD _ LOGIC;
       g: IN STD _ LOGIC;
       q: inout STD _ LOGIC _ VECTOR(7 DOWNTO 0));
  END latch8;
ARCHITECTURE rtl OF latch8 IS
  BEGIN
    PROCESS(d,oe,g)
    BEGIN
      IF(oe='0') THEN
      IF(g='1') THEN
            q<=d;
    ELSE
            q<=q;
      END IF;
    ELSE
        q<="ZZZZZZZZ";
    END IF;
  END PROCESS;
    END rtl;
```

异步复位 D 触发器仿真波形如图 7.17 所示。当三态控制端口的信号有效(oe=0)，并且数据控制端口的信号也有效(g=1)时，锁存器把输入的数据送到输出端口；当三态控制端口的信号有效而数据控制端口的信号无效(g=0)时，锁存器的输出端口将保持前一个状态；当三态控制端口的信号无效(oe=1)时，这时锁存器的输出端口将处于高阻状态。

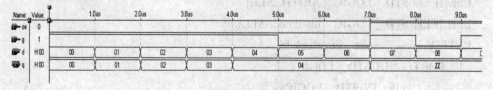

图 7.17 8D 锁存器仿真波形图

7.8 计数器和分频器

在数字电路中，计数器是应用十分广泛的一类时序逻辑电路，可以实现计时、计数、分频、定时、产生节拍脉冲和序列脉冲。

1. 计数器

计数器的作用是用来记忆时钟脉冲的具体个数,采用几个触发器的状态按照一定规律随时钟变化来记忆时钟的个数。按进制分为二进制计数器、十进制计数器和 N 进制计数器;按计数是加减分加法计数器、减法计数器和可逆计数器;按计数器中触发器翻转是否同步分同步计数器和异步计数器。下面以几种计数器为例,介绍计数器的基本设计方法。

(1)4 位异步复位加计数器。

4 位异步复位加计数器逻辑符号如图 7.18 所示,其特性见表 7.7。由特性表可知,r 为复位端(异步复位),高电平有效;当 r=1 时,计数器被复位,4 位计数器输出 q[7..0]=0000。该计数器属于同步计数器。

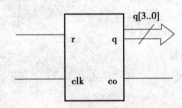

图 7.18 4 位异步复位加计数器逻辑符号

表 7.7 4 位异步复位加计数器特性表

r	clk	q3	q2	q1	q0	co
1	X	X	X	0	0	0
0	X	保持				保持
0	上升沿	加1				0
0	上升沿	加满				1

【例 7.12】 4 位异步复位加计数器 VHDL 设计实例

LIBRARY IEEE;
USE IEEE. STD _ LOGIC _ 1164. ALL;
USE IEEE. STD _ LOGIC _ ARITH. ALL;
USE IEEE. STD _ LOGIC _ unsigned. ALL;
ENTITY async _ reset _ counter4 IS
  PORT(r: IN STD _ LOGIC;
    clk: IN STD _ LOGIC;
    co: OUT STD _ LOGIC;
    q: BUFFER STD _ LOGIC _ vector(2 DOWNTO 0));
END async _ reset _ counter4;
ARCHITECTURE rtl OF async _ reset _ counter4 IS
BEGIN

```
PROCESS(r,clk,q)
BEGIN
  IF(r='1') THEN
    q<="000";
  ELSIF(clk'EVENT AND clk='1') THEN
    IF(q="111") THEN
      q<="000";
    ELSE
      q<=q+1;
    END IF;
  ELSE
    q<=q;
  END IF;
END PROCESS;
      co<='1' WHEN q="111" ELSE '0';
END rtl;
```

4位异步复位加计数器仿真波形如图7.19所示,当r='1'时,计数器置零;当r='0'时,当上升沿出现时刻,如果q="1111",则q<="0000";否则q+1。

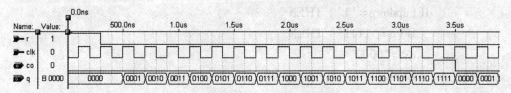

图7.19 4位异步复位加计数器仿真波形图

(2)同步可逆计数器。

在数字电路中,同步可逆计数器可以递增计数也可以递减计数。一般情况下,可逆计数器需要定义用来控制计数器计数方向的控制端口updown,可逆计数器的控制方向由该端口控制,从而完成可逆计数器不同方式的计数。

4位二进制可逆计数器的逻辑符号如图7.20所示,其特性见表7.8。由特性表可知,当updown=1时,计数器进行加1操作;当updown=0时,计数器进行减1操作。

表7.8 4位二进制可逆计数器特性表

r	updown	clk	q3	q2	q1	q0
1	X	X	0	0	0	0
0	1	上升沿	计数值加1			
0	0	上升沿	计数值减1			

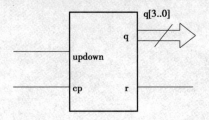

图7.20 4位二进制可逆计数器逻辑图

【例7.13】 4位二进制可逆计数器 VHDL 设计实例

```
LIBRARY IEEE;
USE IEEE.STD_LOGIC_1164.ALL;
USE IEEE.STD_LOGIC_ARITH.ALL;
USE IEEE.STD_LOGIC_UNSIGNED.ALL;
ENTITY updown_counter4 IS
    PORT(r:IN STD_LOGIC;
        clk:IN STD_LOGIC;
        updown:IN STD_LOGIC;
        q:BUFFER STD_LOGIC_VECTOR(3 DOWNTO 0));
END updown_counter4;
ARCHITECTURE rtl OF updown_counter4 IS
BEGIN
    PROCESS(r,clk,updown,q)
    BEGIN
        IF(r='1') THEN
            q<="0000";
        ELSIF(clk'EVENT AND clk='1')THEN
            IF(updown='1') THEN
                IF(q="1111") THEN
                    q<="0000";
                ELSE
                    q<=q+1;
                END IF;
            ELSE
                IF(q="0000") THEN
                    q<="1111";
                ELSE
                    q<=q-1;
                END IF;
            END IF;
        ELSE
            q<=q;
        END IF;
    END PROCESS;
END rtl;
```

4位二进制可逆计数器仿真波形如图7.21所示。图7.21(a)为加计数器,当updown='1'时,上升沿出现时刻,进行加1操作;图7.21(b)为减计数器,当updown='0'时,上升沿出现时刻,进行减 1 操作。

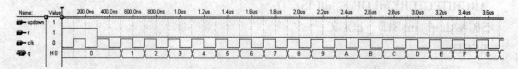

(a)加计数器仿真波形图

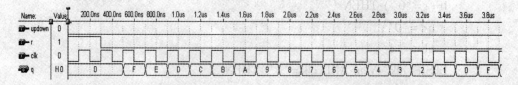

(b)减计数器仿真波形图

图 7.21　4 位二进制可逆计数器仿真波形图

(3)异步计数器。

异步计数器就是构成计数器的低位计数触发器的输出作为相邻计数触发器的时钟,这样逐级串行连接起来的一类计数器。对于这种计数器来说,构成异步计数器的触发器的翻转不是在时钟脉冲到来的时候同时发生的,而是具有一定的翻转顺序。4 位异步计数器的逻辑图如图 7.22 所示。

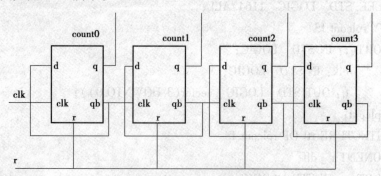

图 7.22　4 位异步计数器的逻辑图

【例 7.14】　4 位异步计数器 VHDL 设计实例

(1)下层文件。

LIBRARY IEEE;
USE IEEE. STD _ LOGIC _ 1164. ALL;
ENTITY r _ dff IS
　　PORT(r: IN STD _ LOGIC;
　　clk: IN STD _ LOGIC;
　　d: IN STD _ LOGIC;
　　q: OUT STD _ LOGIC;
　　qb: OUT STD _ LOGIC);

```
        END r_dff;
ARCHITECTURE rtl OF r_dff IS
SIGNAL q_in:STD_LOGIC;
BEGIN
    PROCESS(r,clk)
    BEGIN
      IF(r='0') THEN
         q<='0';
         qb<='1';
      ELSIF(clk'event AND clk='1')THEN
         q<=d;
         qb<=NOT d;
      END IF;
    END PROCESS;
END rtl;
```
(2)顶层文件。
```
LIBRARY IEEE;
USE IEEE.STD_LOGIC_1164.ALL;
ENTITY rplcont IS
    PORT(r: IN STD_LOGIC;
         clk: IN STD_LOGIC;
         q: OUT STD_LOGIC_vector(3 DOWNTO 0));
END rplcont;
ARCHITECTURE rtl OF rplcont IS
COMPONENT r_dff
    PORT(r: IN STD_LOGIC;
         clk: IN STD_LOGIC;
         d: IN STD_LOGIC;
         q: OUT STD_LOGIC;
         qb: OUT STD_LOGIC);
    END COMPONENT;
SIGNAL q_temp:STD_LOGIC_vector(4 DOWNTO 0);
BEGIN
  q_temp(0)<=clk;
    Gen1:FOR i IN 0 TO 3 GENERATE
      r_dffx:r_dff PORT MAP(clk=>q_temp(i),r=>r,d=>q_temp(i+1),q=>q
      (i),qb=>q_temp(i+1));
```

END GENERATE;
END rtl;

4位异步计数器仿真波形如图7.23所示,当r='0'时,计数器置零,当r='1'时,上升沿出现时刻,进行计数。

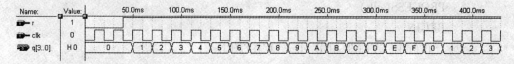

图7.23 4位异步计数器仿真波形图

2. 分频器

在数字电路中的时钟信号、选通信号和中断信号等信号,一般是由电路中较高频率的基本频率源产生的。由于电路中的基准频率源一般频率较高,因此需要利用分频器来得到频率较低的时钟信号、选通信号和中断信号等信号。由此可知所谓分频器就是对某个给定较高频率的信号进行分频操作,以便得到所需的频率较低的电路。

分频器按分频系数不同分为偶数分频器(分频系数 $N=2n(n=1,2,3,\cdots)$),奇数分频器(分频系数 $N=2n+1(n=1,2,3,\cdots)$)和半整数分频器,按占空比不同分为占空比是1∶1和占空比不是1∶1的分频器。

(1)偶数分频器。

①分频系数不是2的整数次幂的分频器。

采用标准计数器来实现分频器的 VHDL 设计。首先设计一个标准计数器,然后通过对标准计数器的计数控制给出分频器的输出信号。如实现分频器的分频系数为 $N=2n$ ($n=1,2,3,\cdots$),具体的设计是,首先设计一个模为 n 的标准计数器,然后设定一个中间信号,这个中间信号在计数器计满时就进行一次翻转操作,最后将这个中间信号赋值给分频器的输出即可。

下面以12分频器为例,介绍分频系数不是2的整数次幂的分频器的基本设计方法。12分频器的输入信号和输出信号的波形如图7.24所示。

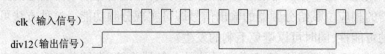

图7.24 12分频器输入信号波形和输出信号波形

【例7.15】 12分频器 VHDL 设计实例
LIBRARY IEEE;
USE IEEE.STD_LOGIC_1164.ALL;
USE IEEE.STD_LOGIC_UNSIGNED.ALL;
ENTITY clk_12div IS
    PORT(clk: IN STD_LOGIC;
         div12: OUT STD_LOGIC);
END clk_12div;

```
ARCHITECTURE rtl OF clk_12div IS
    SIGNAL counter: STD_LOGIC_VECTOR(2 DOWNTO 0);
    SIGNAL clk_temp: STD_LOGIC;
BEGIN
    PROCESS(clk)
    BEGIN
      IF(clk'EVENT AND clk='1') THEN
        IF(counter = "101") THEN
          counter<=(OTHERS=>'0');
          clk_temp<=NOT clk_temp;
        ELSE
          counter<=counter+1;
        END IF;
      END IF;
    END PROCESS;
    div12<= clk_temp;
END rtl;
```

12 分频器(占空比 1∶1)仿真波形如图 7.25 所示。由图可见,12 分频器的输出信号的占空比为 1∶1。

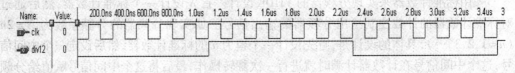

图 7.25 12 分频器(占空比为 1∶1)仿真波形图

② 分频系数是 2 的整数次幂的分频器。

分频系数是 2 的整数次幂的分频器的设计同样采用标准计数器来实现,不同的是直接将计数器的相应位赋给分频器的输出信号即可实现分频功能。这种方法可以避免逻辑错误产生的可能性,同时可以避免毛刺的发生。

下面以具有 2 分频、4 分频、8 分频功能的分频器为例,介绍分频系数是 2 的整数次幂的分频器的基本设计方法。有 2 分频、4 分频、8 分频功能的分频器的输入信号和输出信号的波形如图 7.26 所示。

【例 7.16】 分频系数为 2、4、8 的分频器 VHDL 设计实例
```
LIBRARY IEEE;
USE IEEE.STD_LOGIC_1164.ALL;
USE IEEE.STD_LOGIC_ARITH.ALL;
USE IEEE.STD_LOGIC_UNSIGNED.ALL;
ENTITY clk_8div IS
    PORT(clk: IN STD_LOGIC;
```

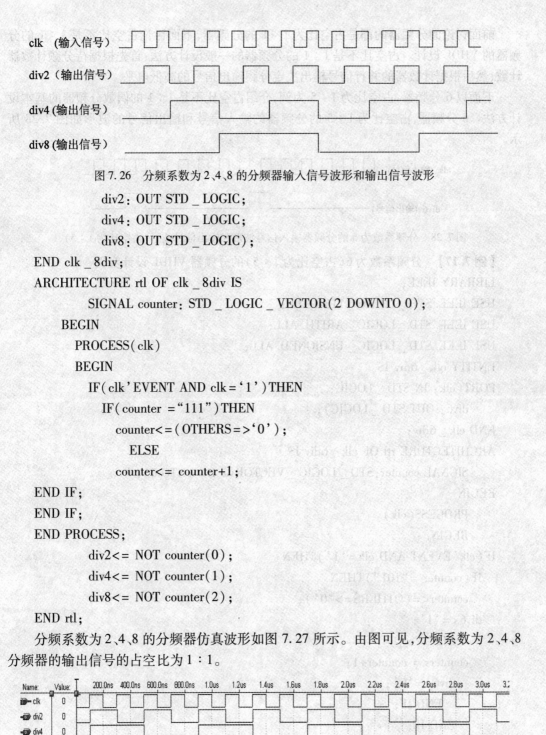

图 7.26 分频系数为 2、4、8 的分频器输入信号波形和输出信号波形

```
        div2: OUT STD _ LOGIC;
        div4: OUT STD _ LOGIC;
        div8: OUT STD _ LOGIC);
END clk _ 8div;
ARCHITECTURE rtl OF clk _ 8div IS
        SIGNAL counter: STD _ LOGIC _ VECTOR(2 DOWNTO 0);
    BEGIN
      PROCESS(clk)
      BEGIN
        IF(clk'EVENT AND clk='1')THEN
          IF(counter ="111")THEN
            counter<=(OTHERS=>'0');
              ELSE
            counter<= counter+1;
END IF;
END IF;
END PROCESS;
        div2<= NOT counter(0);
        div4<= NOT counter(1);
        div8<= NOT counter(2);
END rtl;
```

分频系数为 2、4、8 的分频器仿真波形如图 7.27 所示。由图可见,分频系数为 2、4、8 分频器的输出信号的占空比为 1∶1。

图 7.27 分频系数为 2、4、8 的分频器仿真波形图

③占空比不是 1∶1 的偶数分频器。

前面讨论的分频器的都是占空比为1:1的分频器,下面讨论占空比不是1:1的分频器的VHDL设计。占空比不是1:1的分频器的一般设计方法:首先根据待分频计数器计数;然后根据计数器的并行信号输出决定分频输出信号的高低电平。

下面以6分频器,占空比为1:5为例,介绍占空比不是1:1的偶数分频器的基本设计方法。6分频器,占空比为1:5的分频器的输入信号和输出信号的波形如图7.28所示。

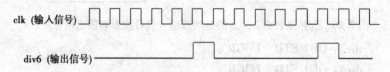

图7.28　分频系数为6的分频器输入信号波形和输出信号波形(占空比为1:5)

【例7.17】　分频系数为6(占空比为1:5)的分频器VHDL设计实例

```
LIBRARY IEEE;
USE IEEE. STD _ LOGIC _ 1164. ALL;
USE IEEE. STD _ LOGIC _ ARITH. ALL;
USE IEEE. STD _ LOGIC _ UNSIGNED. ALL;
ENTITY clk _ 6div IS
PORT( clk: IN STD _ LOGIC;
    div6: OUT STD _ LOGIC);
END clk _ 6div;
ARCHITECTURE rtl OF clk _ 6div IS
    SIGNAL counter:STD _ LOGIC _ VECTOR(2 DOWNTO 0);
BEGIN
    PROCESS(clk)
    BEGIN
IF( clk' EVENT AND clk = '1' )THEN
    IF( counter = "101" )THEN
        counter<=(OTHERS=>'0');
    div6<='1';
        ELSE
    counter<= counter+1;
        div6<='0';
            END IF;
        END IF;
    END PROCESS;
END rtl;
```

分频系数为6(占空比为1:5)的分频器真波形如图7.29所示。由图可见,分频器的输出信号的占空比为1:5。

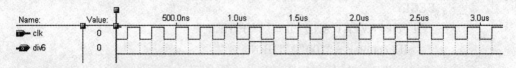

图 7.29 分频系数为 6(占空比为 1∶5)的分频器仿真波形图

(2) 奇数分频器。

① 占空比不是 1∶1 的奇数分频器。

占空比不是 1∶1 的奇数分频器的实现方法与占空比不是 1∶1 的偶数分频器相同。首先设计一个标准计数器，然后根据计数器的并行信号输出来决定分频输出信号的高低电平。

下面以 7 分频器，介绍占空比不是 1∶1 的奇数分频器的基本设计方法。7 分频器，占空比为 1∶6 的分频器的输入信号和输出信号的波形如图 7.30 所示。

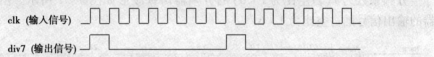

图 7.30 分频系数为 7 的分频器输入信号波形和输出信号波形(占空比为 1∶6)

【例 7.18】 分频系数为 7(占空比为 1∶6)的分频器 VHDL 设计实例

```
LIBRARY IEEE;
USE IEEE.STD_LOGIC_1164.ALL;
USE IEEE.STD_LOGIC_arith.ALL;
USE IEEE.STD_LOGIC_unsigned.ALL;
ENTITY clk_7div_1 IS
    PORT(clk:IN STD_LOGIC;
         div7:OUT STD_LOGIC);
END clk_7div_1;
ARCHITECTURE rtl OF clk_7div_1 IS
    SIGNAL counter:STD_LOGIC_vector(2 DOWNTO 0);
    BEGIN
    PROCESS(clk)
    BEGIN
      IF(clk'EVENT AND clk='1') THEN
        IF(counter = "110") THEN
          counter<=(OTHERS=>'0');
            ELSE
          counter<=counter+1;
            END IF;
          END IF;
      END PROCESS;
    PROCESS(clk)
```

```
BEGIN
    IF(clk'EVENT AND clk='1') THEN
        IF(counter ="100") THEN
            div7<='1';
        ELSE
            div7<='0';
        END IF;
    END IF;
END PROCESS;
END rtl;
```

分频系数为7(占空比为1∶6)的分频器仿真波形如图7.31所示。由图可见,分频器的输出信号的占空比为1∶6。

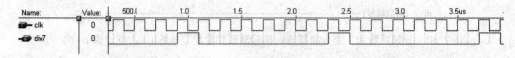

图7.31　分频系数为7(占空比为1∶6)的分频器仿真波形图

为进一步理解占空比不是1∶1的奇数分频器的设计方法,再介绍7分频,占空比为3∶4的分频器。其输入信号和输出信号的波形如图7.32所示。

图7.32　分频系数为7的分频器输入信号波形和输出信号波形(占空比为3∶4)

【例7.19】　分频系数为7(占空比为3∶4)的分频器VHDL设计实例

```
LIBRARY IEEE;
USE IEEE.STD_LOGIC_1164.ALL;
USE IEEE.STD_LOGIC_ARITH.ALL;
USE IEEE.STD_LOGIC_UNSIGNED.ALL;
ENTITY clk_7div_2 IS
    PORT(clk:IN STD_LOGIC;
        div7:OUT STD_LOGIC);
END clk_7div_2;
ARCHITECTURE rtl OF clk_7div_2 IS
    SIGNAL counter:STD_LOGIC_vector(2 DOWNTO 0);
BEGIN
PROCESS(clk)
    BEGIN
        IF(clk'EVENT AND clk='1') THEN
```

```
            IF(counter ="110")THEN
              counter<=(OTHERS=>'0');
                ELSE
              counter<=counter+1;
              END IF;
            END IF;
          END PROCESS;
        PROCESS(clk)
        BEGIN
          IF(clk'EVENT AND clk='1')THEN
            IF(counter="100" OR counter="101" OR counter="110") THEN
              div7<='1';
              ELSE
              div7<='0';
              END IF;
            END IF;
          END PROCESS;
        END rtl;
```

分频系数为7(占空比为3∶4)的分频器仿真波形如图7.33所示。由图可见,分频器的输出信号的占空比为3∶4。

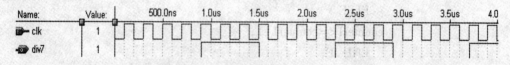

图7.33 分频系数为7(占空比为3∶4)的分频器仿真波形图

②占空比是1∶1的奇数分频器。

占空比是1∶1的奇数分频器的设计较为复杂,因为它需要同时利用输入时钟信号的上升沿和下降沿进行触发。这种分频器的一般设计方法:如果分频系数为$N=2n+1$($n=1,2,3,\cdots$),首先设计两个占空比为$n\colon(n+1)$的N分频器,一个分频器采用输入时钟信号的上升沿来触发,另外一个分频器则采用输入时钟信号的下降沿来触发;之后对产生的两个分频信号进行相应的或运算,从而实现分频器的设计。

下面以7分频器为例,介绍占空比是1∶1的奇数分频器的基本设计方法。7分频器,占空比为1∶1的分频器为例的输入信号和输出信号的波形如图7.34所示。

图7.34 分频系数为7的分频器输入信号波形和输出信号波形(占空比为1∶1)

【例7.20】 分频系数为7(占空比为1:1)的分频器 VHDL 设计实例
```vhdl
LIBRARY IEEE;
USE IEEE.STD_LOGIC_1164.ALL;
USE IEEE.STD_LOGIC_arith.ALL;
USE IEEE.STD_LOGIC_unsigned.ALL;
ENTITY clk_7div_3 IS
    PORT(clk: IN STD_LOGIC;
         div7: OUT STD_LOGIC);
END clk_7div_3;
ARCHITECTURE rtl OF clk_7div_3 IS
        SIGNAL counter1: STD_LOGIC_vector(2 DOWNTO 0);
        SIGNAL counter2: STD_LOGIC_vector(2 DOWNTO 0);
        SIGNAL clk_div7_temp1: STD_LOGIC;
        SIGNAL clk_div7_temp2: STD_LOGIC;
        BEGIN
        PROCESS(clk)
          BEGIN
            IF(clk'EVENT AND clk='1')THEN
              IF(counter1 = "110")THEN
                counter1<=(OTHERS=>'0');
                ELSE
                counter1<=counter1+1;
                END IF;
              END IF;
            END PROCESS;
          PROCESS(clk)
          BEGIN
            IF(clk'EVENT AND clk='1')THEN
              IF(counter1 = "100" OR counter1 = "101" OR counter1 = "110")
                THEN
                clk_div7_temp1<='1';
                ELSE
                clk_div7_temp1<='0';
                  END IF;
                END IF;
            END PROCESS;
              PROCESS(clk)
            BEGIN
```

            IF(clk'EVENT AND clk = '0') THEN
              IF(counter2 = "110") THEN
              counter2 < = (OTHERS = >'0') ;
                ELSE
              counter2 < = counter2+1 ;
                END IF ;
              END IF ;
            END PROCESS ;
            PROCESS(clk)
          BEGIN
            IF(clk'EVENT AND clk = '0') THEN
              IF (counter2 = "100" OR counter2 = "101" OR counter2 = "110")

                THEN
                clk _ div7 _ temp2 < = '1' ;
                  ELSE
                clk _ div7 _ temp2 < = '0' ;
                END IF ;
                END IF ;
            END PROCESS ;
              DIV7 < = clk _ div7 _ temp1 OR clk _ div7 _ temp2 ;
            END rtl ;

分频系数为7(占空比为1∶1)的分频器仿真波形如图7.35所示。由图可见,分频器的输出信号的占空比为1∶1。

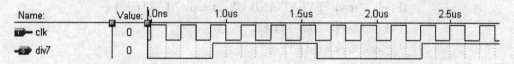

图7.35　分频系数为7(占空比为1∶1)的分频器仿真波形图

③半整数分频器。

半整数分频器的实现方法是:首先设计一个计数器,这个计数器的模为分频系数的整数部分加1;然后根据模 N 计数器的并行信号输出来决定分频输出信号的高低电平,这个分频输出信号还要经过一个2分频器;之后与外部的输入时钟信号进行异或;最后反馈到模 N 计数器的输入端作为计数器的输入时钟信号。半整数分频器的电路框图如图7.36所示。

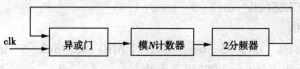

图7.36　半整数分频器的电路构成

下面以2.5分频器为例,介绍占空比为1∶4的奇数分频器的基本设计方法。2.5分频器(占空比为1∶4的分频器)的输入信号和输出信号的波形如图7.37所示。

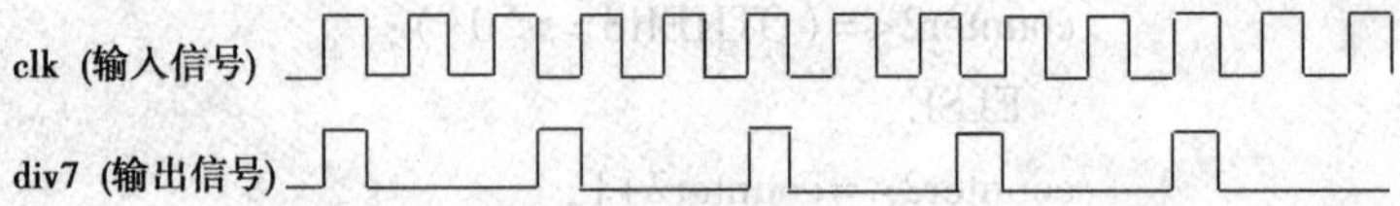

clk (输入信号)
div7 (输出信号)

图7.37　分频系数为2.5的分频器输入信号波形和输出信号波形(占空比是1∶4)

【例7.21】　分频系数为2.5(占空比为1∶4)的分频器 VHDL 设计实例

```
LIBRARY IEEE;
USE IEEE.STD_LOGIC_1164.ALL;
USE IEEE.STD_LOGIC_ARITH.ALL;
USE IEEE.STD_LOGIC_UNSIGNED.ALL;
ENTITY clk_2_5div IS
    PORT(clk: IN STD_LOGIC;
        div2_5: OUT STD_LOGIC);
END clk_2_5div;
ARCHITECTURE rtl OF clk_2_5div IS
        CONSTANT md: STD_LOGIC_vector(1 DOWNTO 0) := "10";
        SIGNAL counter: STD_LOGIC_vector(1 DOWNTO 0);
        SIGNAL clk_temp: STD_LOGIC;
        SIGNAL clk_div5: STD_LOGIC;
        SIGNAL clk_div2_5_temp: STD_LOGIC;
    BEGIN
    PROCESS(clk_temp)
        BEGIN
            IF(clk_temp'EVENT AND clk_temp='1')THEN
                IF(counter="00")THEN
                    counter<=md;
                    clk_div2_5_temp<='1';
                ELSE
                    counter<=counter-1;
                    clk_div2_5_temp<='0';
                END IF;
            END IF;
        END PROCESS;
    PROCESS(clk_div2_5_temp)
    BEGIN
        IF(clk_div2_5_temp'EVENT AND clk_div2_5_temp='1')THEN
            clk_div5<=NOT clk_div5;
```

       END IF;
    END PROCESS;
clk_temp<=clk XOR clk_div5;
div2_5<=clk_div2_5_temp;
END rtl;

分频系数为2.5(占空比为1∶4)的分频器仿真波形如图7.38所示。由图可见,分频器的输出信号的占空比为1∶4。

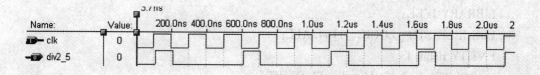

图7.38 分频系数为2.5(占空比为1∶4)的分频器仿真波形图

7.9 寄 存 器

寄存器是一种基本的时序电路,在数字电路中应用广泛。寄存器分为基本寄存器和移位寄存器两大类。其中移位寄存器具有存储数据和移位功能,移位是指寄存器里的数据能在时钟脉冲的作用下依次向左移和向右移,也可使数据既能向左移也能向右移。下面以通用寄存器和双向移位寄存器为例,介绍寄存器的设计方法。

1. 通用寄存器

【例7.22】 通用寄存器VHDL设计实例
LIBRARY IEEE;
USE IEEE.STD_LOGIC_1164.ALL;
ENTITY registerN IS
    PORT(d:IN STD_LOGIC_vector (7 DOWNTO 0);
        clk:IN STD_LOGIC;
        q:OUT STD_LOGIC_vector (7 DOWNTO 0));
END registerN;
ARCHITECTURE rtl OF registerN IS
    BEGIN
    PROCESS(clk)
    BEGIN
        IF(clk'EVENT AND clk='1')THEN
        q<=d;
END IF;
END PROCESS;
    END rtl;

通用寄存器仿真波形如图 7.39 所示。

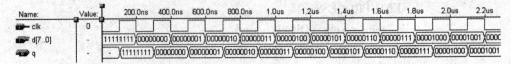

图 7.39　通用寄存器仿真波形图

2. 移位寄存器

【例 7.23】　8 位双向移位寄存器的 VHDL 设计实例

```
LIBRARY IEEE;
USE IEEE.STD_LOGIC_1164.ALL;
ENTITY rlshift IS
    PORT(clr,lod,clk,s,dir,dil:IN BIT;
        d:IN BIT_VECTOR(7 DOWNTO 0);
        q:BUFFER BIT_VECTOR(7 DOWNTO 0));
  END rlshift;
ARCHITECTURE rtl OF rlshift IS
        SIGNAL q_temp: BIT_VECTOR(7 DOWNTO 0);
BEGIN
    PROCESS(clr,clk,lod,s,dir,dil)
    BEGIN
    IF clr='0' THEN q_temp<="00000000";
    ELSIF clk'EVENT AND clk='1' THEN
      IF(lod='1') THEN
      q_temp<=d;
        ELSIF(S='1') THEN
        FOR i IN 7 DOWNTO 1 LOOP
      q_temp(i-1)<=q(i);
        END LOOP;
      q_temp(7) <=dir;
    ELSE
      FOR i IN 0 TO 6 LOOP
        q_temp(i+1)<=q(i);
      END LOOP;
      q_temp(0) <=dil;
        END IF;
      END IF;
      q<=q_temp;
    END PROCESS;
```

END rtl;
8 位双向移位寄存器仿真波形如图 7.40 所示。

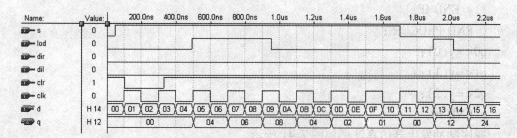

图 7.40 8 位双向移位寄存器仿真波形图

7.10 顺序脉冲发生器

在计算机和数控设备中,一般需要机器按照人们事先规定的顺序进行运算或操作,这就要求机器的控制部分不仅能正确地发出各种控制信号,且要求这些控制信号在时间上有一定的先后顺序。常用顺序脉冲发生器产生时间上先后顺序的脉冲,以实现整机各部分的协调动作。顺序脉冲发生器分为计数型顺序脉冲发生器和移位型顺序脉冲发生器。下面以 3 输出顺序脉冲发生器为例,介绍顺序脉冲发生器的设计方法。

【例 7.24】 3 输出顺序脉冲发生器的 VHDL 实例

```
LIBRARY IEEE;
USE IEEE.STD_LOGIC_1164.ALL;
ENTITY mc IS
    PORT( clk:IN STD_LOGIC;
        r:IN STD_LOGIC;
        q0,q1,q2: OUT STD_LOGIC);
    END mc;
ARCHITECTURE rtl OF mc IS
    SIGNAL y,x: STD_LOGIC_vector(2 DOWNTO 0);
BEGIN
    PROCESS(clk,r)
    BEGIN
        IF(clk'EVENT AND clk = '1')THEN
            IF( r = '1' )THEN
                y<= "000";
                x<= "001";
            ELSE
                y<=x;
```

```
                x<=x(1 DOWNTO 0)&x(2);
        END IF;
    END IF;
  END PROCESS;
q0<=y(0);
q1<=y(1);
q2<=y(2);
    END rtl;
```
顺序脉冲发生器仿真波形如图 7.41 所示。

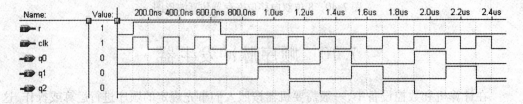

图 7.41　顺序脉冲发生器仿真波形图

本章小结

本章主要介绍常用单元电路的 VHDL 设计，并给出了它们的波形仿真图。这些常用单元电路是设计其他复杂逻辑电路的基础，读者一定要熟练掌握。

习　题

1. 什么是组合逻辑，什么是时序逻辑，对于两者的 VHDL 程序设计有何不同？
2. 设计一个二输入或门。
3. 用前面设计的二输入或门构建四输入或门并编程实现。
4. 利用三输入或门的真值表设计编写三输入或门的 VHDL 程序代码。
5. 用 IF 语句设计一个三输入表决器。
6. 用 CASE 语句设计一个三输入表决器。
7. 用 IF 语句设计一个八选一的选择器。
8. 用 CASE 语句设计一个八选一的选择器。
9. 设计一个非同步复位的下降沿触发 D 锁存器。
10. 设计一个同步复位的下降沿触发 D 锁存器。
11. 设计一个具有复位功能的十二进制计算器。
12. 设计一个具有复位功能的十进制计算器。
13. 设计一个具有复位和置数功能的十进制可逆计数器。
14. 设计一个分频系数为 14（占空比为 1∶1）的分频器。
15. 设计一个分频系数为 16（占空比为 7∶9）的分频器。
16. 设计一个分频系数为 9（占空比分别为 1∶1 和 5∶4）的分频器。

17. 设计一个分频系数为 1.5(占空比为 2∶3)的分频器。
18. 设计一个带异步清零的八位寄存器。
19. 设计一个八位串入/串出的移位寄存器。
20. 设计 8 输出顺序脉冲发生器。

第 8 章

Verilog HDL 编程基础

【内容提要】

Verilog HDL 是 EDA 技术的重要组成部分,本章介绍了 Verilog HDL 的语法基础、基本语句。首先介绍了 Verilog HDL 的基本结构,然后详细地说明了 Verilog HDL 的数据类型、操作符及运算符的功能及使用。Verilog HDL 的基本语句介绍了各种常用的语句,并配以实例,进行了深入浅出的讲解。

8.1 Verilog HDL 概述

硬件描述语言 Verilog HDL 类似于高级程序设计语言(如 C 语言等),它是一种以文本形式描述数字系统硬件的结构和行为的语言,用它可以表示逻辑电路图、逻辑表达式,还可以表示更复杂的数字逻辑系统所完成的逻辑功能(即行为)。

8.1.1 Verilog HDL 的特点

作为硬件描述语言,Verilog HDL 具有如下特点:

(1) 能够在不同的抽象层次上,如系统级、行为级、RTL 级、门级和开关级,对设计系统进行精确而简练的描述。

(2) 能够在每个抽象层次的描述上对设计进行仿真验证,及时发现可能存在的设计错误,缩短设计周期,并保证整个设计过程的正确性。

(3) 由于代码描述与具体工艺实现无关,便于设计标准化,提高设计标准化,提高设计的可重用性。如果有 C 语言的编程经验,只需很短的时间内就能学会和掌握 Verilog HDL,因此,Verilog HDL 可以作为学习 HDL 设计方法的入门和基础。

8.1.2 Verilog HDL 的基本结构

在 Verilog HDL 中使用了约 100 个预定义的关键词定义该语言的结构,Verilog HDL 使用一个或多个模块对数字系统建模,一个模块可以包括整个设计模型或者设计模型的一部分,模块的定义总是以关键词 module 开始,以关键词 endmodule 结尾。模块定义的一般语法结构如下:其中,"模块名"是模块唯一的标识符,圆括号中以逗号分隔列出的端口名是该模块的输入端口、输出端口;在 Verilog HDL 中,"端口类型说明"为 input(输入端口)、output(输出端口)、inout(双向端口)三者之一,凡是在模块名后面圆括号中出现的端口名,都必须明确地说明其端口类型。"参数定义"是将常量用符号常量代替,以增加程序的可读性和可修改性,它是一个可选择的语句。"数据类型定义"部分用来指定模块内所用的数据对象为寄存器类型还是连线类型。

接着要对该模块完成的功能进行描述,通常可以使用3种不同风格描述电路的功能:一是使用实例化低层模块的方法,即调用其他已定义好的低层模块对整个电路的功能进行描述,或者直接调用 Verilog HDL 内部基本门级元件描述电路的结构,通常将这种方法称为结构描述方式;二是使用连续赋值语句对电路的逻辑功能进行描述,对组合逻辑电路使用该方式特别方便;三是使用过程块语句结构(包括 initial 语句结构和 always 语句结构两种)和比较抽象的高级程序语句对系统功能进行描述,通常称之为行为描述方式。设计人员可以选用这3种方式中的任意一种或混合使用几种描述功能,并且在程序中排列的先后顺序是任意的。Verilog HDL 的基本结构见表 8.1。

表 8.1 Verilog HDL 的基本结构

module 模块名(端口名1,端口名2,端口名3,…); 　端口类型说明(input,output,inout); 　参数定义(可选); 　数据类型定义(wire,reg 等);	说明部分
实例化低层模块和基本门级元件; 　连续赋值语句(assign); 　过程块结构(initial 和 always) 　　行为描述语句; endmodule	逻辑功能描述部分, 其顺序是任意的

【例 8.1】 加法器的 Verilog HDL 描述。

```
module adder(in1,in2,sum);
    input in1,in2;
    output[1:0] sum;
    wire in1,in2;
    reg [1:0] sum;
    always @ (in1 or in2)
    begin
        sum = in1+in2;
    end
endmodule
```

从这个例子中可以看出,一段完整的代码主要由以下几部分组成:

第一部分是模块定义行,这一行以 module 开头,然后是模块名和端口列表,标志着后面的代码是设计的描述部分。

第二部分是端口类型和数据类型的说明部分,用于端口、数据类型和参数的定义等。

第三部分是描述的主体部分,对设计的模块进行描述,实现设计要求。模块中的"always-begin 和 end"构成一个执行块,它一直监测输入信号,其中任意一个发生变化时,两输入值相加,并将结果赋值给输出信号。

第四部分是结束行,就是用关键词 endmodule 表示模块定义结束。模块中除了结束行外,所有语句都需要以分号结束。

8.2 Verilog HDL 语言要素

8.2.1 Verilog HDL 的基本语法规则

Verilog HDL 源代码是由大量的基本语法元素构成的,其中包括空白部分(White space)、注释(Comment)、运算符(Operator)、数值(Number)、字符串(String)、标示符(Identifier)和关键字(Keyword)。

1. 间隔符

Verilog HDL 的间隔符包括空格符(\b)、Tab 键(\t)、换行符(\n)及换页符。如果间隔符并非出现在字符串中,则该间隔符被忽略。所以编写程序时,可以跨越多行书写,也可以在一行内书写。

2. 注释符

Verilog HDL 支持两种形式的注释符:/*---*/和//。其中,/*---*/为多行注释符,用于写多行注释;//为单行注释符,以双斜线//开始到行尾结束为注释文字。注释只是为了改善程序的可读性,在编译时不起作用。

3. 标识符和关键词

给对象(如模块名、电路的输入与输出端口、变量等)取名所用的字符串称为标识符,标识符通常由英文字母、数字、$ 符和下画线组成,并且规定标识符必须以英文字母或下画线开始,不能以数字或 $ 符开头。标识符需区分大小写。例如,clk、counter8、_net、bus_A 等都是合法的标识符,2cp、$ latch、a*b 则是非法的标识符;A 和 a 是两个不同的标识符。

关键词是 Verilog HDL 本身规定的特殊字符串,用来定义语言的结构,通常为小写的英文字符串。例如,module、endmodule、input、output、wire、reg、and 等都是关键词。关键词不能作为标识符使用。

4. 数值

Verilog HDL 的数值集合由以下 4 个基本值组成,见表 8.2。

表8.2　4种逻辑状态的表示

0	逻辑0、逻辑假
1	逻辑1、逻辑真
x 或 X	不确定的值(未知状态)
z 或 Z	高阻态

5. 字符串

字符串是双撇号内的字符序列,但字符串不允许分成多行书写。在表达式和赋值语句中,字符串要转换成无符号整数,用一串8位ASCII码表示,每个8位ASCII码代表一个字符(包括空格)。

8.2.2　数据类型

Verilog HDL 的数据类型是指在硬件数字电路中数据进行存储和传输的方式。按照物理数据类型分类,Verilog HDL 中变量分为线型和寄存器型两种,两者的驱动方式、保持方式和对应的硬件实现都不相同。这两种变量在定义时要设置位宽,默认值为一位。变量的每一位可以是0、1、x或z,其中x代表一个未被预置初始状态的变量,或是由于两个或更多个驱动装置试图将其设定为不同的值而引起的冲突型变量;z代表高阻状态或悬空状态。

本节主要介绍几种常用的数据类型:参数常量、线型变量、寄存器型变量以及存储器的定义方式。

1. 参数常量

参数常量是常量的一种,经常用来定义延时、线宽、寄存器位数等物理量,可以增加代码的可读性和可维护性。参数常量定义的格式为:

parameter 参数名1=常量表达式1,参数名2=常量表达式2,…。

下面是符号常量的定义实例:

parameter BIT =1,BYTE=8,PI=3.14;
parameter DELAY=(BYTE+ BIT)/2;

【例8.2】 参数定义

```
    // parameter example
  module example_for_ parameters( reg_a,bus_adder,…);
      parameter   msb=7, lsb=0, delay=10, bus_width=32;
      reg[msb:lsb]    reg_a;
      reg[bus_width:0]  bus_addr;
      and   #delay  (out,and1,and2);
      …
      Endmodule
```

说明:

①例中用文字参数 delay 代替延时常数 10,用 bus_width 代替总线宽度常数 32,用 msb 和 lsb 分别代替最高有效位 7 和最低有效位 0,方便修改设计。

②可以在一条语句中定义多个参数,中间用逗号隔开。

③对于含有参数的模块通常称为参数化模块。参数化模块的设计,体现出可重用设计的思想,在仿真中也有很大的作用。

2. 线型变量

线型变量是硬件电路中元件之间实际连线的抽象。线型变量的值由驱动元件的值决定。例如,图 8.1 所示线网 L 跟与门 G_1 的输出相连,线网 L 的值由与门的驱动信号 a 和 b 所决定,即 L=a&b。a、b 的值发生变化,线网 L 的值会立即跟着变化。当线网型变量被定义后,没有被驱动元件驱动时,线网的默认值为高阻态 z(线网 trireg 除外,它的默认值为 x)。

常用的线型变量由关键词 wire 定义。如果没有明确地说明线型变量是多位宽的矢量,则线型变量的位宽为 1 位。在 Verilog HDL 模块中如果没有明确地定义输入、输出变量的数据类型,则默认为是位宽为 1 位宽的 wire 型变量。wire 型变量的定义格式如下:

图 8.1 线网示意图

wire[n-1:0]变量名 1,变量名 2,……,变量名 n;

其中,方括号内以冒号分隔的两个数字定义了变量的位宽,位宽的定义也可以用[n:1]的形式定义。下面是 wire 型变量定义的一些例子:

wire　a,b;　　//Declare two wires a,b for the above circuit
wire　L;　　//Declare net L for the above circuit
wire　[7:0]　datebus ; //8-bit bus
wire　[32:1]　busA, busB, busC,; //3 buses of 32-bit width

线网类型除 wire 外,还有一些其他线网类型,见表 8.3。这些变量的定义格式与 wire 类型变量定义相似。

表 8.3　线型变量及其说明

线网类型	功能说明
wire,tri	表示单元(元件)之间的连线,wire 为一般连线;tri 为三态连线(用于描述多个驱动源驱动同一根线的线网类型);没有特殊意义
wor,trior	多重驱动是具有线或特性的线网类型
wand,triand	多重驱动是具有线与特性的线网类型
trireg	具有电荷保持特性的线网类型,用于开关级建模

3. 寄存器型变量

寄存器类型表示一个抽象的数据存储单元,它并不特指寄存器,而是所有具有存储能力的硬件电路的通称,如触发器、锁存器等。寄存器型变量只能在 initial 或 always 内部被赋值。寄存器型变量在没有被赋值前,它的默认值是 x。

在 Verilog 中,有 4 种寄存器类型的变量,见表 8.4。

表8.4 寄存器型变量及其说明

寄存器类型	功能说明
reg	用于行为描述中对寄存器型变量的说明
integer	32位带符号的整数型变量
real	64位带符号的实数型变量,默认值为0
time	64位无符号的时间型变量

常用的寄存器类型由关键词reg定义。如果没有明确地说明寄存器型变量是多位宽的矢量,则寄存器变量的位宽为1位。reg型变量的定义格式如下:

reg [n-1:0]变量名1,变量名2,…,变量名n;

下面是reg型变量定义的一些例子:

reg clock;//定义1位寄存器变量

reg [3:0] counter;//定义4位寄存器变量

integer、real和time等3种寄存器型变量都是纯数学的抽象描述,不对应任何具体的硬件电路。integer型变量通常用于对整数型常量进行存储和运算,在算术运算中integer型数据被视为有符号的数,用二进制补码的形式存储。而reg型数据通常被当作无符号数来处理。每个integer型变量存储一个至少32位的整数值。注意integer型变量不能使用位矢量,例如integer[3:0]num;的定义是错误的。integer型变量的应用举例如下:

integer counter;//定义一个整型变量counter

initial

counter =-1;//将-1以补码的形式存储在counter中

其中,initial是一种过程语句结构,只有寄存器类型的变量才能在initial内部被赋值。

real型变量通常用于对实数型常量进行存储和运算,实数不能定义范围,其默认值为0。当实数值被赋给一个integer型变量时,只保留整数部分的值,小数点后面的值被截掉。

time型变量主要用于存储仿真的时间,它只存储无符号数。每个time型变量存储一个至少64位的时间值。为了得到当前的仿真时间,常调用系统函数 \$ time。time型变量的应用举例如下:

time current_time;//定义一个时间类型的变量current_time

initial

current_time = \$ time;//保存当前的仿真时间到变量current_time中

4. 存储器

在设计中,经常有存储指令或存储数据等操作,因此,需要掌握对存储器的定义和描述方式。

存储器定义的格式为:

reg[wordsize-1:0] memory_name[memsize-1:0];

例如:parameter wordsize=16, memsize=1024;

reg[wordsize-1:0]   mem_ram[memsize-1:0];

定义了一个由 1 024 个 16 位寄存器构成的存储器,即存储器的字长为 16 位,容量为 1 KB。

8.2.3　Verilog HDL 运算符

Verilog HDL 定义了许多运算符,可对一个、两个或 3 个操作数进行运算。表 8.5 按类别列出了这些运算符。

表 8.5　Verilog HDL 运算符的类型及符号

运算符类型	运算符	功能说明	操作数的个数
算术运算符	+,-,*,/,%	算术运算 求模	2 2
关系运算符	<,>,<=,>=	关系运算	2
相等运算符	= = ! = = = = ! = =	逻辑相等 逻辑不等 全等 不全等	2 2 2 2
逻辑运算符	! && ||	逻辑非 逻辑与 逻辑或	2 2 2
位运算符	~ & | ^ ^~ or ~^	按位"非" 按位"与" 按位"或" 按位"异或" 按位"异或非(同或)"	1 2 2 2 2
缩位运算符	& ~& | ~| ^~ or ~^	"与"缩位 "与非"缩位 "或"缩位 "异或"缩位 "异或非(同或)"缩位	1 1 1 1 1
移位运算符	<< >>	向左移位 向右移位	2 2
条件运算符	?:	条件运算	3
位拼接运算符	{}	拼接(或合并)	大于等于 2 个

Verilog HDL 中的运算符类似于 C 语言中大多数运算符的语义和句法,但有一个例外

需要注意:Verilog HDL 中没有自加1++和自减1--的运算符。位运算符及优先级见表8.6。

表8.6 位运算符及优先级

运算符类别	运算符号	优先级别
单目运算符	! ~	最高 ↓ 最低
乘,除,求模	* / %	
加,减运算符	+ -	
移位运算符	<< >>	
关系运算符	< <= > >=	
相等运算符	= = != = = = != =	
缩位运算符	& ~& ^ ^~ | ~|	
逻辑运算符	&& ||	
条件运算符	?:	

8.2.4 系统任务与系统函数

前面介绍标示符时提到,标示符的第一个字符不能是"$",因为在 Verilog HDL 中,"$"专门用来代表系统命令(如系统函数和系统任务),本节将具体介绍常用的系统命令和系统函数功能。

Verilog HDL 共提供了10类80余种系统任务与系统功能,下面主要介绍在设计和仿真过程中常用的系统任务与系统函数。

1. 系统任务 $ display 与 $ write

系统任务 $ display 与 $ write 属于显示类系统任务(Display system tasks),主要用于仿真过程中,将一些基本信息或仿真的结果按照需要的格式输出。

$ display 与 $ write 调用的格式为:

$ display ("格式控制字符串",输出变量名表项)

$ write ("格式控制字符串",输出变量名表项)

【例8.3】 系统任务调用
```
module disp;
    reg [31:0] rval;
    initial
        begin
```

· 167 ·

```
                rval = 101;
                $display("rval=%h hex %d decimal", rval, rval);
                $display("rval=%o octal\nrval = %b bin", rval, rval);
                $display("rval has %c ascii character value", rval);
                $display("current scope is %m");
                $display("%s is ascii value for 101\n", 101);
                $write("rval=%h hex %d decimal", rval, rval);
                $write("rval=%o octal\nrval = %b bin", rval, rval);
                $write("rval has %c ascii character value", rval);
                $write("current scope is %m");
                $write("%s is ascii value for 101\n", 101);
            end
        endmodule
```

显示结果为：

```
        rval = 00000065 hex            101 decimal
        rval = 00000000145 octal
        rval = 00000000000000000000000001100101 bin
        rval has e ascii character value
        current scope is disp
        e is ascii value for 101
        rval = 00000065 hex            101 decimalrval = 00000000145 octal
        rval = 00000000000000000000000001100101 binrval has e ascii character value
        current scope is disp          e is ascii value for 101
```

通过对例 8.3 中两组显示结果的分析，可以了解到这两种系统任务唯一的区别是：

$display 在输出结束后会自动换行，而 $write 则只有在加入相应的换行符"\n"时才会产生换行。

调用系统任务 $display 和 $write 时，需要注意：

（1）格式控制字符串的内容包括两部分：一部分为与输出变量在输出时需要一并显示的普通字符，如例 8.3 第 7 行中的"rval="；另一部分为对输出的格式进行格式控制的格式说明符，如第 7 行中的"%o""\n"。"\n"主要用于换行，"%o"是格式说明符，格式说明符以"%o"开头，后面是控制字符，将输出的数据转换成指定的格式输出，具体见表 8.7。

（2）输出变量名表项指要输出的变量名。如果有多个变量需要输出，各个变量名之间可以用逗号隔开。

（3）在输出变量表项默认时，将直接输出引号中的字符串。这些字符串不仅可以是普通的字符串，而且可以是字符串变量。

表8.7 格式说明符定义

格式说明符	输出格式
%h 或%H	以十六进制数的形式输出
%d 或%D	以十进制数的形式输出
%o 或%O	以八进制数的形式输出
%b 或%B	以二进制数的形式输出
%c 或%C	以 ASCII 码字符的形式输出
%s 或%S	以字符串的形式输出
%v 或%V	输出线型数据的驱动强度
%m 或%M	输出模块的名称

2. 系统任务 $monitor

系统任务 $monitor 也属于显示类系统任务,同样用于仿真过程中对基本信息或仿真的结果输出。

$monitor 调用格式为:

$monitor("格式控制字符串",输出变量名表项);

$monitor 具有监控功能,当系统任务被调用后,就相当于启动了一个后台进程,随时对敏感变量进行监控,如果发现其中的任意一个变量发生变化,整个参数列表中变量或表达式的值都将输出显示。

3. 系统任务 $readmem

系统任务 $readmem 属文本读写类系统任务(File input-output system tasks),用于从文本文件中读取数据到存储器中。$readmem 可以在仿真的任何时刻被执行。

系统任务调用的格式为:

$readmemb("<数据文件名称>",<存储器名称>);

$readmemb("<数据文件名称>",<存储器名称>,<起始地址>);

$readmemb("<数据文件名称>",<存储器名称>,<起始地址>,<结束地址>);

$readmemh("<数据文件名称>",<存储器名称>);

$readmemh("<数据文件名称>",<存储器名称>,<起始地址>);

$readmemh("<数据文件名称>",<存储器名称>,<起始地址>,<结束地址>);

系统任务 $readmem 中,被读取的数据文件内容只能包含空白符、注释行、二进制或十六进制的数字,同样也可以存在不定态 x、高阻态 z 和下画线_。其中,数字不能包含位宽和格式说明。调用 $readmemb 时,每个数字必须是二进制,$readmemh 中必须是十六进制数字。

此外,数据文件中地址的表示格式为"@"后面加上十六进制数字。同一数据文件中可以出现多个地址。当系统任务遇到一个地址时,立刻将该地址后面的数据存放到存储器中相应的地址单元中。

4. 系统任务 $ stop 与 $ finish

$ stop 与 $ finish 属于仿真控制类系统任务(Simulation control system task)，主要用于仿真过程中对仿真器的控制作用。

$ stop 具有暂停功能，这时，设计人员可以输入相应的命令，实现人机对话。通常执行完 $ stop 后，会出现系统提示，如："Break at time.v line 13"。

$ finish 的作用是结束仿真过程，输出信息包括系统结束时间、模块名称等，如：

    ** Note: $ finish :time.v(13)
     Time:300ns Iteration:0 Instance:/test

5. 系统函数 $ time

$ time 属于仿真时间类系统函数(Simulation time system function)，通常与显示类系统任务配合，以 64 位整数的形式显示仿真过程中某一时刻的时间。

【例 8.4】 $ time 与 $ monitor 应用示例。

```
`timescale 10ns/1ns
module test;
reg set;
parameter delay=3;
initial
begin
 $monitor( $time, "set = ", set);
 #delay set=0;
 #delay set=1;
end
endmodule
```

显示结果为：

  0 set=x
  3 set=0
  6 set=1

8.2.5 编译向导

Verilog HDL 中编译向导的功能和 C 语言中编译预处理的功能非常接近，在编译时，首先对这些编译向导进行"预处理"，然后保持其结果，将其与源代码一起进行编译。

编译向导的标志是在某些标识符前添加反引号"`"，在 Verilog HDL 中，完整的编译向导集合如下：

`define	`timescale	`include
`celldefine	`default_nettype	`else
`endcelldefine	`endif	`ifdef
`nounconnected_drive	`resetall	`unconnected_drive
`undef		

本节主要介绍常用的编译向导,其他编译向导的使用可以参考 IEEE1364:1995 标准。

1. 宏定义 `define

宏定义 `define 的作用是用于文本定义,和 C 语言的 #define 类似,即在编译时通知编译器,用宏定义中的文本直接替换代码中出现的宏名。

宏定义的格式为:

`define　　<宏名>　　<宏定义的文本内容>

宏定义语句可以用于模块的任意位置,通常写在模块的外面,有效范围是从宏定义开始到源代码描述结束。此外,建议采用大写字母表示宏名,以便于与变量名相区别。

每条宏定义语句只可以定义一个宏替换,且结束时没有分号;否则,分号也将作为宏定义内容。在调用宏定义时,也需要用撇号"`"作为开头,后面跟随宏定义的宏名。

通过下面示例可知,采用宏定义能够提高代码的可读性和可移植性。

　　`define WORDSIZE 8
　　reg　[1:WORDSIZE]　data;
　　//define a nand with variable delay
　　`define VAR_NAND(dly)　　nand #dly
　　`VAR_NAND(2) g121 (q21,n10,n11);　　　　//delay is 2
　　`VAR_NAND(5) g122 (q22,n10,n11);　　　　//delay is 5

组成宏定义的字符串不能被以下标识符分隔开,如注释行、数字、字符串、确认符、关键词、双目和三目字符运算符,否则,该宏定义是非法的。

例如:

`define first_half　"start of string
$ display("first_half end of string");

上面例子就是由于被引号隔开,使得宏定义非法。

2. 仿真时间尺度 `timescale

仿真时间尺度是指对仿真器的时间单位及时间精度进行定义。

格式为:

　　　　　　`timescale　<时间单位>/<时间精度>

时间单位和时间精度都是由整数和计时单位组成的。合法的整数有 1、10、100;合法的计时单位为 s、ms(10^{-3}s)、μs(10^{-6}s)、ns(10^{-9}s)、ps(10^{-12}s)和 fs(10^{-15}s)。

在仿真时间尺度中,时间单位是用来定义模块内部仿真时间和延迟时间的基准单位;时间精度是用来声明该模块仿真时间的精确程度。如:`timescale 1 ns/100ps 指以 1 ns 作为仿真的时间单位,以 100 ps 的计算精度对仿真过程中涉及的延时量进行计算。

时间精度和时间单位的差别最好不要太大。因为在仿真过程中,仿真时间是以时间精度累计的,两者差异越大,仿真花费的时间就越长。另外,时间精度值至少要和时间单位一样精确,时间精度值不能大于时间单位值。如果一个设计中存在多个 `timescale,则采用最小的时间单位。

· 171 ·

3. 文件包含 `include

编译向导中，文件包含 `include 的作用是在文件编译过程中，将语句中指定的源代码全部包含到另外一个文件中，格式如下：

`include "文件名"

如：`include   "global.v"
  `include   "../../library/mux.v"

其中，文件名中可以指定包含文件的路径，既可以是相对路径名，也可以是完整的路径名。每条文件包含语句只能用于一个文件的包含，但是包含文件允许嵌套包含，即包含的文件中允许再包含另外一个文件。

8.3 Verilog HDL 基本语句

8.3.1 过程语句

Verilog HDL 中，所有的描述都是通过下面 4 种结构中的一种实现的：
(1) initial 语句。
(2) always 语句。
(3) task 任务。
(4) function 函数。

在一个模块内部可以有任意多个 initial 语句和 always 语句，两者都是从仿真的起始时刻开始执行的，但是 initial 语句后面的块语句只执行一次，而 always 语句则循环地重复执行后面的块语句，直到仿真结束。

task 任务和 function 函数可以在模块内部从一处或多处被调用，具体使用方法将在后面介绍。

1. initial 语句

initial 语句的格式为：

   initial
    begin
     语句 1；
     语句 2；
     …
     语句 n；
    end

在前面的源代码里面，已经多次出现 initial 语句，下面将按照 initial 块语句的形式分别介绍。

(1) 无时延控制的 initial 语句。initial 语句从 0 时刻开始执行，在下面的例子中，寄存器变量 a 在 0 时刻被赋值为 4。

  reg a;

```
...
initial
a=4;
...
```

(2) 带时延控制的 initial 语句。initial 语句从 0 时刻开始执行,寄存器变量 b 在时刻 5 时被赋值为 3。

```
reg b;
...
initial
#5    b=3;
...
```

(3) 带顺序过程块(begin-end)的 initial 语句。initial 语句从 0 时刻开始执行,寄存器变量 start 在时刻 0 时被赋值为 0,又在时刻 10 时被赋值为 1。

```
reg start;
...
initial
begin
start=0;
#10    start =1;
end
```

2. always 语句

always 语句在仿真过程中是不断重复执行的,描述格式为:

　　　　always <时序控制>   <进程语句>;

在前面的源代码里面也同样多次出现过 always 语句,以下是一些基本示例:

(1) 不带时序控制的 always 语句。由于没有时延控制,而 always 语句是重复执行的,因此下面的 always 语句将在 0 时刻无限循环。

　　　　always   clock = ~ clock;

(2) 带时延控制的 always 语句。产生一个 50 MHz 的时钟。

　　　　always   #100   clock = ~ clock;

(3) 带事件控制的 always 语句。在时钟上升沿对数据赋值。

　　　　always @ (sel or a or b)

说明 sel、a 或 b 其中任意一个信号的电平发生变化(即有电平敏感事件发生),后面的过程赋值语句将会执行一次。

而触发器状态的变化仅仅发生在时钟脉冲的上升沿或下降沿。Verilog 中分别用关键词 posedge(上升沿)和 negedge(下降沿)进行说明,这就是边沿敏感事件。例如,语句

　　　　always @ (posedge CP or negedge CR)

说明在时钟信号 CP 的上升沿到来或在清零信号 CR 跳变为低电平时,后面的过程语句就会执行。

8.3.2 赋值语句

赋值语句是 Verilog HDL 中对线型和寄存器型变量赋值的主要方式,根据赋值对象的不同,分为连续赋值语句和过程赋值语句,两者的主要区别是:

(1) 赋值对象不同。

连续赋值语句用于对线型变量的赋值;过程赋值语句完成对寄存器型变量的赋值。

(2) 赋值过程实现方式不同。

线型变量一旦被连续赋值语句赋值后,赋值语句右端表达式中的信号有任何变化,都将实时地反映到左端的线型变量中;过程赋值语句只有在语句被执行时,赋值过程才能进行一次,而且赋值过程的具体执行时间还受各种因素的影响。

(3) 语句出现位置不同。

连续赋值语句不能出现在任何一个过程块中;过程赋值语句只能出现在过程块中。

(4) 语句结构不同。

连续赋值语句以关键词 assign 为先导;过程赋值语句不需要任何先导的关键词,但是,语句的赋值分别为阻塞型和非阻塞型。

下面分别介绍两种赋值语句的具体应用。

1. 连续赋值语句

在 Verilog HDL 中,连续赋值语句用于对线型变量进行赋值,它由关键词 assign 开始,后面跟着由操作数和运算符组成的逻辑表达式。一般用法如下:

    assign <变量名> = <表达式>;

例如,2 选 1 数据选择器的连续赋值描述是:

wire A,B,SEL,L; //声明 4 个连线型变量
assign L=(A& ~ SEL)|(B&SEL); //连续赋值

4 位全加器的描述分别如例 8.5 所示。

例 8.5 中加法器的逻辑功能由一条连续赋值语句描述,由于被加数和加数都是 4 位的,而低位来的进位为 1 位,所以运算的结果可能为 5 位,用{Cout,Sum}拼接起来表示。

【例 8.5】 4 位加法器。

```
module binary_adder(A,B,Cin,Sum,Cout);
    input[3:0]A,B;
    input Cin;
    output[3:0]Sum;
    output Cout;
    assign{Cout,Sum} =A+B+Cin;
endmodule
```

例 8.6 使用条件运算符描述了一个 2 选 1 的数据选择器。在连续赋值语句中,如果 SEL=1,则输出 OUT=A;否则 OUT=B。

【例 8.6】 2 选 1 的数据选择器。

module mux2xl_df(A,B,SEL,OUT);

```
    input A,B,SEL;
    outputOUT:
    assignOUT=SEL? A:B;
endmodule
```

2. 过程赋值语句

过程赋值语句用于对寄存器类变量赋值,没有任何先导的关键词,而且只能够在always 语句或 initial 语句的过程块中赋值。

过程赋值语句有两种类型:阻塞型赋值语句和非阻塞型赋值语句。所使用的赋值符分别为"="和"<=",通常称"="为阻塞赋值符,"<="为非阻塞赋值符。在串行语句块中,阻塞型赋值语句按照它们在块中排列的顺序依次执行,即前一条语句没有完成赋值之前,后面的语句不能被执行,换言之,前面的语句阻塞了后面语句的执行,这与在一个公路收费站,汽车必须排成队顺序前进缴费有些类似。例如,下面两条阻塞型赋值语句的执行过程是:首先执行第一条语句,将 A 的值赋给 B,接着执行第二条语句,将 B 的值(等于 A 值)加1,并赋给 C,执行完后,C 的值等于 A+1。

```
begin
    B=A;
    C=B+1;
end
```

为了改变这种阻塞的状况,Verilog HDL 提供了由"<="符号构成的非阻塞型赋值语句。非阻塞型语句的执行过程是:首先计算语句块内部所有右边表达式的值,然后完成对左边寄存器变量的赋值操作,这些操作是并行执行的。例如,下面两条非阻塞型赋值语句的执行过程是:首先计算所有表达式右边的值并分别存储在暂存器中,在 begin 和 end 之间所有非阻塞型赋值语句的右边表达式都被同时计算并存储后,对左边寄存器变量的赋值操作才会进行。这样,C 的值等于 B 的原始值(而不是 A 的赋值)加1。

```
begin
    B<=A;
    C<=B+1;
end
```

综上所述,阻塞型赋值语句和非阻塞型赋值语句的主要区别是完成赋值操作的时间不同,前者的赋值操作是立即执行的,即执行后一句时,前一句的赋值已经完成;而后者的赋值操作要到顺序块内部的多条非阻塞型赋值语句运算结束时,才同时并行完成赋值操作,一旦赋值操作完成,语句块的执行也就结束了。需要注意的是,在可综合的电路设计中,一个语句块的内部只允许出现唯一一种类型的赋值语句,而不允许阻塞型赋值语句和非阻塞型赋值语句二者同时出现。在时序电路设计中,建议采用非阻塞型赋值语句。

【例 8.7】 阻塞型赋值

```
module block(c,b,a,clk);
    input clk, a;
    output c, b;
```

```
        reg   c, b;
        always@ (posedge clk)
          begin
            b=a;
            c=b;
          end
    endmodule
```

【例8.8】 非阻塞型赋值

```
    modulenon_block(c,b,a,clk);
        input clk, a;
        output c, b;
        reg   c, b;
        always@ (posedge clk)
          begin
            b<=a;
            c<=b;
          end
    endmodule
```

将上面两段代码用 Quartus Ⅱ 软件进行综合,并仿真,可分别得到如图 8.2 和图 8.3 所示的波形图。

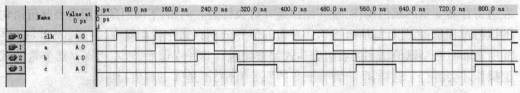

图 8.2　非阻塞型赋值方式波形图

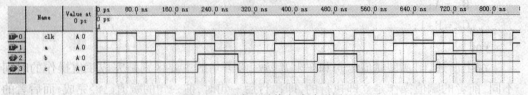

图 8.3　阻塞型赋值方式波形图

从图中不难看出对于非阻塞型赋值,c 的值落后于 b 的值一个时钟周期,这是因为该"always"块中两条语句是同时执行的。因此,每次执行完后,b 的值得到更新,而 c 的值仍是上一时钟周期的 b 值。对于阻塞型赋值,c 的值和 b 的值一样,这是因为 b 的值是立即更新的。

8.3.3 块语句

语句块用于将两条或多条语句组合在一起,使其在格式上更像一条语句。块语句有两种:一种是 begin-end 语句,通常用来标识按照给定顺序执行的串行块;一种是 fork-join 语句,用来标识并行执行的并行块。

1. 串行块(begin-end)

串行块具有如下特点:

(1)串行块中的每条语句都是依据块中的排列次序顺序执行的。

(2)串行块中每条语句的延时都是相对于前一条语句执行结束的相对时间。

(3)串行块的起始执行时间是块中第一条语句开始执行的时间,结束时间是最后一条语句执行结束的时间。

```
initial
begin
    clock=0; data_in=0;
    #40      data_in=1;
end
```

2. 并行块(fork-join)

并行块具有如下特点:

(1)并行块中的每条语句都是同时并行执行的,与排列次序无关。

(2)并行块中每条语句的延时都是相对于整个并行块开始执行的绝对时间。

(3)并行块的起始执行时间是流程控制转入并行块的时间,结束时间是并行块中按执行时间排序,最后执行的那条语句结束的时间。

8.3.4 条件语句

1. if-else 语句

if-else 语句是用来判断所给的条件是否满足,根据判定的结果(真或假)决定执行给出的两种操作之一。Verilog HDL 语言共提供了 3 种形式的 if-else 语句。

(1) if (表达式)　　块语句 1;
(2) if (表达式)　　块语句 1;
　　 else 块语句 2;
(3) if 　(表达式 1)　　块语句 1;
　　 else if 　(表达式 2)　　块语句 2;
　　 else if 　(表达式 3)　　块语句 3;
　　 …
　　 else if 　(表达式 n)　　块语句 n;
　　 else 　　　　　　块语句 $n+1$;

第一种情况下,如果条件表达式成立(即表达式的值为 1 时),执行后面的块语句 1;当条件表达式不成立(即表达式的值为 0,x,z)时,停止执行块语句 1,此时会形成锁存器,保存块语句1的执行结果。

第二种情况下,如果条件表达式不成立,执行块语句2。这样,在硬件电路上通常会形成多路选择器。

第三种情况下,依次检查表达式是否成立,根据表达式的值判断执行的块语句。由于if-else 的嵌套,需要注意 if 与 else 的配对关系,以免无法实现设计要求。

【例8.9】 2选1数据选择器。
```
module mux2tol_bh(A,B,SEL,OUT);
    input A,B,SEL;
    output OUT;
    reg OUT;           //define register variable
    always@(SEL or A or B)
        if(SEL= =1) OUT=B;   //也可以写成 if(SEL) OUT=B;
        else OUT=A;
endmodule
```

2. case 语句

case 语句构成了一个多路条件分支的结构,多用于多条件译码电路的描述中,如译码器、数据选择器、状态机及微处理器的指令译码等。Verilog HDL 语言共提供了3种形式的 case 语句。

(1) case(敏感表达式)。
  值1: 块语句1;
  值2: 块语句2;
  …
  值n: 块语句n;
  default: 块语句n+1;
endcase

(2) casez(敏感表达式)。
  值1: 块语句1;
  值2: 块语句2;
  …
  值n: 块语句n;
  default: 块语句n+1;
endcase

(3) casex(敏感表达式)。
  值1: 块语句1;
  值2: 块语句2;
  …
  值n: 块语句n;
  default: 块语句n+1;

endcase

这3种语句的描述方式唯一的区别就是对敏感表达式的判断,其中,第一种要求敏感表达式的值与给定的值1、值2……或值 n 中的一个全等时,执行后面相应的块语句;如果均不等时,执行 default 语句。第二种 casez 则认为,如果给定的值中有某一位或某几位是高阻态(z),则认为该位为"真",敏感表达式与其比较时不予判断,只需比较其他位。第三种 casex 则扩充为,如果给定的值中有某一位或某几位是高阻态(z)或不定态(x),同样认为其为"真",不予判断。

【例8.10】 4选1数据选择器。
```
module mux4tol_bh(A,SEL,E,out);
input[3:0]A;
input[1:0]SEL;
output   out;
reg   out;
always@(A or SEL or E)
begin
   if(E==1)out=0;
   else
     case(SEL)
       2'd0:out=A[0];
       2'd1:out=A[1];
       2'd2:out=A[2];
       2'd3:out=A[3];
     endcase
end
endmodule
```

8.3.5 循环语句

VerilogHDL 中存在4种类型的循环语句,可以控制语句的执行次数。这4种语句分别是 for 语句、repeat 语句、while 语句和 forever 语句。

1. for 语句

与 C 语言完全相同,for 语句的描述格式为:

    for(循环变量赋初值;循环结束条件;循环变量增值)　　块语句;

即在第一次循环开始前,对循环变量赋初值;循环开始后,判断初值是否符合循环结束条件,如果不符合,执行块语句,然后给循环变量增值;再次判断是否符合循环结束条件,如果符合循环结束条件,循环过程终止。

【例8.11】 采用 for 语句描述7人投票器。
```
module vote(pass,vote);
input [6:0]vote;
```

```
output pass;
reg pass;
reg [2:0] sum;
integer i;
always@(vote)
    begin
        sum=0;
        for(i=0;i<=7;i=i+1)
            if(vote[i]) sum=sum+1;
            if(sum[2])   pass=1;
            else    pass=0;
    end
endmodule
```

2. repeat 语句

repeat 语句可以连续执行一条语句若干次,描述格式为:
    repeat(循环次数表达式)
    块语句;

在例 8.12 中,经过重复 8 次,实现了 16 位数据前 8 位与后 8 位的数据交换。

【例 8.12】 repeat 语句的应用。

```
if(rotate==1)
repeat(8)
begin
   temp=data[15];
   data={data<<1,temp};
end
```

【例 8.13】 采用 repeat 语句实现两个 8 位二进制数乘法。

```
module mult_repeat(outcome,a,b);
    parameter size=8;
    input[size:1]   a,b;
    output[2*size:1] outcome;
    reg[2*size:1] temp_a, outcome;
    reg[size:1] temp_b;
    always@(a or b)
        begin
            outcome=0;
            temp_a=a;
            temp_b=b;
            repeat(size)
```

```
        begin
            if(temp_b[1])   outcome = outcome + temp_a;
            temp_a = temp_a<<1;
            temp_b = temp_b>>1;
        end
    end
endmodule
```

3. while 语句

while 语句是不停地执行某一条语句,直至循环条件不满足时退出。描述格式为:

    while(循环执行条件表达式)
        块语句;

while 语句在执行时,首先判断循环执行表达式是否为真,如果为真,执行后面的块语句,然后再返回判断循环执行条件表达式是否为真,依据判断结果确定是否需要继续执行。

while 语句与 for 语句十分类似,都需要判断循环执行条件是否为真,以此确定是否需要继续执行块语句。

【例 8.14】 通过调用 while 语句实现从 0 到 100 的计数过程。

```
initial
    begin
        count = 0;
        while (count<101)
        begin
            $display("count=%d", count);
            count = count+1;
        end
    end
```

4. forever 语句

forever 语句可以无条件地连续执行语句,多用在"initial"块中,生成周期性输入波形,通常为不可综合语句。描述格式为:

forever 块语句;

【例 8.15】 试用 forever 循环语句产生一个时钟信号。

```
module CP_gen(CP);
output CP;
initial    //初始化语句结构
    begin
        CP = 1'b1;   //在 0 时刻,CP=1
        #50 forever
        #25 CP = ~CP;//每隔 25 个时间单位,CP 反相一次
```

```
    end
endmoclule
```

这一实例产生时钟波形,CP 在 0 时刻首先被初始化为 1,并一直保持到 50 个时间单位。此后每隔 25 个时间单位,CP 反相一次。主要用于仿真测试,不能进行逻辑综合。

8.3.6 任务与函数

Verilog HDL 分模块对系统加以描述,但有时这种划分并不一定方便或显得勉为其难。因此,Verilog HDL 还提供了任务和函数的描述方法。通常在描述设计的开始阶段,设计者更多关注总体功能的实现,之后再分阶段对各个模块的局部进行细化实现,任务和函数对这种设计思路的实现有很大帮助。

任务和函数是在模块内部将一些重复描述或功能比较单一的部分相对独立地进行描述,在设计中可以多次调用。

1. 任务和函数的区别

(1)函数需要在一个仿真时间单位内完成;而任务定义中可以包含任意类型的定时控制部分及 wait 语句等。

(2)函数不能调用任务,而任务可以调用任何任务和函数。

(3)函数只允许有输入变量且至少有一个,不能有输出端口和输入输出端口;任务可以没有任何端口,也可以包括各种类型的端口。

(4)函数通过函数名返回一个值;任务则不需要。

2. task 任务

任务可以在源代码中的不同位置执行共同的代码段,这些代码段已经用任务定义编写成任务,因此,能够从源代码的不同位置调用任务。

任务的定义与引用都在一个模块内部完成,任务内部可以包含时序控制,即时延控制,并且任务也能调用任何任务(包括其本身)和函数。

定义格式为:

```
    task<任务名>;
        <端口及数据类型定义语句>
        <语句1>
        <语句2>
        ...
        <语句n>
    endtask
```

调用格式为:

　　<任务名>(端口1,端口2,……);

需要注意的是:任务调用变量和定义时说明的 I/O 变量是一一对应的。比如下面是一个定义任务的例子。

```
    task test;
    input a, b;
```

output c;
assign c=a&b;
endtask

当调用该任务时,可使用如下语句:

test(in1, in2, out);

调用任务 test 时,变量 in1 和 in2 的赋值给 a 和 b,而任务执行完后,c 的值则赋值给了 out。

3. function 函数

函数与 task 任务一样,也可以在模块中的不同位置执行同一段代码;不同之处是函数只能返回一个值,而不能包含任何时间控制语句。函数可以调用其他函数,但是不能调用任务。此外,函数必须至少带有一个输入端口,在函数中允许没有输出或输入输出说明。

函数定义格式为:

function<位宽说明>函数名;
 <输入端口与类型说明>
 <局部变量说明>
 begin
  <语句 1>
  <语句 2>
  …
  <语句 n>
endfunction

函数调用是通过将函数作为表达式中的操作数来实现的。其调用格式为:

<函数名>(<表达式 1>,<表达式 2>,…)

【例 8.16】 用函数和 case 语句描述的编码器(不含优先顺序)。

```
module code_83(din, dout);
    input [7:0]  din;
    output[2:0]  dout;
    function [2:0] code;     //函数定义
        input[7:0] din;      //函数只有输入,输出为函数名本身
        casex(din)
        8'b1xxx_xxxx: code=3'h7;
        8'b01xx_xxxx: code=3'h6;
        8'b001x_xxxx: code=3'h5;
        8'b0001_xxxx: code=3'h4;
        8'b0000_1xxx: code=3'h3;
        8'b0000_01xx: code=3'h2;
        8'b0000_001x: code=3'h1;
```

```
            8'b0000_0001: code = 3'h0;
            default: code = 3'hx;
        endcase
    endfunction
    assign dout = code(din);    //函数调用
endmodule
```

本章小结

本章主要介绍了 Verilog HDL 的基本语言要素,数据类型和语句结构,并以其作为 Verilog HDL 工程设计基础。

习 题

1. 判断下列 Verilog HDL 标识符是否合法,如有错误则指出原因:
   A_B_C, _A_B_C, 1_2_3, 74HC245, D100%
2. 用门级描述(结构描述)方法,编写一位全加器的 Verilog HDL 源程序。
3. 用 if 语句编写 4 选 1 数据选择器的 Verilog HDL 源程序。
4. 用门级描述方法编写基本 RS 触发器的 Verilog HDL 源程序。
5. 编写异步清除 8 位二进制加法计数器的 Verilog HDL 源程序。
6. 用 Verilog HDL 设计 16 选 1 数据选择器。
7. 用 Verilog HDL 设计 4 位全减器。
8. 用 Verilog HDL 语言设计一个 100 分频的分频器。

实 践 篇

第 9 章 数字系统设计仿真实验

【内容提要】

本章介绍了 3 个数字系统设计的仿真实验,从原理图输入设计、VHDL 文本输入设计到综合设计,从中可使读者掌握基于 Quartus Ⅱ 的数字系统设计的基本步骤和方法。

9.1 Quartus Ⅱ 入门及原理图输入的设计

1. 实验目的

(1)学习 Quartus Ⅱ 软件的安装和使用。

(2)初步掌握 Quartus Ⅱ 原理图输入设计的全过程。

2. 实验任务

(1)实现一个一位的半加器。

(2)实现一个一位的全加器。

(3)实现一个四位的全加器。

(4)实现一个四位的移位寄存器。

3. 实验步骤

(1)安装 Quartus Ⅱ,重点阅读安装说明,正确设置 License 文件。

①将 bin 文件夹中的文件 sys_cpt.dll 复制、粘贴到 Quartus Ⅱ 的根目录下,即右击 Quartus Ⅱ 图标\属性\打开文件夹位置,如图 9.1 所示。若该位置已经存有此文件,选择替换。

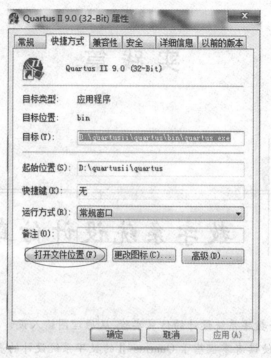

图 9.1 查找 quartus.exe 文件所在文件夹快捷方式

②双击 licgen.exe 文件，出现图 9.2 所示对话框。

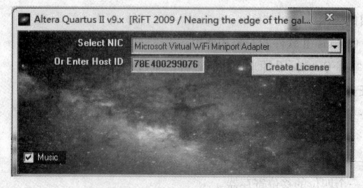

图 9.2 生成 license 文件

③点击 create License，出现图 9.3 所示对话框。

第 9 章　数字系统设计仿真实验

图 9.3　选择保存文件的路径

④保存这个文件(要记住所保存的 license 文件的具体位置)。

⑤双击打开 QUARTUS Ⅱ,选择第三项,if you have……,添加你的 license 文件,如图 9.4 所示。

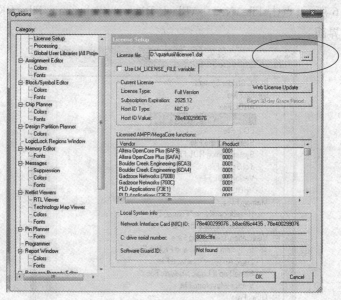

图 9.4　添加 license 文件

(2)一位半加器设计。

①打开 Quartus Ⅱ,新建工程,如图 9.5 所示。File\New project wizard…。

· 187 ·

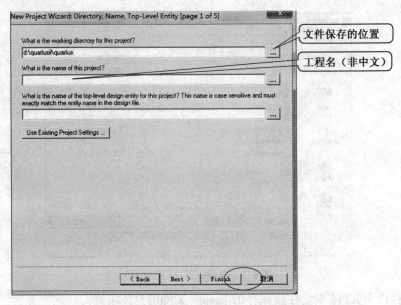

图 9.5　新建工程

②创建新的原理图文件。

a. 如图 9.6 所示,点击 File\New…\Black Diagram/Schematic File\OK,进入图 9.7 所示原理图输入界面。

图 9.6　新建原理图文件

第9章 数字系统设计仿真实验

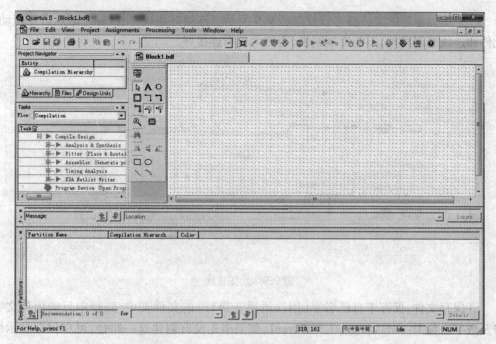

图9.7 原理图输入界面

b. 编辑方式窗口后,在空白处双击鼠标左键,或点击鼠标右键,选择 Insert\Symbol(或 Symbol as Block),进入\...quartus/librares\输入自己需要的原理图符号。比较简单的逻辑符号可选 primitives 下的元件。也可在 Name:框下直接输入你要选择输入的符号名称。如 input、output、xor 等,如图9.8 所示。注意:在 pin 下有输入和输出端口 input 和 output。

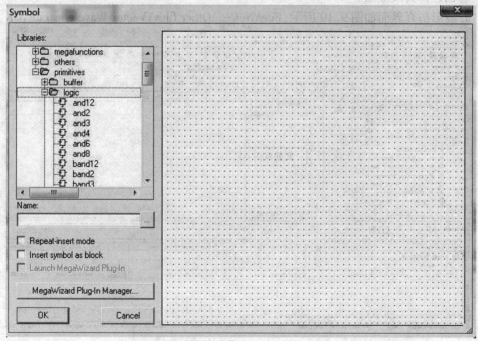

图9.8 调入原理图符号

c. 半加器原理图文件参考设计如图9.9所示。连接好连线,用鼠标左键点击并拖动,元件和连线一起移动,不能出现断裂,否则为没有连接好。

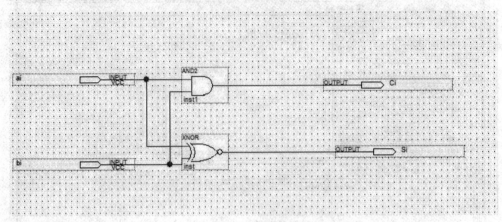

图9.9 绘图连线

③保存文件:保存于自己名字(用汉语拼音拼写)的文件夹中,路径中只能用英文字符及数字。如 D:\eda\tangguobin\shiyan1,如果事先没有创建这一路径,可在保存显示框中新建所需的文件路径及工作目录,路径中不出现中文。

④编译:Processing\Start Compilation(或者直接点击工具栏中的 ▶ 按钮)。如果出现错误,修改后保存,再编译,直至成功。仿真成功后提示成功编译信息及相关报告(自动打开)。

⑤创建仿真波形图。

a. 波形仿真界面如图9.10所示,File\New…\Other files\Vector Waveform File\OK。

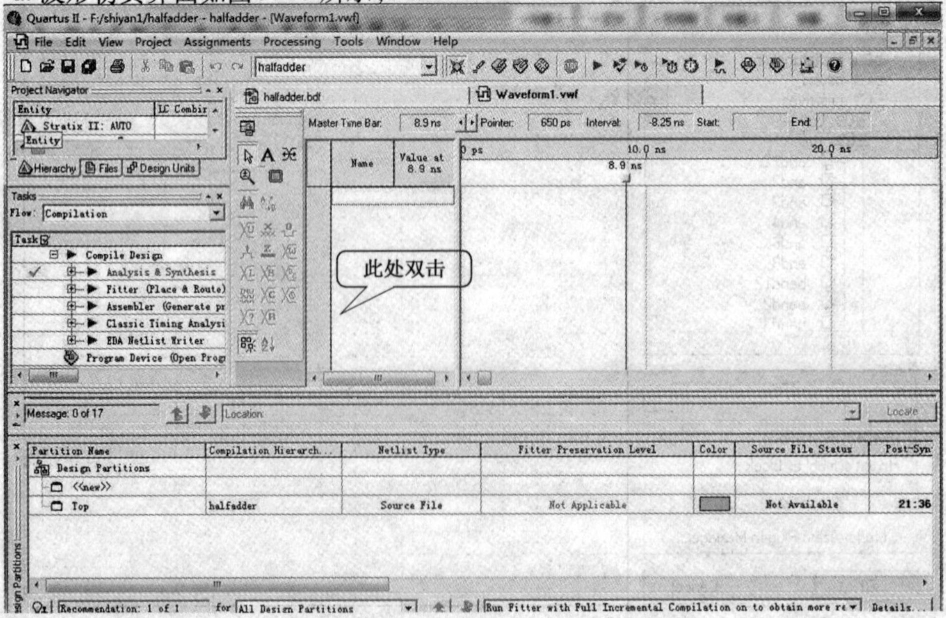

图9.10 波形仿真界面

双击引脚名 Name 栏空白处，出现"Insert Node or Bus"窗口，单击"Node Finder…"，如图 9.11 所示，出现"Node Finder"窗口，如图 9.12 所示，Filter 处选择下拉菜单中的"Pins：all"，然后单击"List"按钮，则在"Nodes Found："窗口下列出所有节点，选择需要仿真的部分节点或全部节点至"Selected Nodes："窗口，单击"确定"。

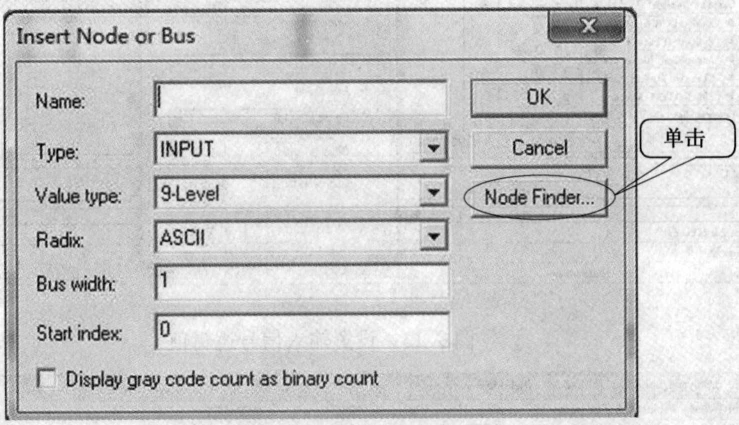

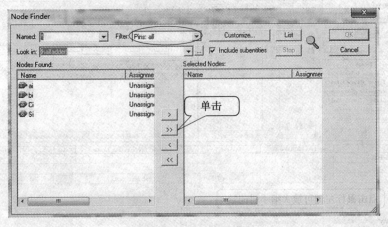

图 9.11　插入仿真节点

图 9.12　导入仿真节点

b. Edit\End Time…\设置仿真结束时间。通常选 10 μs。
c. Edit\Grid Time…\设置网格时间。通常选 1 μs。
d. 设置输入信号逻辑值或时钟及总线值，如图 9.13、图 9.14 所示。

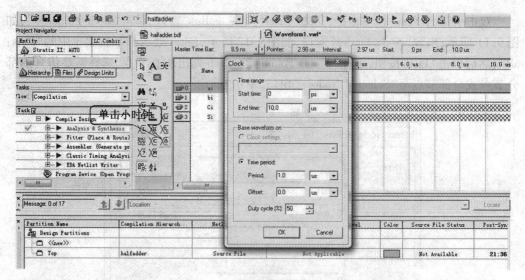

图 9.13　设置输入信号逻辑值

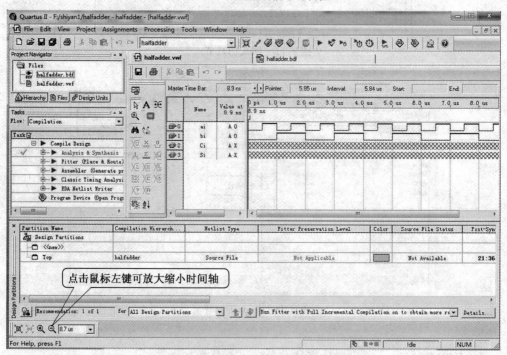

图 9.14　波形时间轴可调整

e. 保存仿真文件,采用默认的文件名(与实体文件名相同,路径相同,扩展名为.vwf)。

f. 开始仿真:processing/simulator tool,单击生成仿真网表按钮,勾选仿真结果覆盖仿真输入选项等。如图 9.15 所示。

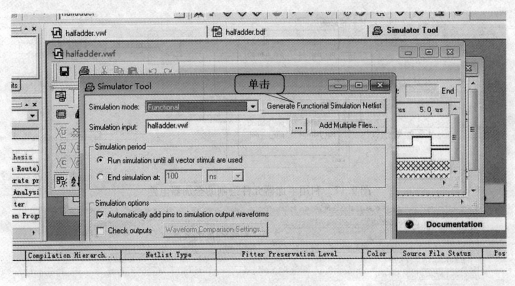

图 9.15　仿真工具设置

g. 单击 start,成功之后,点击 report 查看结果。

(3) 一位全加器设计。

① 将半加器设置成元件:file/create update/create symbol files for current file,如图 9.16 所示。

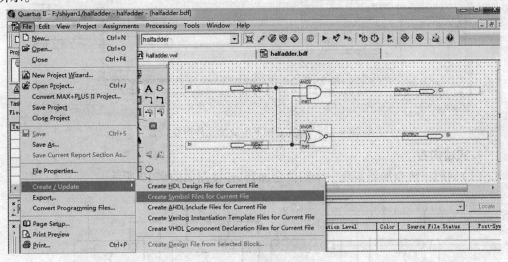

图 9.16　生成符号元件

② 新建原理图文件,调入全加器所用元件,方法同半加器设计,全加器所用元件参考如图 9.17 所示。然后进行编译及波形仿真。

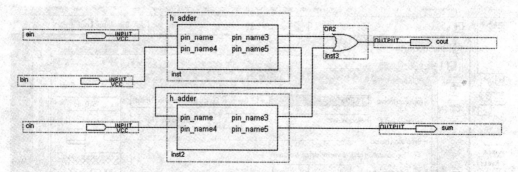

图9.17 利用半加器元件绘制的全加器电路

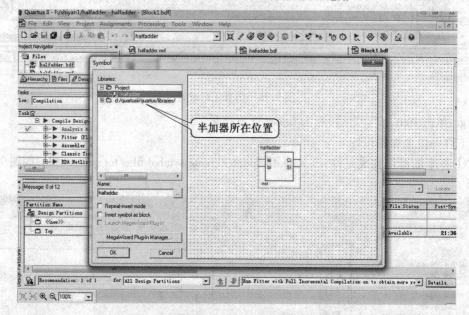

图9.18 当前工程下生成的元件所在位置

4. 实验内容

(1)利用一位全加器实现一个四位全加器,连接图如图9.19所示。

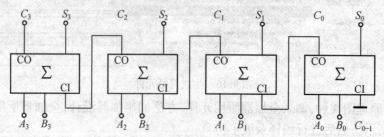

图9.19 四位全加器连线示意图

(2)实现由 D 触发器构成的四位移位寄存器,连接图如图9.20所示。

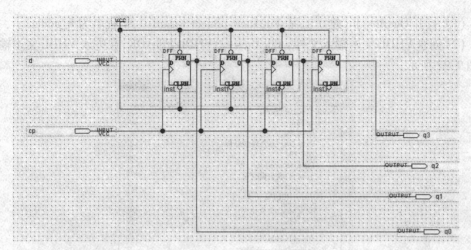

图 9.20　四位移位寄存器电路图

5. 实验报告要求

(1) 简述原理图输入方法的步骤。

(2) 画出一位半加器，一位全加器和四位全加器的原理图。

(3) 画出一位半加器，一位全加器和四位全加器的仿真波形图(包括所有状态)。

(4) 画出四位移位寄存器的仿真波形图。

9.2　基于 VHDL 的文本输入法的设计

1. 实验目的

(1) 进一步熟悉 Quartus Ⅱ 软件的使用方法。

(2) 初步掌握 Quartus Ⅱ 文本输入法设计的全过程。

2. 实验任务

(1) 实现一个一位的半加器。

(2) 实现一个一位的全加器。

(3) 实现一个四位的全加器。

3. 实验步骤

按图 9.21 进行一位半加器的设计。

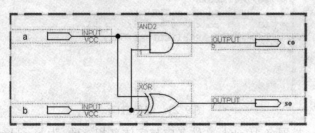

图 9.21　半加器电路图

(1) 打开 Quartus Ⅱ,建立工程,File\new project wizard…,工程名为 h_adder1。

(2) 创建 VHDL 文本输入文件,File\new…\VHDL File\OK,在进入 VHDL 文本输入,如图 9.22 所示。

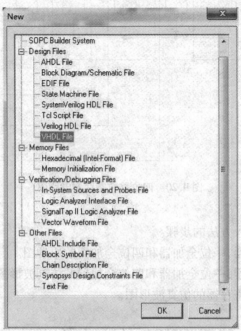

图 9.22　新建 VHDL 文件

在文本中输入相应的程序,如图 9.23 所示。

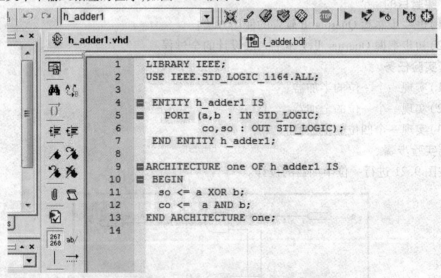

图 9.23　编程窗口

(3) 保存文件,扩展名为.vhd,文件名应与实体名相一致,为 h_adder1.vhd。

(4) 编译:Processing\Start Compilation(或者直接点击工具栏中的 ▶ 按钮)。如果出现

错误,修改后保存,再编译,直至成功。仿真成功后提示成功编译信息及相关报告(自动打开)。

(5) 创建仿真波形图。

①File\New…\Other files\Vector Waveform File\OK。

②Edit\End Time…\设置仿真结束时间。通常选 10 μs。

③Edit\Grid Time…\设置网格时间。通常选 1 μs。

④设置输入信号逻辑值或时钟及总线值。

⑤保存仿真文件,采用默认的文件名(与实体文件名相同,路径相同,扩展名为.vwf)。

⑥开始仿真:processing/simulator tool—>simulation mode 设置为 functional—>单击 Generate Functional Simulation Netlist ——>单击 start,成功之后,点击 report 查看结果。

4. 实验内容

(1) 在半加器原有工程的基础上,新建 VHDL 文本文件,实现一个或门。

(2) 在半加器原有工程的基础上,新建 VHDL 文本文件,利用已实现的一位半加器和或门,运用元件例化语句实现一个一位全加器,连接图如图 9.24 所示。

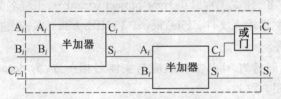

图 9.24　一位全加器逻辑示意图

(3) 在半加器原有工程的基础上,新建 VHDL 文本文件,利用已实现的一位全加器和或门,运用元件例化语句实现一个四位全加器,连接图如图 9.25 所示。

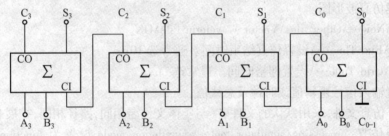

图 9.25　四位全加器逻辑示意图

(4) 运用 VHDL 语言,实现一个基本的 D 触发器。

5. 实验报告要求

(1) 简述 VHDL 文本输入方法的步骤。

(2) 写出一位半加器、一位全加器和四位全加器的 VHDL 语言程序。

(3) 画出一位半加器、一位全加器和四位全加器的仿真波形图(包括所有状态)。

(4) 写出 D 触发器的 VHDL 程序,并画出仿真波形图。

9.3 图形和 VHDL 混合输入的电路设计

1. 实验目的
(1)学习在 Quartus Ⅱ 软件中模块符号文件的生成与调用。
(2)掌握模块符号与模块符号之间的连线。
(3)掌握从设计文件到模块符号的创建过程。

2. 实验任务
(1)用文本输入方式描述七段数码显示译码电路。
(2)用文本输入方式描述四位二进制计数器。
(3)设计计数显示电路。
(4)用图形与 VHDL 混合方式实现一位全加器和关于 D 触发器的设计。

3. 实验步骤
(1)七段数码管显示电路。
①打开 Quartus Ⅱ,建立工程,File\new project wizard…,工程名为 decoder。
②创建 VHDL 文本输入文件, File\new…\VHDL File\OK,在进入文本图输入,在文本中输入相应的程序。
③保存文件,扩展名为.vhd,文件名应与实体名相一致,为 decoder。(工程中的第一个文件要与工程名相一致)
④编译:Processing\Start Compilation(或者直接点击工具栏中的 ▶ 按钮)。如果出现错误,修改后保存,再编译,直至成功。仿真成功后提示成功编译信息及相关报告(自动打开)。
⑤创建仿真波形图。
　a. File\New…\Other files\Vector Waveform File\OK。
　b. Edit\End Time…\设置仿真结束时间。通常选 10μs。
　c. Edit\Grid Time…\设置网格时间。通常选 1μs。
　d. 设置输入信号逻辑值或时钟及总线值。
　e. 保存仿真文件,采用默认的文件名(与实体文件名相同,路径相同,扩展名为.vwf。
　f. 开始仿真:processing/simulator tool—>simulation mode 设置为 functional—>单击 Generate Functional Simulation Netlist ——>单击 start,成功之后,点击 report 查看结果。
⑥把文件切到程序窗口,创建模块符号文件。在 File 菜单中选择 Create/Update 项,进而选择 Create Symbol for Current File,点击确定按钮,即可创建一个代表刚才打开的设计文件功能的符号(.bsf),如图 9.26 所示。如果该文件对应的符号文件已经创建过,则执行该操作时会弹出提示信息,询问是否要覆盖现存的符号文件。用户可以根据自己的意愿进行选择。

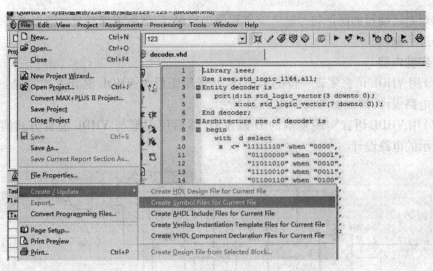

图 9.26　生成符号文件

(2) 用相同于七段数码管显示电路的设计方法,设计四位二进制计数器,并将该文件创建成模块符号文件。

(3) 模块符号文件创建完成后,再新建一个图形编辑文件。

① File\new…\Black Diagram/Schematic File\OK。在 Symbol 对话框中的 Project 项下会出现前面创建的模块符号文件,如图 9.27 所示,在这里可以任意调用这些功能模块符号文件。

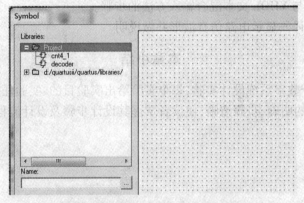

图 9.27　生成符号元件查找位置

② 在图形文件中,选取这些模块符号文件放置到工作区,调入需要的模块符号以后,进行符号之间的连线,以及放置输入、输出或双向引脚,参考连线如图 9.28 所示。

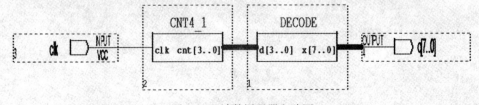

图 9.28　计数译码器电路图

③对自己编写的图形符号输入文件程序进行保存,然后编译并进行波形仿真,对程序的错误进行修改。

4. 实验内容

(1)用 VHDL 语言实现一位的半加器,然后用图形与 VHDL 混合方式实现一位的全加器的电路设计,连线参考图如图 9.24 所示。

(2)用 VHDL 语言实现基本的 D 触发器,然后用图形与 VHDL 混合方式实现如图 9.29 所示的电路设计。

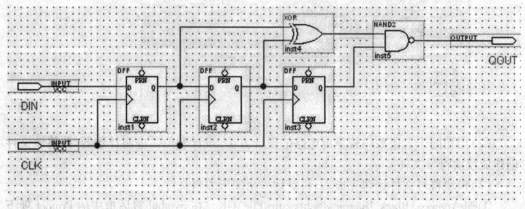

图 9.29　电路逻辑图

5. 实验报告要求

(1)简述图形与 VHDL 文本混合输入方法的步骤。

(2)画出计数译码显示电路仿真波形并做说明。

本章小结

本章通过多个数字系统设计实验,每个实验给出实验目的、实验任务、实验步骤、实验报告要求,做到目的明确、步骤清晰,使读者掌握其设计步骤及设计流程。

第10章

数字系统设计硬件实训

【内容提要】

本章简要介绍常见的数字系统设计实验开发系统硬件情况,继而展开了图形输入设计实训、VHDL 文本输入设计实训和数字系统综合设计实训。

10.1 数字系统设计实验开发系统简介

1. CPLD 最小系统

本实验开发板由两片 CPLD 芯片构成,其中 PCB 板左片 CPLD 最小系统由一片 EPM7128SLC84-15 器件为核心器件,配以晶振和下载接口构成。EPM7128SLC84-15 采用 PLCC84 插座安装,可以使用管座的 PLCC 封装形式,这样如果芯片损坏则方便更换,不会影响教学。EPM7128SLC84-15 的 I/O 口是对用户开放的,实验者可自己定义 I/O 口和选择管脚,方便与其他模块的电路连接。PCB 板右片 CPLD 最小系统可用于产生多路不同频率的方波,实验者可根据实际需要,利用开发软件设计分频器,产生不同的频率信号,供实验用。将左片 EPM7128SLC84-15 作为实验时的主芯片,根据不同电路需求设计数字电路。

实验板的下载接口采用 JTAG 编程接口及 ByteBlasterMV 下载电缆。仅采用一片 74HC244 作为线路驱动,兼容多系列器件,并可提供 PS 和 JTAG 两种下载模式。采用的晶振为有源晶振,频率为 50 MHz。

2. 独立按键模块

独立按键模块,可以提供单脉冲,适合学习编码器和译码器等组合逻辑电路。此模块也可为其他电路提供单次脉冲,但是此电路没有设计防抖动电路,在实验时需要利用软件设计防抖电路。

3. 逻辑开关模块

逻辑开关模块的主要功能是能够输出稳定的逻辑电平。可通过开关拨至为高电平或低电平,向其他模块输入高低电平,常用来验证所设计的门电路的正确性和使能端的输入信号。

4. 矩阵键盘模块

矩阵键盘模块由 4 根行线和四根列线组成，可通过行列扫描方式提供更多的按键编码。行线和列线交叉点为一个按键，共 16 个按键，通过对 CPLD 进行编程，便可识别出每个按键。

5. LED 显示模块

LED 显示模块包括 10 位 LED 显示、两位静态数码管显示、四位动态数码管显示。

两位静态数码管采用共阴极数码管，每位数码管有 8 段，A、B、C、D、E、F、G、DP 共引出 8 位，可与 CPLD 的管脚相连接，适合验证译码器设计实验，进行静态显示。

8 位动态数码管显示电路采用了两块 4 位共阴极数码管。采用动态扫描的连接方式，其目的是节约 CPLD 的 I/O 口。在使用该显示模块时，为了减少 CPLD 的输出电流，采用了 NPN 三极管作为驱动电路，其基极可供连接 CPLD 的 I/O 引脚，发射极接地，集电集连接每个数码管位选端。这样，当 CPLD 的 I/O 引脚输出高电平时，位选选通对应的数码管。

10 路 LED 指示灯电路用于显示逻辑电平的输出，逻辑高电平点亮 LED 指示灯，反之指示灯灭。

6. 蜂鸣器模块

蜂鸣器模块由三极管驱动电路和蜂鸣器构成。该部分一般应用在电路设计时，需要产生音效时应用，适用于含有音乐、音效的设计课题。为了降低 CPLD 的功耗，采用一个 PNP 三极管驱动蜂鸣器。当设计电路提供一定频率的信号时，由三极管放大来驱动蜂鸣器发声。

10.2 图形输入设计实训

10.2.1 Quartus Ⅱ图形输入方式设计流程

与数字系统设计仿真实验一章内容所述相似，硬件操作是在仿真操作基础上，增了几个步骤，最终将设计目标下载到目标实验板上，进行硬件设计验证。详细步骤请参见数字系统设计仿真实验一章，此处只简述增加步骤的详细描述。

（1）打开 Quartus Ⅱ，建立工程。
（2）创建新的原理图文件，进入原理图输入。
（3）保存并编译文件。
（4）器件型号设置，点击 assignments\device，出现如图 10.1 所示窗口。

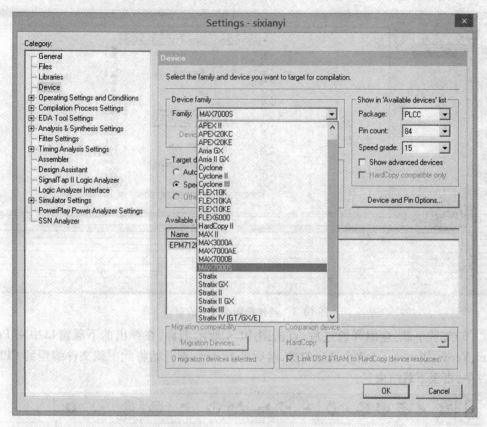

图 10.1　器件型号设置窗口

（5）器件管脚设置，点击 assignments\Pins，出现如图 10.2 所示窗口，器件管管脚设置完成窗口如图 10.3 所示。

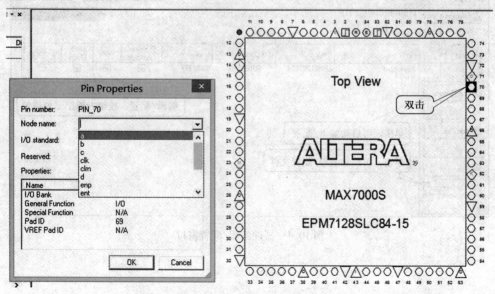

图 10.2　器件管脚设置窗口

基于 EDA 技术的数字系统设计与实践

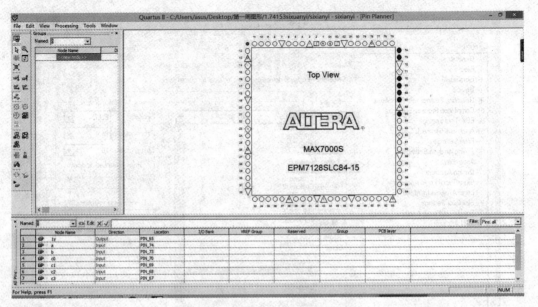

图 10.3　器件管脚设置完成窗口

(6) 编程下载：全编译通过后，点击图 10.4 所示图标，在弹出的下载窗口中将 Program、Verify、Blankcheck 3 个选项勾选，然后单击 start，即开始将此下载文件编程到 CPLD 器件中，直至下载结束。

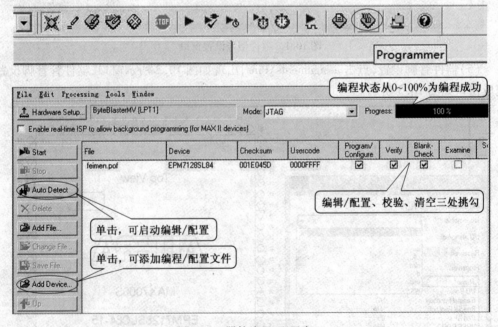

图 10.4　器件编程/配置窗口

10.2.2 实训项目1——组合逻辑电路设计

1. 数据选择器电路设计

利用74153(双4选1多路选择器)设计4选1数据选择器。74153功能表见表10.1。

表10.1 74153功能表

输入							输出
选择		数据				使能端	
B	A	C0	C1	C2	C3	GN	Y
×	×	×	×	×	×	1	0
0	0	0	×	×	×	0	0
0	0	1	×	×	×	0	1
0	1	×	0	×	×	0	0
0	1	×	1	×	×	0	1
1	0	×	×	0	×	0	0
1	0	×	×	1	×	0	1
1	1	×	×	×	0	0	0

在 quartus Ⅱ 绘图界面下绘制电路图,并进行引脚分配,如图10.5所示。

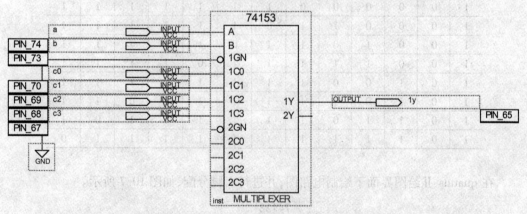

图10.5 4选1数据选择器原理图

编译、保存并仿真,仿真波形图如图10.6所示。

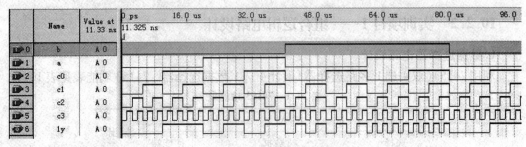

图 10.6　4 选 1 数据选择器仿真波形图

设置器件型号、锁定引脚,全编译通过后,将目标文件 *.pof 文件下载到实验板中,验证硬件功能是否正确。6 个输入连接 6 个逻辑开关,1 个输出连接 1 个 LED。

2. 译码器电路设计

(1)利用 74138 设计 3-8 线译码器。

74138 功能表见表 10.2。

表 10.2　74138 功能表

输入					输出							
使能端		选择										
G1	G2*	C	B	A	Y0N	Y1N	Y2N	Y3N	Y4N	Y5N	Y6N	Y7N
×	1	×	×	×	1	1	1	1	1	1	1	1
0	×	×	×	×	1	1	1	1	1	1	1	1
1	0	0	0	0	0	1	1	1	1	1	1	1
1	0	0	0	1	1	0	1	1	1	1	1	1
1	0	0	1	0	1	1	0	1	1	1	1	1
1	0	0	1	1	1	1	1	0	1	1	1	1
1	0	1	0	0	1	1	1	1	0	1	1	1
1	0	1	0	1	1	1	1	1	1	0	1	1
1	0	1	1	0	1	1	1	1	1	1	0	1
1	0	1	1	1	1	1	1	1	1	1	1	0

在 quartus Ⅱ 绘图界面下绘制电路图,并进行引脚分配,如图 10.7 所示。

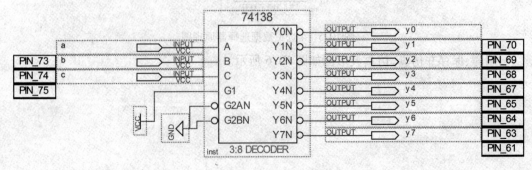

图 10.7　译码器原理图

编译、保存并仿真,仿真波形图如图 10.8 所示。

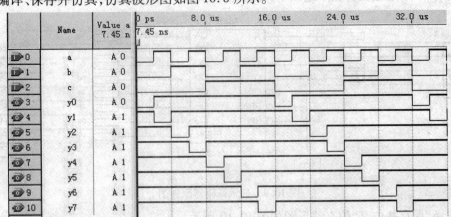

图 10.8　译码器仿真波形图

设置器件型号、锁定引脚,全编译通过后,将目标文件 *.pof 文件下载到实验板中,验证硬件功能是否正确。3 个输入连接 3 个逻辑开关,8 个输出连接 8 个 LED。

（2）利用 7448 设计显示译码器。

7448 是共阴极数码管译码器,功能表见表 10.3。

表 10.3　7448 功能表

十进数或功能	输入							输出							
	LTN	RBIN	D	C	B	A	BIN	OA	OB	OC	OD	OE	OF	OG	RBON
0	1	1	0	0	0	0	1	1	1	1	1	1	1	0	1
1	1	×	0	0	0	1	1	0	1	1	0	0	0	0	1
2	1	×	0	0	1	0	1	1	1	0	1	1	0	1	1
3	1	×	0	0	1	1	1	1	1	1	1	0	0	1	1
4	1	×	0	1	0	0	1	0	1	1	0	0	1	1	1
5	1	×	0	1	0	1	1	1	0	1	1	0	1	1	1
6	1	×	0	1	1	0	1	0	0	1	1	1	1	1	1
7	1	×	0	1	1	1	1	1	1	1	0	0	0	0	1
8	1	×	1	0	0	0	1	1	1	1	1	1	1	1	1
9	1	×	1	0	0	1	1	1	1	1	0	0	1	1	1
10	1	×	1	0	1	0	1	0	0	0	1	1	0	1	1
11	1	×	1	0	1	1	1	0	0	1	1	0	0	1	1
12	1	×	1	1	0	0	1	0	1	0	0	0	1	1	1
13	1	×	1	1	0	1	1	1	0	0	1	0	1	1	1
14	1	×	1	1	1	0	1	0	0	0	1	1	1	1	1
15	1	×	1	1	1	1	1	0	0	0	0	0	0	0	1
BI	×	×	×	×	×	×	0	0	0	0	0	0	0	0	×
RBI	1	0	0	0	0	0	×	0	0	0	0	0	0	0	0
LT	0	×	×	×	×	×	1	1	1	1	1	1	1	1	1

· 207 ·

在 quartus Ⅱ绘图界面下绘制电路图,并进行引脚分配,如图 10.9 所示。

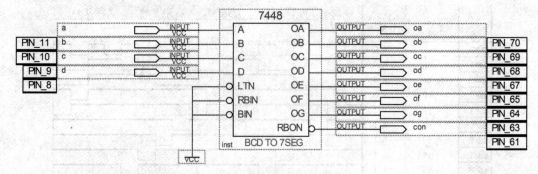

图 10.9　显示译码器原理图

编译、保存并仿真,仿真波形图如图 10.10 所示。

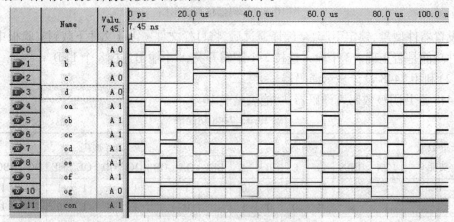

图 10.10　显示译码器仿真波形图

设置器件型号、锁定引脚,全编译通过后,将目标文件 *.pof 文件下载到实验板中,验证硬件功能是否正确。4 个输入连接 4 个逻辑开关,8 个输出连接 1 个静态数码管显示。

10.2.3　实训项目 2——时序逻辑电路设计

1. 触发器电路设计

(1) 利用库元件 DFF 设计 D 触发器。
DFF 功能表见表 10.4。

表 10.4　DFF 功能表

输入				输出
prn	clrn	clk	d	q
0	1	×	×	1
1	0	×	×	0
0	0	×	×	lllegal

续表 10.4

输入			输出	
1	1	⎍	0	0
1	1	⎍	1	1
1	1	0	×	Qo*
1	1	1	×	Qo

在 quartus Ⅱ 绘图界面下绘制电路图,并进行引脚分配,如图 10.11 所示。

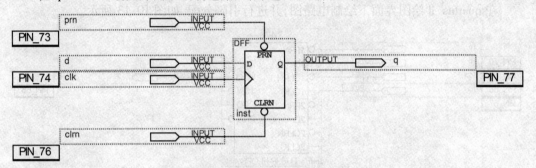

图 10.11　D 触发器原理图

编译、保存并仿真,仿真波形图如图 10.12 所示。

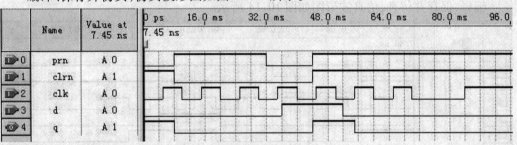

图 10.12　D 触发器仿真波形图

设置器件型号、锁定引脚,全编译通过后,将目标文件 *.pof 文件下载到实验板中,验证硬件功能是否正确。clk 连接 1 kHz 的时钟源,其他 3 个输入连接 3 个逻辑开关,1 个输出连接 1 个 LED。

(2) 利用 7474 设计 D 触发器。

7474 是带异步置数和异步清零功能的双 D 触发器。7474 功能表见表 10.5。

表 10.5　7474 功能表

输入				输出	
prn	clrn	clk	d	q	qn
0	1	×	×	1	0
1	0	×	×	0	1

续表 10.5

输入				输出	
0	0	×	×	Illegal	Illegal
1	1	⌐	0	0	1
1	1	⌐	1	1	0
1	1	0	×	Qo*	/Qo

在 quartus Ⅱ 绘图界面下绘制电路图,并进行引脚分配,如图 10.13 所示。

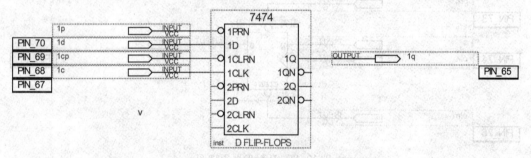

图 10.13　7474 集成电路 D 触发器原理图

编译、保存并仿真,仿真波形图如图 10.14 所示。

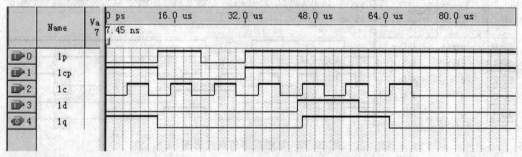

图 10.14　7474 集成电路 D 触发器仿真波形图

设置器件型号、锁定引脚,全编译通过后,将目标文件 *.pof 文件下载到实验板中,验证硬件功能是否正确。clk 连接 1 kHz 的时钟源,其他 3 个输入连接 3 个逻辑开关,1 个输出连接 1 个 LED。

2. 计数器电路设计

(1)采用 74161 设计 4 位二进制加计数器。

74161 是具有同步置数和异步清零功能的 4 位二进制加计数器,74161 功能表见表 10.6。

表 10.6 74161 功能表

输入									输出				
clk	ldn	clrn	enp	ent	d	c	b	a	qd	qc	qb	qa	rco
×	×	0	×	×					0	0	0	0	0
⌐	0	1	×	×	d	c	b	a	d	c	b	a	*
⌐	1	1	×	0					QD	QC	QB	QA	*
⌐	1	1	0	×					QD	QC	QB	QA	*
⌐	1	1	1	1					0	0	0	0	0
⌐	1	1	1	1					0	0	0	1	0
⌐	1	1	1	1					0	0	1	0	0
⌐	1	1	1	1					0	0	1	1	0
⌐	1	1	1	1					0	1	0	0	0
⌐	1	1	1	1					0	1	0	1	0
⌐	1	1	1	1					0	1	1	0	0
⌐	1	1	1	1					0	1	1	1	0
⌐	1	1	1	1					1	0	0	0	0
⌐	1	1	1	1					1	0	0	1	0
⌐	1	1	1	1					1	0	1	0	0
⌐	1	1	1	1					1	0	1	1	0
⌐	1	1	1	1					1	1	0	0	0
⌐	1	1	1	1					1	1	0	1	0
⌐	1	1	1	1					1	1	1	0	0
⌐	1	1	1	1					1	1	1	1	1

在 quartus Ⅱ 绘图界面下绘制电路图,并进行引脚分配,如图 10.15 所示。

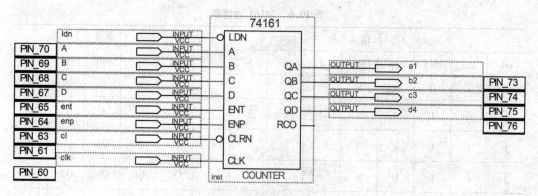

图 10.15　4 位二进制加计数器原理图

将目标文件 *.pof 文件下载到实验板中,验证硬件功能是否正确。clk 连接 1Hz 的时钟源,其他 8 个输入连接 8 个逻辑开关,4 个输出连接 4 个 LED。

(2)利用 74161 清零端和 74248 设计十进制计数器。

为了能够方便观测计数结果,可采用 1 位静态数码管显示,在计数器的输出连接一共阴极译码器 74248(同 7448),同时将 74161 的 LDN、ENT、ENP 根据真值表连接高电平,利用输出反馈至 clr 输入端的相关连接,构成十进制计数器,电路图如图 10.16 所示。

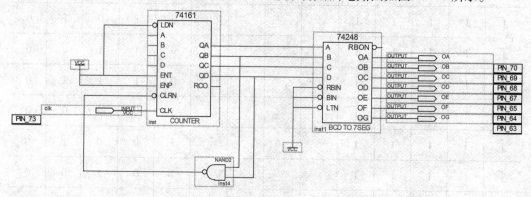

图 10.16　十进制计数译码显示器原理图 1

编译、保存并仿真,仿真波形图如图 10.17 所示。

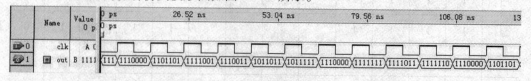

图 10.17　十进制计数译码显示器仿真波形图

设置器件型号、锁定引脚,全编译通过后,将目标文件 *.pof 下载到实验板中,验证硬件功能是否正确。clk 连接 1 Hz 的时钟源,7 个输出连接 1 位静态显示数码管。

(3)利用 74161 置数端和 74248 设计十进制计数器。

将 74161 的 CLRN、ENT、ENP 根据真值表连接高电平,A、B、C、D 共 4 个置数信号输入端接至地上,目的是当 74161 置数功能有效时,实现置 0 功能。利用输出反馈至 LDN 输入端的相关连接,构成十进制计数器,电路图如图 10.18 所示。

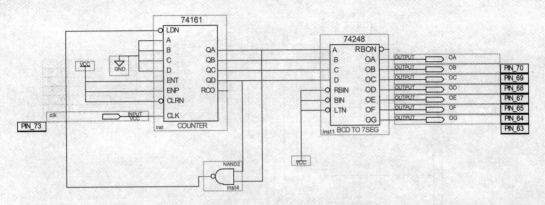

图10.18 十进制计数译码显示器原理图2

编译、保存并仿真,仿真波形图如图10.19所示。

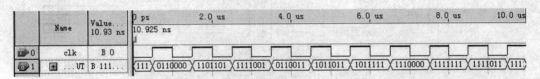

图10.19 十进制计数译码显示器仿真波形图

(4) 利用74161和74248设计任意进制计数器。

将前述电路进行简单改动便可设计出100进制以内的任意进制计数器,图10.20为13进制计数译码显示器电路原理图,图10.21为100进制计数译码显示器电路原理图。

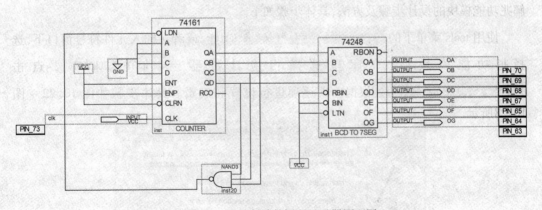

图10.20 13进制计数译码显示器原理图

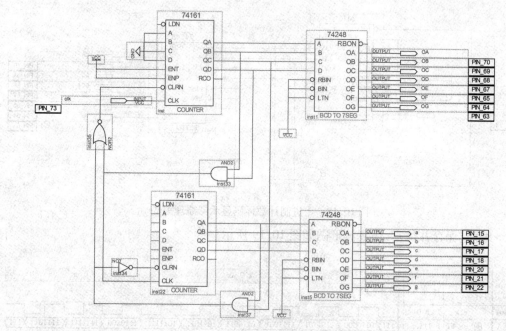

图 10.21 100 进制计数译码显示器原理图

设置器件型号、锁定引脚,全编译通过后,将目标文件 *.pof 文件下载到实验板中,验证硬件功能是否正确。1 个输入连接 1Hz 信号源,2 个 7 位输出连接 2 个静态数码管。

10.2.4 实训项目 3——兆功能模块设计

利用 Quartus Ⅱ 软件中的兆功能模块 LPM_counter 功能设计数控分频器。目的是了解兆功能模块的设计步骤及方法,具体步骤如下。

使用 tools 菜单下的 MegaWizard Plug-In Manager... 功能,或者在插入元件符号窗口下,选择兆功能模块库,在库里选择相应计数器 lpm_counter,点击 MegaWizard Plug-In Manager... 根据选项逐项进行设置和编辑。具体步骤如图 10.22~图 10.28 所示。

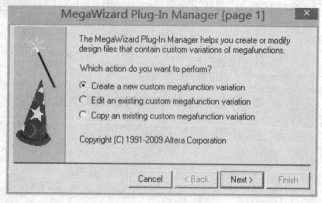

图 10.22 创建兆功能模块窗口

第 10 章 数字系统设计硬件实训

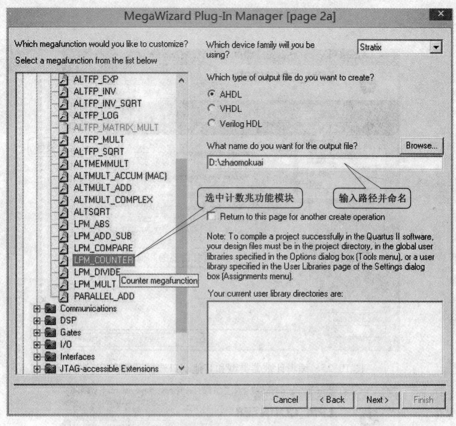

图 10.23 选择库中兆功能模块及保存路径

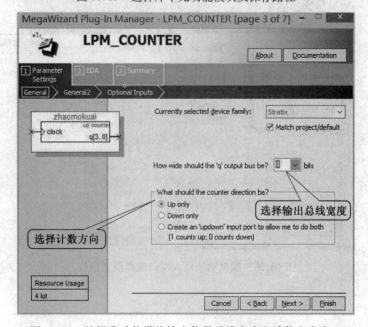

图 10.24 编辑兆功能模块输出信号总线宽度和计数方向窗口

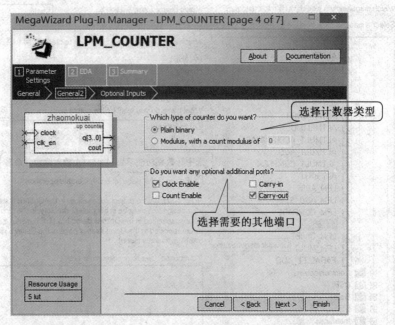

图 10.25　编辑计数器类型和其他端口选择设置窗口

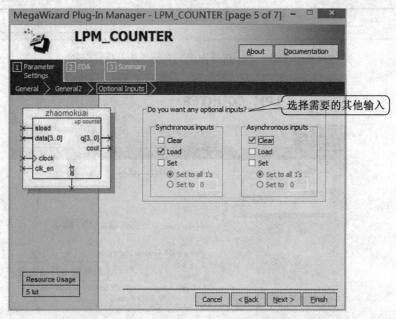

图 10.26　编辑功能输入端口选择设置窗口

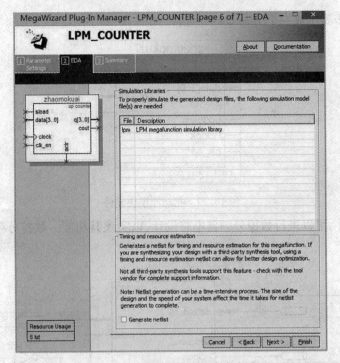

图 10.27 兆功能模块仿真库窗口

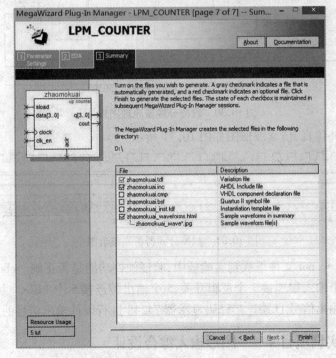

图 10.28 兆功能模块文件路径窗口

根据上述步骤生成一个 zhaomokuai 元件,如图 10.29 所示。

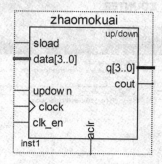

图 10.29 兆功能模块元件

利用该元件,可以进行数控分频器电路设计,以实现其功能。数控分频器如图 10.30 所示。

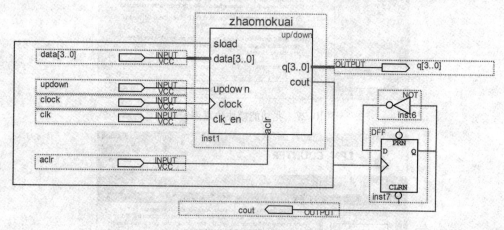

图 10.30 数控分频器原理图设计

编译、保存并仿真,仿真波形图如图 10.31 所示。

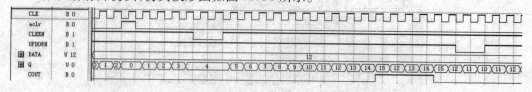

图 10.31 数控分频器仿真波形图

将目标文件 *.pof 文件下载到实验板中,验证硬件功能是否正确。clk 连接 1 kHz 的时钟源,其他 7 个输入端连接 7 个逻辑开关,5 个输出端连接 5 个 LED。为方便进行硬件测试,可将上图输出信号 Q 端连接译码显示器 74248 进行硬件输出信号的观测。

10.2.5 实训项目 4——图形输入综合设计

1. 数字频率计设计

设计一个数字频率计电路,要求采用 2 位静态显示数码管显示被测频率值;测量范围为 0 ~ 99 Hz。

频率的定义为单位时间内信号振荡的次数,即 1 s 时间内的周期数。数字频率计的基本原理是测量周期性信号在单位时间内的信号周期数,所以其主要电路是计数器,需要控制的是计数器的输入脉冲和计数时间。频率计中计数器的输入脉冲为被测信号,计数时间为时基信号的周期(单位时间),显然切换实测信号和时基信号的路径就可实现数字频率测量功能的转换。此外,被测频率需要采用两位数码管显示,因此还需要译码器的设计。

(1)设计测频用含时钟使能控制的 2 位十进制计数器。

频率计的核心元件之一是含有时钟使能及进位扩展输出的十进制计数器。为此这里拟用一个双十进制计数器 74390 和其他一些辅助元件来完成。含时钟使能控制的 2 位十进制计数器电路图如图 10.32 所示。图中,clk 是输入时钟信号,clr 信号具有清零功能;当 enb 为高电平允许计数时,低电平禁止计数;当低 4 位计数器计到 9 时,向高 4 位计数器进位,由 count 输出。

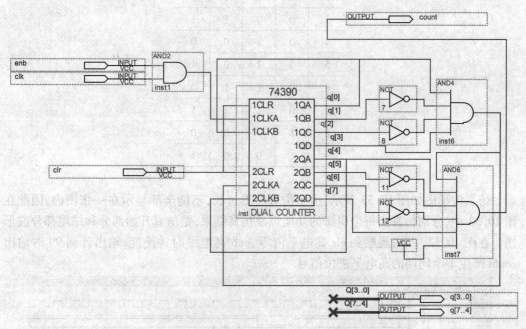

图 10.32 含时钟使能控制的 2 位十进制计数器

在原理图的绘制过程中注意总线的表达方式(粗线条表示总线)。当以标号方式进行总线连接,可以如图 10.32 中的输出信号 Q 所示。若一根 8 位的总线 bus1[7..0]欲与另 3 根分别为 1、3、4 个位宽的连线顺序相接,它们的标号可分别表示为 bus1[0]、bus1[3..1]、bus1[7..4]。

将当前文件 conter8.bdf 生成一个元件符号 conter8 后存盘,以待在高层次设计中调用。

74390 是双十进制计数器,功能表见表 10.7。

表10.7 74390功能表

输入		输出			
CLR	CLK	QD	QC	QB	QA
1	×	0	0	0	0
0	↘	计数			

十进制:QA 连接至 CLKB 构成

输入	输出			
计数	QD	QC	QB	QA
0	0	0	0	0
1	0	0	0	1
2	0	0	1	0
3	0	0	1	1
4	0	1	0	0
5	0	1	0	1
6	0	1	1	0
7	0	1	1	1
8	1	0	0	0
9	1	0	0	1

仿真波形图如图10.33所示,由于仿真波形过长,不能全部显示在一张图内,因此在图10.33中,分别仿真出每个引脚的功能以及仿真结果,是仿真开始部分和结尾部分波形图。在图10.33中,可观察到clr高电平清零,enb高电平时钟使能,输出计到99时输出count产生1个周期的高电平进位信号。

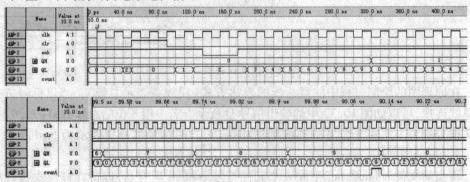

图10.33 图10.32电路仿真波形图

设置器件型号、锁定引脚、全编译通过后,将目标文件conter8.pof文件下载到实验板中,clk输入连接1Hz信号源,clr、enb输入连接实验板开关,count输出连接LED,QH和QL输出连接8只LED,验证硬件功能是否正确。

(2) 设计频率计主体结构电路。

根据频率计的测频原理,可以完成如图 10.34 所示的频率计主体结构的电路设计。文件命名为 zhuti.bdf。

图 10.34 所示的电路中,74374 是 8 位锁存器;74248 是 7 段 BCD 译码器,它的 7 位输出可以直接与 7 段共阴极数码管相接,图上方的 74248 显示个位频率计数值,下方的显示十位频率计数值;conter8 是电路图 10.32 构成的元件。

F_IN 是待测频率信号,CNT_EN 是对待测频率脉冲计数允许信号,CNT_EN 高电平允许计数,低电平禁止计数。由锁存信号 LOCK 发出的脉冲,将 conter8 中的两个 4 位十进制数"39"锁存进 74374 中,并由 74374 分高低位通过总线 H[6..0] 和 L[6..0] 送给 74248 译码输出显示,这就是测得的频率值。COUNT 是预留频率计扩展用的。

在实际测频中,由于 CNT_EN 是测频控制信号,如果其频率选定为 0.5 Hz,则其允许计数的脉宽为 1 s,这样,数码管就能直接显示 F_IN 的频率值了。

74374 是具有输出使能和三态输出的 8D 锁存器,功能表见表 10.8。

表 10.8　74374 功能表

输入			输出
oen	clk	d	q
1	×	×	Z
0	×	×	×
0	⌐	0	0
0	⌐	1	1
0	0	×	Q0

频率计主体结构电路仿真波形图如图 10.35 所示。与图 10.33 同理,在图 10.35 中可观察到输出信号和输出信号对应的逻辑关系,输出为共阴极数码管段码,a 段为段码低位,依次类推。

设置器件型号、锁定引脚,全编译通过后,将目标文件 zhuti.pof 文件下载到实验板中,F_IN、lock 输入连接两个信号源,CLR、CNT_EN 输入连接实验板开关,count 输出连接 LED,H 和 L 输出连接两只静态显示数码管,验证硬件功能是否正确。

(3) 设计时序控制电路。

时序控制电路主要用于产生测频所需的时序关系,需要产生 3 个控制信号:CNT_EN、LOCK 和 CLR,以便使频率计数顺利完成计数、锁存和清零 3 个重要的功能。图10.34 给出了相应电路(取文件名为 tf_ctro.bdf)。该电路由 3 部分组成:4 位二进制计数器 7493,4-16 译码器 74154 和两个由双与非门构成的 RS 触发器。

74154 是 4-16 线译码器,其功能表见表 10.9。

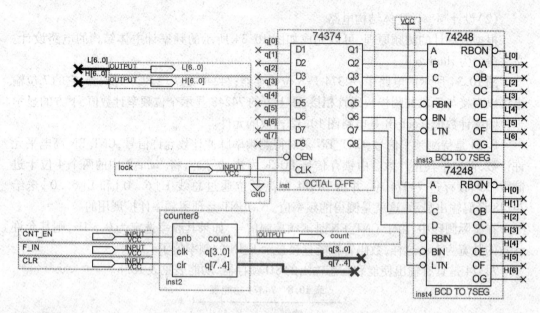

图 10.34　频率计主体结构

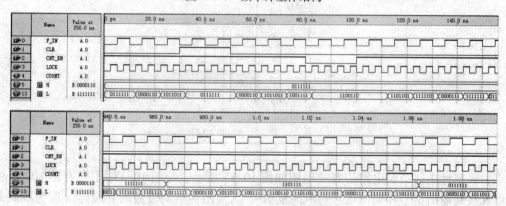

图 10.35　图 10.34 仿真波形图

表 10.9　74154 功能表

输入					输出															
使能端		选择																		
G1N	G2N	D	C	B	A	0	1	2	3	4	5	6	7	8	9	10	11	12	13	14	15
0	0	0	0	0	0	0	1	1	1	1	1	1	1	1	1	1	1	1	1	1	1
0	0	0	0	0	1	1	0	1	1	1	1	1	1	1	1	1	1	1	1	1	1
0	0	0	0	1	0	1	1	0	1	1	1	1	1	1	1	1	1	1	1	1	1
0	0	0	0	1	1	1	1	1	0	1	1	1	1	1	1	1	1	1	1	1	1
0	0	0	1	0	0	1	1	1	1	0	1	1	1	1	1	1	1	1	1	1	1
0	0	0	1	0	1	1	1	1	1	1	0	1	1	1	1	1	1	1	1	1	1

续表 10.9

输入		输入				输出															
使能端		选择																			
0	0	0	1	1	0	1	1	1	1	1	1	0	1	1	1	1	1	1	1	1	1
0	0	0	1	1	1	1	1	1	1	1	1	1	0	1	1	1	1	1	1	1	1
0	0	1	0	0	0	1	1	1	1	1	1	1	1	0	1	1	1	1	1	1	1
0	0	1	0	0	1	1	1	1	1	1	1	1	1	1	0	1	1	1	1	1	1
0	0	1	0	1	0	1	1	1	1	1	1	1	1	1	1	0	1	1	1	1	1
0	0	1	0	1	1	1	1	1	1	1	1	1	1	1	1	1	0	1	1	1	1
0	0	1	1	0	0	1	1	1	1	1	1	1	1	1	1	1	1	0	1	1	1
0	0	1	1	0	1	1	1	1	1	1	1	1	1	1	1	1	1	1	0	1	1
0	0	1	1	1	0	1	1	1	1	1	1	1	1	1	1	1	1	1	1	0	1
0	0	1	1	1	1	1	1	1	1	1	1	1	1	1	1	1	1	1	1	1	0
0	1	×	×	×	×	1	1	1	1	1	1	1	1	1	1	1	1	1	1	1	1
1	0	×	×	×	×	1	1	1	1	1	1	1	1	1	1	1	1	1	1	1	1
1	1	×	×	×	×	1	1	1	1	1	1	1	1	1	1	1	1	1	1	1	1

采用 74154 设计的时序控制电路如图 10.36 所示。

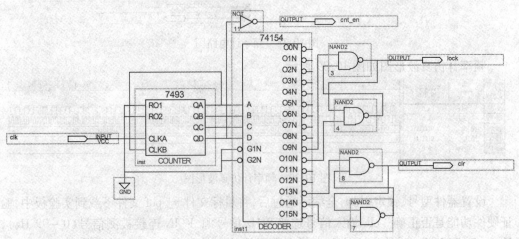

图 10.36　时序控制电路原理图

时序控制电路仿真波形图如图 10.37 所示。

（4）设计顶层电路。

将前述电路综合起来，设计如图 10.38 所示的自动测频频率计电路。F_IN 为待测频率输入信号，CLK 为测频控制时钟信号。

根据电路图 10.38 和波形图可以算出，如果从 clk 输入的控时钟频率是 8 Hz，则基数使能信号 CNT_EN 的脉宽即为 1 s，从而可使数码管直接显示 F_IN 的频率值。频率计电路图如图 10.38 所示。

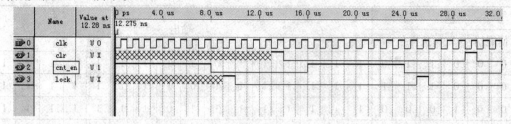

图 10.37 时序控制电路仿真波形图

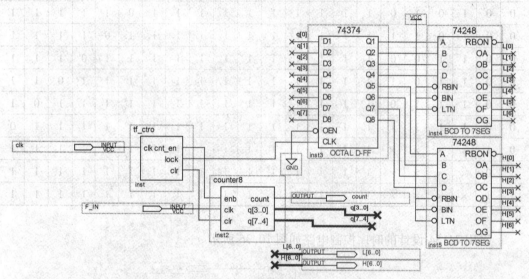

图 10.38 频率计电路图

频率计仿真波形图如图 10.39 所示。

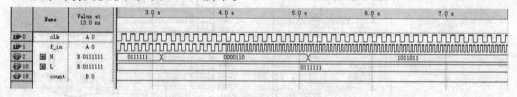

图 10.39 频率计仿真波形图

设置器件型号、锁定引脚,全编译通过后,将目标文件 *.pof 文件下载到实验板中,验证硬件功能是否正确。clk 输入信号连接 8 Hz 信号源,F_IN 连接被测信号(0~99 Hz),H[6..0]和 L[6..0]输出连接 2 个静态数码管的十位和个位,输出进位信号 count 连接 1 个 LED。

2. 病房呼叫系统设计

设计一个数字系统满足 4 个病房呼叫,呼叫信息显示在护士站相应的 4 个指示灯上,具体要求如下:

(1)1 号病房优先级最高,即当 1 号呼叫按钮按下,1 号灯亮,其余病房呼叫无效。

(2)2 号病房优先级第二,即当 1 号呼叫按钮没有按下,2 号呼叫按钮按下时,2 号灯亮,其余病房呼叫无效。

(3)3 号病房优先级第三,即当 1、2 号呼叫按钮均没有按下,3 号呼叫按钮按下时,3 号灯亮,4 号病房呼叫无效。

(4)4 号病房优先级第四,即当 1、2、3 号呼叫按钮均没有按下,4 号呼叫按钮按下时,4 号灯亮。

根据设计要求分析,可采用优先编码器进行设计,表 10.10 列出了呼叫系统功能。

表 10.10　呼叫灯逻辑真值表

A1	A2	A3	A4	Y2	Y1	Y0	Z1	Z2	Z3	Z4
0	x	x	x	0	0	0	1	0	0	0
1	0	x	x	0	0	1	0	1	0	0
1	1	0	x	0	1	0	0	0	1	0
1	1	1	0	0	1	1	0	0	0	1
1	1	1	1	非以上状态			0	0	0	0

74148 是 8-3 线编码器,其功能表见表 10.11。

表 10.11　74148 功能表

	输入								输出				
Ein	0N	1N	2N	3N	4N	5N	6N	7N	A2N	A1N	A0N	GSN	EON
1	×	×	×	×	×	×	×	×	1	1	1	1	1
0	1	1	1	1	1	1	1	1	1	1	1	1	0
0	×	×	×	×	×	×	×	0	0	0	0	0	1
0	×	×	×	×	×	×	0	1	0	0	1	0	1
0	×	×	×	×	×	0	1	1	0	1	0	0	1
0	×	×	×	×	0	1	1	1	0	1	1	0	1
0	×	×	×	0	1	1	1	1	1	0	0	0	1
0	×	×	0	1	1	1	1	1	1	0	1	0	1
0	×	0	1	1	1	1	1	1	1	1	0	0	1
0	0	1	1	1	1	1	1	1	1	1	1	0	1

利用 74148 设计的病房呼叫系统原理图如图 10.40 所示。

设置器件型号、锁定引脚,全编译通过后,将目标文件 *.pof 文件下载到实验板中,验证硬件功能是否正确。4 个输入连接 4 个逻辑开关,4 个输出连接 4 个 LED。

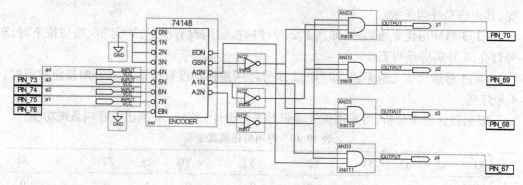

图 10.40 病房呼叫系统电路图

10.3 VHDL 文本输入设计实训

10.3.1 Quartus Ⅱ 文本输入设计流程

Quartus Ⅱ 文本输入设计流程与图形输入方式设计流程相同,仅设计输入步骤为文本输入方式设计,而不是绘图方式进行设计输入。步骤如下:

(1) 打开 Quartus Ⅱ,建立工程。
(2) 创建新的文本输入文件(扩展名为.vhd、.v 等),进入文本输入界面,输入程序代码。
(3) 保存并编译文件。
(4) 器件型号、器件管脚设置。
(5) 全编译、编程下载。

10.3.2 实训项目 1——基本门电路设计

1. 与非门电路 VHDL 设计

(1)用逻辑运算符 AND 实现。
ENTITY yufei IS
　　PORT(a:IN BIT;
　　　　b:IN BIT;
　　　　y:OUT BIT);
END ENTITY yufei;
ARCHITECTURE one OF yufei IS
BEGIN
y<=aNAND b;
END one;
(2)用 CASE 语句实现。
ENTITY yufei IS

```
    PORT(a,b:IN BIT;
         y:OUT BIT);
END ENTITY yufei;
ARCHITECTURE one OF yufei IS
SIGNAL c:BIT_VECTOR(1 DOWNTO 0);
    BEGIN
        c<=a&b;
    PROCESS(c)
    BEGIN
        CASE c IS
        WHEN "00" => y<='1';
        WHEN "01" => y<='1';
        WHEN "10" => y<='1';
        WHEN "11" => y<='0';
        END CASE;
    END PROCESS;
END one;
```

保存、编译并仿真,仿真波形图如图10.41所示。

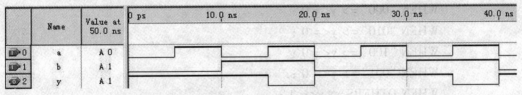

图10.41 与非门仿真波形图

设置器件型号、锁定引脚,如图10.42所示。

	Node Name	Direction	Location
1	a	Input	PIN_15
2	b	Input	PIN_16
3	y	Output	PIN_17

图10.42 与非门引脚设置

全编译通过后,将目标文件 * .pof 文件下载到实验板中,验证硬件功能是否正确。两个输入连接2个逻辑开关,1个输出连接1个LED。

10.3.3 实训项目2——组合逻辑电路设计

1. 三人表决器设计

(1)用逻辑表达式 AND 实现。

```
ENTITY biaojueqi IS
PORT(a,b,c:IN BIT;
```

```
        y:OUT BIT);
    END ENTITY biaojueqi;
    ARCHITECTURE one OF biaojueqi IS
    BEGIN
        y<=(a AND b) OR (a AND c) OR (b AND c);
    END one;
```
(2)用 CASE 语句实现。
```
    ENTITY biaojueqi IS
    PORT(a,b,c:IN BIT;
        y:OUT BIT);
    END ENTITY biaojueqi;
    ARCHITECTURE one OF biaojueqi IS
    SIGNAL x:BIT_VECTOR(2 DOWNTO 0);
    BEGIN
        x<=a&b&c;
        PROCESS(x)
        BEGIN
            CASE x IS
            WHEN "000" => y<='0';
            WHEN "010" => y<='0';
            WHEN "100" => y<='0';
            WHEN "001" => y<='0';
            WHEN OTHERS => y<='1';
            END CASE;
        END PROCESS;
    END one;
```
编译、保存并仿真,仿真波形图如图 10.43 所示。

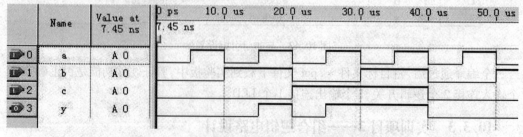

图 10.43　三人表决器仿真波形图

全编译通过后,将目标文件 *.pof 文件下载到实验板中,验证硬件功能是否正确。3 个输入连接 3 个逻辑开关,1 个输出连接 1 个 LED。

2.4 选 1 数据选择器电路设计

```
LIBRARY IEEE;
USE IEEE.STD_LOGIC_1164.ALL;
ENTITY sixuanyi IS
PORT(a,b:IN STD_LOGIC;
     input: IN STD_LOGIC_VECTOR (3 DOWNTO 0);
     y:OUT STD_LOGIC);
END sixuanyi;
ARCHITECTURE rtl OF sixuanyi IS
SIGNAL sel: STD_LOGIC_VECTOR(1 DOWNTO 0);
BEGIN
     sel<=b&a;
     PROCESS(input,sel)
     BEGIN
  IF(sel="00")  THEN    y<=input(0);
  ELSIF(sel="01")  THEN   y<=input(1);
  ELSIF(sel="10")  THEN   y<=input(2);
  ELSE   y<=input(3);
     END IF;
END PROCESS;
END rtl;
```

编译、保存,编辑输入信号波形并仿真,仿真波形图如图 10.44 所示。

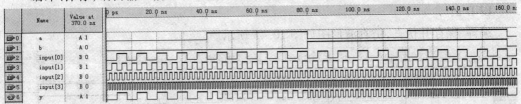

图 10.44 4 选 1 数据选择器仿真波形图

全编译通过后,将目标文件 *.pof 文件下载到实验板中,验证硬件功能是否正确。6 个输入连接 6 个逻辑开关,1 个输出连接 1 个 LED。

3. 译码器电路设计

(1) 3-8 线译码器设计。

```
LIBRARY IEEE;
USE IEEE.STD_LOGIC_1164.ALL;
ENTITY yimaqi IS
PORT(a,b,c,g,ga,gb:IN STD_LOGIC;
     y:OUT STD_LOGIC_VECTOR(7 DOWNTO 0));
END yimaqi;
```

```
ARCHITECTURE a OF yimaqi IS
SIGNAL indata:STD_LOGIC_VECTOR(2 DOWNTO 0);
BEGIN
    indata<=c&b&a;
    PROCESS(indata,g,ga,gb)
    BEGIN
    IF(g='1' AND ga='0' AND gb='0') THEN
        CASE indata IS
        WHEN "000" =>y<= "11111110";
        WHEN "001" =>y<= "11111101";
        WHEN "010" =>y<= "11111011";
        WHEN "011" =>y<= "11110111";
        WHEN "100" =>y<= "11101111";
        WHEN "101" =>y<= "11011111";
        WHEN "110" =>y<= "10111111";
        WHEN"111" =>y<= "01111111";
        WHEN OTHERS =>y<= "XXXXXXXX";
        END CASE;
    ELSE
        y<= "11111111";
    END IF;
    END PROCESS;
END a;
```

编译、保存并仿真,仿真波形图如图 10.45 所示。

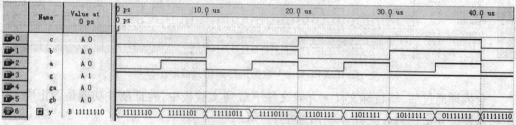

图 10.45 3-8 译码器仿真波形图

全编译通过后,将目标文件 *.pof 文件下载到实验板中,验证硬件功能是否正确。6 个输入连接 6 个逻辑开关,8 个输出连接 8 个 LED。

(2)显示译码器设计。

```
LIBRARY IEEE;
USE IEEE.STD_LOGIC_1164.ALL;
ENTITY xianshi IS
PORT (a :IN STD_LOGIC_VECTOR(3 DOWNTO 0);
```

```
        led7s:OUT STD_LOGIC_VECTOR(6 DOWNTO 0));
END;
ARCHITECTURE one OF xianshi IS
BEGIN
  PROCESS(a)
BEGIN
  CASE a(3 DOWNTO 0) IS
    WHEN "0000" =>led7s<="1111110";
    WHEN "0001" =>led7s<="0110000";
    WHEN "0010" =>led7s<="1101101";
    WHEN "0011" =>led7s<="1111001";
    WHEN "0100" =>led7s<="0110011";
    WHEN "0101" =>led7s<="1011011";
    WHEN "0110" =>led7s<="1011111";
    WHEN "0111" =>led7s<="1110000";
    WHEN "1000" =>led7s<="1111111";
    WHEN "1001" =>led7s<="1111011";
    WHEN "1010" =>led7s<="1110111";
    WHEN "1011" =>led7s<="0011111";
    WHEN "1100" =>led7s<="1001110";
    WHEN "1101" =>led7s<="0111101";
    WHEN "1110" =>led7s<="1001111";
    WHEN "1111" =>led7s<="1000111";
    WHEN OTHERS=>NULL;
  END CASE;
END PROCESS;
END;
```

程序中给出的为共阴极数码管段码,且 a 段为高位。编译、保存并仿真,仿真波形图如图 10.46 所示。

全编译通过后,将目标文件 *.pof 文件下载到实验板中,验证硬件功能是否正确。4 个输入连接 6 个逻辑开关,7 个输出连接 1 位静态显示数码管。

4.1 位全加器电路设计

(1)1 位半加器设计。

```
LIBRARY IEEE;
USE IEEE.STD_LOGIC_1164.ALL;
ENTITY banjiaqi IS
PORT (a,b: IN BIT;
      so,co:OUT BIT);
```

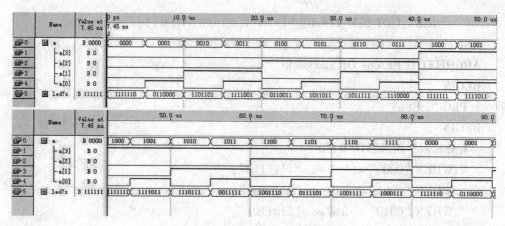

图 10.46 显示译码器仿真波形图

```
end;
ARCHITECTURE al OF banjiaqi IS
BEGIN
  so<=aXOR b;
  co<=aAND b;
END;
```

编译、保存并仿真,仿真波形图如图 10.47 所示。

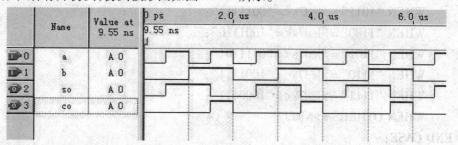

图 10.47 半加器仿真波形图

(2)1 位全加器设计。

```
LIBRARY IEEE;
USE IEEE.STD_LOGIC_1164.ALL;
ENTITY quanjiaqi IS
PORT(a,b,c: IN BIT;
     so,co:OUT BIT);
END;
ARCHITECTURE al OF quanjiaqi IS
COMPONENT banjiaqi IS
PORT(a,b: IN BIT;
     so,co:OUT BIT);
END component;
```

```
SIGNAL u0_co,u0_so,u1_co:BIT;
BEGIN
    u0:banjiaqi PORT MAP(a,b,u0_so,u0_co);
    u1:banjiaqi PORT MAP(u0_so,c,so,u1_co);
    co<=u0_co OR u1_co;
END;
```
编译、保存并仿真,仿真波形图如图10.48所示。

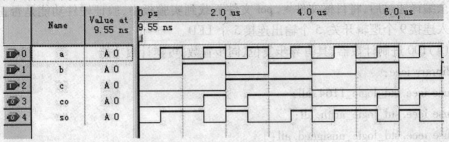

图10.48 全加器仿真波形图

全编译通过后,将目标文件 *.pof 文件下载到实验板中,验证硬件功能是否正确。3 个输入连接3个逻辑开关,2个输出连接2个LED。

(3) 4位全加器设计。

```
LIBRARY IEEE;
USE IEEE.STD_LOGIC_1164.ALL;
ENTITY wei IS
PORT (a,b:IN STD_LOGIC_VECTOR(3 DOWNTO 0);
      ci:IN STD_LOGIC;
      so:OUT STD_LOGIC_VECTOR(3 DOWNTO 0);
      co:OUT STD_LOGIC);
END ENTITY wei;
ARCHITECTURE h OF wei IS
    COMPONENT quanjiaqi
    PORT(a,b,c: IN STD_LOGIC;
      co,so:OUT STD_LOGIC);
    END COMPONENT;
    SIGNAL d,e,f:STD_LOGIC;
BEGIN
u1:quanjiaqi PORT MAP(a=>A(0),b=>B(0),c=>CI,so=>SO(0),co=>d);
u2:quanjiaqi PORT MAP(a=>A(1),b=>B(1),c=>d,so=>SO(1),co=>e);
u3:quanjiaqi PORT MAP(a=>A(2),b=>B(2),c=>e,so=>SO(2),co=>f);
u4:quanjiaqi PORT MAP(a=>A(3),b=>B(3),c=>f,so=>SO(3),co=>CO);
END ARCHITECTURE h;
```

编译、保存并仿真,仿真波形图如图10.49所示。

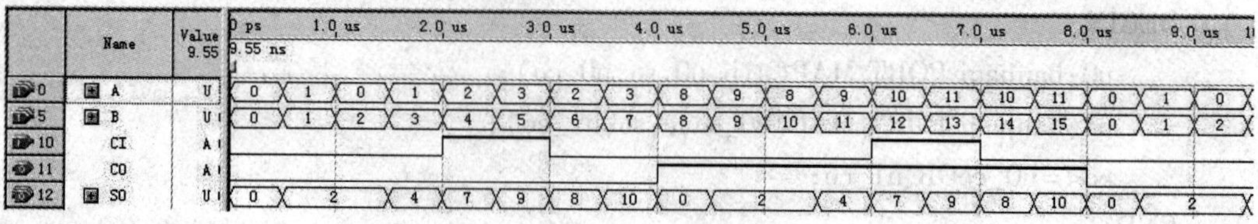

图10.49　4位全加器仿真波形图

全编译通过后,将目标文件*.pof文件下载到实验板中,验证硬件功能是否正确。9个输入连接9个逻辑开关,5个输出连接5个LED。

(4)100进制计数器,具有异步复位、同步置数、可逆计数功能。

```
library ieee;
use ieee.std_logic_1164.all;
use ieee.std_logic_arith.all;
use ieee.std_logic_unsigned.all;
entity jishu is
port( r,t,w,clk:in std_logic;
            co:out std_logic;
        y1,y2:out std_logic_vector(6 downto 0));
end;
architecture one of jishu is
    signal k1,k2:std_logic_vector(3 downto 0);
begin
process(clk,r,t,w,k1,k2)
    begin
      if r='1' then
        k1<="0000";
        k2<="0000";
      elsif clk'event and clk='1' then
        if w='1' then
          if t='1' then
            if k1="1001" and k2="1001" then
              k1<="0000";
              k2<="0000";
              co<='1';
            elsif k2="1001"then
              k2<="0000";
              k1<=k1+1;
            else
```

```
                    k2<=k2+1;
                    co<='0';
                end if;
            else
                if k1="0000" and k2="0000" then
                    k1<="1001";
                    k2<="1001";
                    co<='1';
                elsif k2="0000" then
                    k2<="1001";
                    k1<=k1-1;
                else
                    k2<=k2-1;
                    co<='0';
                end if;
            end if;
        else
            k1<="0001";
            k2<="0110";
        end if;
    end if;
    case k1 is
        when "0000" =>y1<="1111110";
        when "0001" =>y1<="0110000";
        when "0010" =>y1<="1101101";
        when "0011" =>y1<="1111001";
        when "0100" =>y1<="0110011";
        when "0101" =>y1<="1011011";
        when "0110" =>y1<="1011111";
        when "0111" =>y1<="1110000";
        when "1000" =>y1<="1111111";
        when "1001" =>y1<="1111011";
        when others =>y1<="0000000";
    end case;
    case k2 is
        when "0000" =>y2<="1111110";
        when "0001" =>y2<="0110000";
        when "0010" =>y2<="1101101";
```

```
            when "0011" =>y2<="1111001";
            when "0100" =>y2<="0110011";
            when "0101" =>y2<="1011011";
            when "0110" =>y2<="1011111";
            when "0111" =>y2<="1110000";
            when "1000" =>y2<="1111111";
            when "1001" =>y2<="1111011";
            when others =>y2<="0000000";
        end case;
    end process;
end;
```

上述 VHDL 程序中,r 为异步高电平复位信号,t 为可逆信号,高电平时加计数,低电平时减计数,w 为同步置数信号,低电平置数"16",clk 为时钟输出信号,co 为进位输出信号,y1、y2 为七段译码输出信号,k1、k2 为中间信号,用于暂存二进制计数结果。

编译、保存并仿真,将全部输入输出信号以及中间信号加入到仿真文件中,编辑输入波形,仿真波形图如图 10.50~图 10.52 所示。

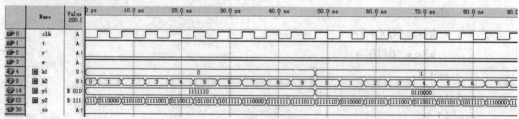

图 10.50　100 进制计数器仿真波形图 1

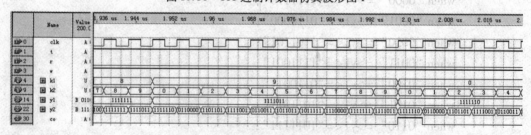

图 10.51　100 进制计数器仿真波形图 2

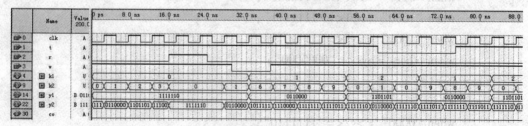

图 10.52　100 进制计数器仿真波形图 3

在图 10.50 中,可观测到当 clk 时钟上升沿到来时进行计数,可逆信号 t 为高电平加计数,w 为高电平不置数,r 为低电平不清零。在图 10.51 中,可观测到当计数到"99"时,产生进位信号,将 co 置 1;在图 10.52 中,可观测到 t 为低电平时减计数,w 为低电平时置数"16",r 为高电平时清零。

10.3.4 实训项目 3——时序逻辑电路设计

1. 时钟、复位信号的描述

(1) 时钟信号的描述。

若进程的敏感信号是时钟信号,这时时钟信号出现在 PROCESS 后的括号中。描述时钟一定要指明是上升沿还是下降沿。

上升沿到来的条件:IF clk'EVENT AND clk='1' THEN

下降沿到来的条件:IF clk'EVENT AND clk='0' THEN

(2) 复位信号的描述。

同步复位:当复位信号有效且在给定的时钟边沿到来时,触发器才被复位。

例: PROCESS(clock)
　　IF (clock'EVENT AND clock='1') THEN
　　　　IF reset='1' THEN
　　　　　　count<='0000';
　　　　ELSE
　　　　　　count<=count+1;
　　　　END IF;
　　END IF;
　　END PROCESS;

此例中,敏感表中只有时钟信号,因为只有时钟到来时才能复位。

异步复位:只要复位信号有效,触发器就被复位,所以敏感表中除时钟信号外,还需要复位信号。

例: PROCESS(clock,reset)
　　BEGIN
　　　　IF reset='1' THEN
　　　　　　count<='0000';
　　　　ELSIF clock'EVENT AND clock='1' THEN
　　　　　　count<=count+1;
　　　　END IF;
　　END PROCESS;

上述有关复位信号的同步与异步写法同样适用于置位或置数信号。

2. 计数器电路设计

(1) 简单的计数器。

程序如下:

LIBRARY IEEE;

```
USE IEEE.STD_LOGIC_1164.ALL;
USE IEEE.STD_LOGIC_UNSIGNED.ALL;
ENTITY jishuqi IS
  PORT (clk:IN STD_LOGIC;
        q:BUFFER STD_LOGIC_VECTOR(3 DOWNTO 0));
END ENTITY;
ARCHITECTURE one OF jishuqi IS
BEGIN
PROCESS(clk)
BEGIN
IF(clk'EVENT AND clk='1')THEN
q<=q+1;
END IF;
END PROCESS;
END;
```

编译、保存并仿真,仿真波形图如图 10.53 所示。

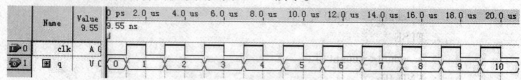

图 10.53 计数器仿真波形图

设置器件型号、锁定引脚,如图 10.54 所示。

	Node Name	Direction	Location
1	clk	Input	PIN_73
2	q[3]	Output	PIN_77
3	q[2]	Output	PIN_76
4	q[1]	Output	PIN_75
5	q[0]	Output	PIN_74

图 10.54 计数器引脚设置

全编译通过后,将目标文件 *.pof 文件下载到实验板中,验证硬件功能是否正确。1 个输入连接 1 Hz 信号源,4 个输出连接 4 个 LED。

(2)异步清零计数器。

```
LIBRARY IEEE;
USE IEEE.STD_LOGIC_1164.ALL;
USE IEEE.STD_LOGIC_UNSIGNED.ALL;
ENTITY qingling IS
  PORT (clk,clrn:IN STD_LOGIC;
        q:BUFFER STD_LOGIC_VECTOR(3 DOWNTO 0));
```

END ENTITY;
ARCHITECTURE one OF qingling IS
BEGIN
PROCESS(clk,clrn)
BEGIN
　　IF clrn='0' THEN
　　　　q<="0000";
　　ELSIF(clk'EVENT AND clk='1')THEN
　　　　q<=q+1;
　　END IF;
END PROCESS;
END;
编译、保存并仿真,仿真波形图如图10.55所示。

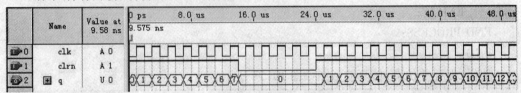

图 10.55　异步清零计数器仿真波形图

由仿真图得知,当 clrn 为有效低电平时,没有等待 clk 上升沿到来时,输出 q 立刻清 0,即所谓的低电平有效的异步清 0 或复位功能。

设置器件型号、锁定引脚,如图 10.56 所示。

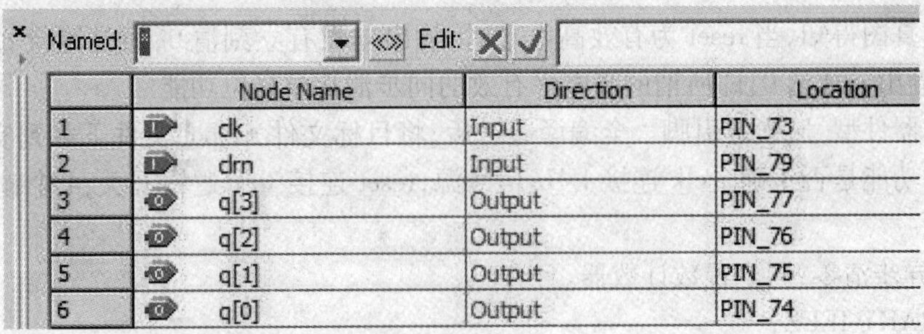

	Node Name	Direction	Location
1	clk	Input	PIN_73
2	clrn	Input	PIN_79
3	q[3]	Output	PIN_77
4	q[2]	Output	PIN_76
5	q[1]	Output	PIN_75
6	q[0]	Output	PIN_74

图 10.56　异步清零计数器引脚设置

全编译通过后,将目标文件 *.pof 文件下载到实验板中,验证硬件功能是否正确。clk 连接 1 Hz 信号源,clrn 连接 1 个逻辑开关,4 个输出连接 4 个 LED。

(3)同步清零计数器。
LIBRARY IEEE;
USE IEEE.STD_LOGIC_1164.ALL;
USE IEEE.STD_LOGIC_UNSIGNED.ALL;
ENTITY qinglingtong IS
　　PORT (clk,reset:IN STD_LOGIC;

```
        q:BUFFER STD_LOGIC_VECTOR(3 DOWNTO 0)
        );
END ENTITY;
ARCHITECTURE one OF qinglingtong IS
BEGIN
PROCESS(clk,reset)
BEGIN
    IF(clk'EVENT AND clk='1')THEN
        IF reset='1' THEN
            q<="0000";
        ELSE
            q<=q+1;
        END IF;
    END IF;
END PROCESS;
END;
```

编译、保存并仿真,仿真波形图如图 10.57 所示。

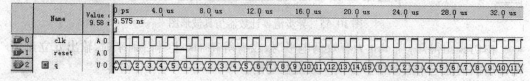

图 10.57　同步清零计数器仿真波形图

由仿真图得知,当 reset 为有效高电平时,输出 q 没有立刻清 0,而是等待 clk 上升沿到来时,输出 q 才清 0,即所谓的高电平有效的同步清 0 或复位功能。

设置器件型号、锁定引脚。全编译通过后,将目标文件 *.pof 文件下载到实验板中,验证硬件功能是否正确。clk 连接 1 Hz 信号源,reset 连接 1 个逻辑开关,4 个输出连接 4 个 LED。

(4)异步清零,同步置数计数器。

```
LIBRARY IEEE;
USE IEEE.STD_LOGIC_1164.ALL;
USE IEEE.STD_LOGIC_UNSIGNED.ALL;
ENTITY ytzq IS
PORT (clk,clrn,ldn:IN STD_LOGIC;
        d:IN STD_LOGIC_VECTOR(3 DOWNTO 0);
        q:BUFFER STD_LOGIC_VECTOR(3 DOWNTO 0)
        );
END ENTITY;
ARCHITECTURE one OF ytzq IS
```

```
BEGIN
  PROCESS(clk,clrn,ldn)
  BEGIN
      IF clrn = '0' THEN
           q<="0000";
      ELSIF (clk'EVENT AND clk = '1') THEN
        IF ldn = '0' THEN
       q<=d;
       ELSE
       q<=q+1;
       END IF;
       END IF;
END PROCESS;
END;
```

编译、保存并仿真,仿真波形图如图 10.58 所示。

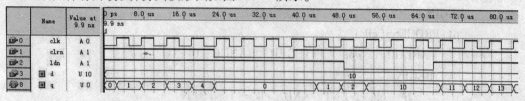

图 10.58 异步清零、同步置数计数器仿真波形图

由仿真图得知,当 clrn 为有效低电平时,没有等待 clk 上升沿到来时,输出 q 立刻清 0,即所谓的低电平有效的异步清 0;当 ldn 为有效低电平时,需等待 clk 上升沿到来时,输出 q 立刻实现了将之前预置好的 D[3..0]的值置给输出 Q[3..0]端,即所谓的低电平有效的同步置数功能。

设置器件型号、锁定引脚,如图 10.59 所示。

	Node Name	Direction	Location
1	clk	Input	PIN_73
2	clrn	Input	PIN_74
3	d[3]	Input	PIN_80
4	d[2]	Input	PIN_79
5	d[1]	Input	PIN_77
6	d[0]	Input	PIN_76
7	ldn	Input	PIN_75
8	q[3]	Output	PIN_67
9	q[2]	Output	PIN_68
10	q[1]	Output	PIN_69
11	q[0]	Output	PIN_70

图 10.59 异步清零、同步置数计数器引脚设置

全编译通过后,将目标文件 *.pof 文件下载到实验板中,验证硬件功能是否正确。

clk 连接 1 Hz 信号源,clrn、ldn 分别连接 2 个逻辑开关,4 个输出连接 4 个 LED。

10.3.5 实训项目 4——8 位数码管动态显示程序设计

数码管动态显示"12345678"

```vhdl
LIBRARY   IEEE;
USE IEEE.STD_LOGIC_1164.ALL;
USE IEEE.STD_LOGIC_UNSIGNED.ALL;
USE IEEE.STD_LOGIC_ARITH.ALL;
ENTITY xianshi IS
PORT(clk: IN  STD_LOGIC;
    xianshi:OUT   STD_LOGIC_VECTOR(7 DOWNTO 0);
    d:OUT  STD_LOGIC_VECTOR(6 DOWNTO 0));
END  xianshi;
ARCHITECTURE   behave OF   xianshi  IS
    SIGNAL qout: STD_LOGIC_VECTOR(3 DOWNTO 0);
BEGIN
    p1:PROCESS(clk)
        VARIABLE  cnt: INTEGER  RANGE  0  TO 7;
        BEGIN
            IF  clk'EVENT  AND  clk='1' THEN
                IF cnt=7  THEN
                    cnt:=0;
                ELSE
                    cnt:=cnt+1;
                END  IF;
                CASE  cnt  IS
                    WHEN 0 =>xianshi<="00000001";qout<="0001";
                    WHEN 1 =>xianshi<="00000010";qout<="0010";
                    WHEN 2 =>xianshi<="00000100";qout<="0011";
                    WHEN 3 =>xianshi<="00001000";qout<="0100";
                    WHEN 4 =>xianshi<="00010000";qout<="0101";
                    WHEN 5 =>xianshi<="00100000";qout<="0110";
                    WHEN 6 =>xianshi<="01000000";qout<="0111";
                    WHEN 7 =>xianshi<="10000000";qout<="1000";
                    WHEN OTHERS =>xianshi<="00000000";
                END  CASE;
            END IF;
    END PROCESS p1;
```

```
p2:PROCESS(qout)
  BEGIN
  CASE qout IS
    WHEN "0000" =>d<="1111110";
    WHEN "0001" =>d<="0110000";
    WHEN "0010" =>d<="1101101";
    WHEN "0011" =>d<="1111001";
    WHEN "0100" =>d<="0110011";
    WHEN "0101" =>d<="1011011";
    WHEN "0110" =>d<="1011111";
    WHEN "0111" =>d<="1110000";
    WHEN "1000" =>d<="1111111";
    WHEN OTHERS =>d<="1111011";
  END CASE;
  END PROCESS p2;
END behave;
```

编译、保存并仿真,仿真波形图如图 10.60 所示。

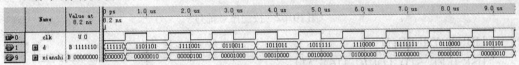

图 10.60 数码管动态显示仿真波形图

由仿真图得知,当 clkh 上升沿到来时,d[6..0]输出共阴极数码管的段码,q[7..0]输出数码管的位选有效高电平信号,具体参见本章实验开发系统简介动态数码管部分。

设置器件型号、锁定引脚,如图 10.61 所示。

	Node Name	Direction	Location
1	clk	Input	PIN_4
2	d[6]	Output	PIN_63
3	d[5]	Output	PIN_64
4	d[4]	Output	PIN_65
5	d[3]	Output	PIN_67
6	d[2]	Output	PIN_68
7	d[1]	Output	PIN_69
8	d[0]	Output	PIN_70
9	xianshi[7]	Output	PIN_24
10	xianshi[6]	Output	PIN_22
11	xianshi[5]	Output	PIN_21
12	xianshi[4]	Output	PIN_20
13	xianshi[3]	Output	PIN_18
14	xianshi[2]	Output	PIN_17
15	xianshi[1]	Output	PIN_16
16	xianshi[0]	Output	PIN_15

图 10.61 数码管动态显示引脚设置

全编译通过后,将目标文件 *.pof 文件下载到实验板中,验证硬件功能是否正确。clk 连接 1 Hz 信号源,可观测到逐个扫描 8 个数码管的过程,若连接 1 kHz 信号源,由于人眼的滞留特性,8个数码管像是同时显示一样,xianshi[7..0]输出依次连接8个动态数码管的位选端,d[6..0]输出依次连接8个动态数码管的段选端,小数点段不连接。

10.3.6 实训项目5——4×4矩阵键盘设计

矩阵式键盘是指由若干个按键组成的开关矩阵。4行4列矩阵式键盘的序号排列如图10.62所示。这种键盘适合采取动态扫描的方式进行识别,即如果采用低电平扫描,回送线必须上拉为高电平,如果采用高电平扫描,则回送线需下拉为低电平。下面编程实现1位数码管显示4×4矩阵键盘键号功能设计。

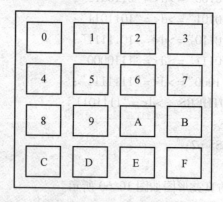

图10.62 按键序号排列

```
LIBRARY IEEE;
USE IEEE.STD_LOGIC_1164.ALL;
USE IEEE.STD_LOGIC_UNSIGNED.ALL;
ENTITY jianpan IS
PORT(clk:IN STD_LOGIC;
     start:IN STD_LOGIC;
     kbcol:IN STD_LOGIC_VECTOR(3 DOWNTO 0);   --4个列信号
     kbrow:OUT STD_LOGIC_VECTOR(3 DOWNTO 0);  --4个行信号
     seg7_out:OUT STD_LOGIC_VECTOR(6 DOWNTO 0));
END;
ARCHITECTURE one OF jianpan IS
SIGNAL count:STD_LOGIC_VECTOR(1 DOWNTO 0);
SIGNAL sta:STD_LOGIC_VECTOR(1 DOWNTO 0);
SIGNAL seg7:STD_LOGIC_VECTOR(6 DOWNTO 0);
SIGNAL dat:STD_LOGIC_VECTOR(4 DOWNTO 0);
SIGNAL fn:STD_LOGIC;
BEGIN
p1:PROCESS(clk)
    BEGIN
```

```
      IF clk'EVENT AND clk = '1' THEN count<=count+1;
      END IF;
    END PROCESS;
    p2:PROCESS (clk)
    BEGIN
      IF clk'EVENT AND clk = '1' THEN
        CASE count IS
          WHEN "00" =>kbrow<= "1000";sta<= "00";  --扫描第0行
          WHEN "01" =>kbrow<= "0100";sta<= "01";  --扫描第1行
          WHEN "10" =>kbrow<= "0010";sta<= "10";  --扫描第2行
          WHEN "11" =>kbrow<= "0001";sta<= "11";  --扫描第3行
          WHEN OTHERS =>kbrow<= "1111";
        END CASE;
      END IF;
    END PROCESS;
    p3:PROCESS(clk,start)
    BEGIN
      IF start = '0'   THEN    seg7<= "0000000";
      ELSIF clk'EVENT AND CLK = '1'THEN
        CASE sta IS
          WHEN "00" =>                    --第0行
            CASE kbcol IS                 --扫描列
              WHEN "0001" =>seg7<= "1111001";dat<= "00011"; --送显3
              WHEN "0010" =>seg7<= "1101101";dat<= "00010"; --送显2
              WHEN "0100" =>seg7<= "0110000";dat<= "00001"; --送显1
              WHEN "1000" =>seg7<= "1111101";dat<= "00000"; --送显0
              WHEN OTHERS =>seg7<= "0000000";dat<= "11111";
            END CASE;
          WHEN "01" =>                    --第1行
            CASE kbcol IS                 --扫描列
              WHEN "0001" =>seg7<= "1110000";dat<= "00111"; --送显7
              WHEN "0010" =>seg7<= "1011111";dat<= "00110"; --送显6
              WHEN "0100" =>seg7<= "1011011";dat<= "00101"; --送显5
              WHEN "1000" =>seg7<= "0110011";dat<= "00100"; --送显4
              WHEN OTHERS =>seg7<= "0000000";dat<= "11111";
            END CASE;
          WHEN "10" =>                    --第2行
            CASE kbcol IS                 --扫描列
```

```
            WHEN "0001" =>seg7<="0011111";dat<="01011"; --送显 b
            WHEN "0010" =>seg7<="1110111";dat<="01010"; --送显 A
            WHEN "0100" =>seg7<="1111011";dat<="01001"; --送显 9
            WHEN "1000" =>seg7<="1111111";dat<="01000"; --送显 8
            WHEN OTHERS =>seg7<="0000000";dat<="11111";
            END CASE;
        WHEN "11" =>                              --第3行
            CASE kbcol IS                          --扫描列
            WHEN "0001" =>seg7<="1000111";dat<="01111"; --送显 F
            WHEN "0010" =>seg7<="1001111";dat<="01110"; --送显 E
            WHEN "0100" =>seg7<="0111101";dat<="01101"; --送显 d
            WHEN "1000" =>seg7<="1001110";dat<="01100"; --送显 C
            WHEN OTHERS =>seg7<="0000000";dat<="11111";
            END CASE;
        WHEN OTHERS =>seg7<="0000000";
        END CASE;
    END IF;
    END  PROCESS;
fn<=not(dat(0) AND dat(1) AND dat(2) AND dat(3) AND dat(4));
p4:PROCESS(fn)
BEGIN
    IF fn'EVENT AND fn='1' THEN
        seg7_out<=seg7;
    END IF;
END PROCESS;
END;
```

设置器件型号、锁定引脚,如图 10.63 所示。

全编译通过后,将目标文件 *.pof 文件下载到实验板中,验证硬件功能是否正确。验证方法为按图 10.62 所示位置按键,数码管显示相应键号。

clk 输入连接 1 kHz 信号源,start 连接逻辑开关,kbrow[3..0]分别连接实验板 4×4 矩阵键盘的 H1~H4,kbcol[3..0]连接实验板 4×4 矩阵键盘 L1~L4,seg7_out[6..0]连接共阴极数码管的 a~g 段选端上。

	Node Name	Direction	Location
1	clk	Input	PIN_73
2	kbcol[3]	Input	PIN_79
3	kbcol[2]	Input	PIN_77
4	kbcol[1]	Input	PIN_76
5	kbcol[0]	Input	PIN_75
6	kbrow[3]	Output	PIN_67
7	kbrow[2]	Output	PIN_68
8	kbrow[1]	Output	PIN_69
9	kbrow[0]	Output	PIN_70
10	seg7_out[6]	Output	PIN_45
11	seg7_out[5]	Output	PIN_46
12	seg7_out[4]	Output	PIN_48
13	seg7_out[3]	Output	PIN_49
14	seg7_out[2]	Output	PIN_50
15	seg7_out[1]	Output	PIN_51
16	seg7_out[0]	Output	PIN_52
17	start	Input	PIN_74

图 10.63 矩阵键盘引脚设置

10.4 数字系统综合设计实训

10.4.1 16×16 点阵数码管显示设计

1. 点阵行程序

```
LIBRARY IEEE;
USE IEEE.STD_LOGIC_1164.ALL;
USE IEEE.STD_LOGIC_UNSIGNED.ALL;
USE IEEE.STD_LOGIC_ARITH.ALL;
ENTITY hang IS
PORT( clk:IN STD_LOGIC;
   qout:OUT STD_LOGIC_VECTOR(3 DOWNTO 0);
   H:OUT STD_LOGIC_VECTOR(15 DOWNTO 0));
END L;
ARCHITECTURE behave OF l IS
BEGIN
  PROCESS(clk)
  VARIABLE cnt:INTEGER RANGE 0 TO 15;
  BEGIN
    IF clk'EVENT AND clk = '1' THEN
       IF cnt = 15 THEN
          cnt:=0;
       ELSE
```

```
                cnt:=cnt+1;
            END IF;
            CASE cnt IS                              --点阵逐行扫描信号
            WHEN 0 =>H<= "1111111111111110"; qout<= "0000"; --1
            WHEN 1 =>H<= "1111111111111101"; qout<= "0001"; --2
            WHEN 2 =>H<= "1111111111111011"; qout<= "0010"; --3
            WHEN 3 =>H<= "1111111111110111"; qout<= "0011"; --4
            WHEN 4 =>H<= "1111111111101111"; qout<= "0100"; --5
            WHEN 5 =>H<= "1111111111011111"; qout<= "0101"; --6
            WHEN 6 =>H<= "1111111110111111"; qout<= "0110"; --7
            WHEN 7 =>H<= "1111111101111111"; qout<= "0111"; --8
            WHEN 8 =>H<= "1111111011111111"; qout<= "1000"; --9
            WHEN 9 =>H<= "1111110111111111"; qout<= "1001"; --10
            WHEN 10 =>H<= "1111101111111111"; qout<= "1010"; --11
            WHEN 11 =>H<= "1111011111111111"; qout<= "1011"; --12
            WHEN 12 =>H<= "1110111111111111"; qout<= "1100"; --13
            WHEN 13 =>H<= "1101111111111111"; qout<= "1101"; --14
            WHEN 14 =>H<= "1011111111111111"; qout<= "1110"; --15
            WHEN 15 =>H<= "0111111111111111"; qout<= "1111"; --16
            END CASE;
        END IF;
    END PROCESS;
END behave;
```

2. 点阵列程序

```
LIBRARY IEEE;
USE IEEE.STD_LOGIC_1164.ALL;
ENTITY lie IS
    PORT( adr:IN STD_LOGIC_VECTOR(3 DOWNTO 0);
          L:OUT STD_LOGIC_VECTOR(15 DOWNTO 0));
END;
ARCHITECTURE a OF lie IS
BEGIN
    PROCESS(adr)
    BEGIN                          --字模二进制码编辑
    CASE adr IS                    --点阵逐列送字模信号,低电平灭,高电平亮
        WHEN "0000" =>L<= "0000000000000000"; --1
        WHEN "0001" =>L<= "0111101100000100"; --2
        WHEN "0010" =>L<= "0100001010001010"; --3
```

```
WHEN"0011" =>L<= "0100001001001010"; --4
WHEN"0100" =>L<= "0111001001010001"; --5
WHEN"0101" =>L<= "0100001001011111"; --6
WHEN"0110" =>L<= "0100001010010001"; --7
WHEN"0111" =>L<= "0111101100010001"; --8
WHEN"1000" =>L<= "0000000000000000"; --9
WHEN"1001" =>L<= "0100010010100101"; --10
WHEN"1010" =>L<= "0101111100010101"; --11
WHEN"1011" =>L<= "1110101011110101"; --12
WHEN"1100" =>L<= "0101111100110101"; --13
WHEN"1101" =>L<= "0110000001010101"; --14
WHEN"1110" =>L<= "0101110010010101"; --15
WHEN"1111" =>L<= "1001111011010001"; --16
    END CASE;
END PROCESS s1;
END;
```

3. 顶层电路图

将上述两个 VHDL 程序生成符号元件, 并绘制顶层电路图如图 10.64 所示。

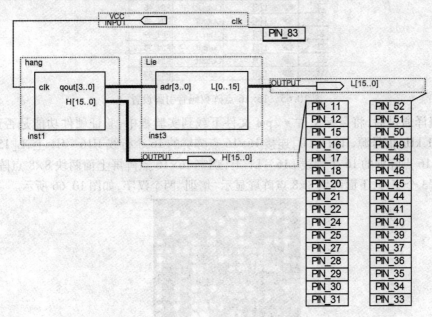

图 10.64 16×16 点阵数码管显示顶层电路图

设置器件型号、锁定引脚, 如图 10.65 所示。

	Node Name	Direction	Location
1	clk	Input	PIN_83
2	H[15]	Output	PIN_31
3	H[14]	Output	PIN_30
4	H[13]	Output	PIN_29
5	H[12]	Output	PIN_28
6	H[11]	Output	PIN_27
7	H[10]	Output	PIN_25
8	H[9]	Output	PIN_24
9	H[8]	Output	PIN_22
10	H[7]	Output	PIN_21
11	H[6]	Output	PIN_20
12	H[5]	Output	PIN_18
13	H[4]	Output	PIN_17
14	H[3]	Output	PIN_16
15	H[2]	Output	PIN_15
16	H[1]	Output	PIN_12
17	H[0]	Output	PIN_11
18	L[15]	Output	PIN_33
19	L[14]	Output	PIN_34
20	L[13]	Output	PIN_35
21	L[12]	Output	PIN_36
22	L[11]	Output	PIN_37
23	L[10]	Output	PIN_39
24	L[9]	Output	PIN_40
25	L[8]	Output	PIN_41
26	L[7]	Output	PIN_44
27	L[6]	Output	PIN_45
28	L[5]	Output	PIN_46
29	L[4]	Output	PIN_48
30	L[3]	Output	PIN_49
31	L[2]	Output	PIN_50
32	L[1]	Output	PIN_51
33	L[0]	Output	PIN_52

图 10.65 16×16 点阵数码管引脚设置

全编译通过后,将目标文件 *.pof 文件下载到实验板中,验证硬件功能是否正确。clk 连接 1 kHz 信号源,H[15..0] 连接 16×16 点阵屏的 16 个行线 H16~H1 上,L[15..0] 连接 16×16 点阵屏的 16 个列线 L16~L1 上,观察 16×16 点阵屏上面两块 8×8 点阵屏显示"EDA"3 个字母,下面两块 8×8 点阵屏显示"培训"两个汉字,如图 10.66 所示。

图 10.66 16×16 点阵数码管实验结果实物图

10.4.2 数字电子钟的设计

设计要求为能够实现计秒、计分、计小时功能,并采用 8 位数码管动态显示小时、分、秒信息的数字钟。

1. 10 分频模块程序设计

```
LIBRARY IEEE;
USE IEEE.STD_LOGIC_1164.ALL;
USE IEEE.STD_LOGIC_ARITH.ALL;
USE IEEE.STD_LOGIC_UNSIGNED.ALL;
ENTITY clk_10div IS
PORT(clk: INSTD_LOGIC;
     clk_div10: OUTSTD_LOGIC);
END clk_10div;
ARCHITECTURE rtl OF clk_10div  IS
    SIGNAL counter: STD_LOGIC_VECTOR(3 DOWNTO 0);
    SIGNAL clk_temp: STD_LOGIC;
BEGIN
    PROCESS (clk)
    BEGIN
      IF (clk'EVENT AND clk = '1') THEN
        IF (counter = "0100") THEN
          counter<= (OTHERS = >'0');
          clk_temp<= NOT clk_temp;
        ELSE
          counter<= counter+1;
        END IF;
      END IF;
    END PROCESS;
    clk_div10<= clk_temp;
END rtl;
```

2. 100 分频模块程序设计

```
LIBRARY ieee;
USE ieee.std_logic_1164.all;
USE ieee.std_logic_arith.all;
USE ieee.std_logic_unsigned.all;
ENTITY clk_100div IS
PORT(clk: INSTD_LOGIC;
     clk_div100: outSTD_LOGIC);
```

· 251 ·

```
        END clk_100div;
        ARCHITECTURE rtl OF clk_100div  IS
            SIGNAL counter: STD_LOGIC_VECTOR(5 DOWNTO 0);
            SIGNAL clk_temp: STD_LOGIC;
        BEGIN
            PROCESS ( clk )
            BEGIN
                IF ( clk'EVENT AND clk = '1' ) THEN
                    IF ( counter = "110001" ) THEN
                        counter<= ( OTHERS =>'0' );
                        clk_temp<= NOT clk_temp;
                    ELSE
                        counter<= counter+1;
                    END IF;
                END IF;
            END PROCESS;
            clk_div100<= clk_temp;
        END rtl;
```

3.60 进制计数器模块程序设计

```
LIBRARY IEEE;
USE IEEE.STD_LOGIC_1164.ALL;
USE IEEE.STD_LOGIC_UNSIGNED.ALL;
USE IEEE.STD_LOGIC_ARITH.ALL;
ENTITY fen60 IS
PORT
( clk    : IN   STD_LOGIC;
rst: IN   STD_LOGIC;
qout1: OUT STD_LOGIC_VECTOR(3 DOWNTO 0);
qout2: OUT STD_LOGIC_VECTOR(3 DOWNTO 0);
carry: OUT STD_LOGIC
);
END fen60;
ARCHITECTURE behave OF fen60 IS
SIGNAL tem1:STD_LOGIC_VECTOR(3 DOWNTO 0);
SIGNAL tem2:STD_LOGIC_VECTOR(3 DOWNTO 0);
BEGIN
    PROCESS( clk, rst )
    BEGIN
```

```
        IF(rst='1') THEN
           tem1<="0000";
           tem2<="0000";
        ELSIF clk'EVENT AND clk='1' THEN
           IF tem1="1001" THEN
                tem1<="0000";
                IF tem2="0101" THEN
                    tem2<="0000";
                    carry<='1';
                ELSE
                    tem2<=tem2+1;
                    carry<='0';
                END IF;
           ELSE
                tem1<=tem1+1;
           END IF;
        END IF;
        qout1<=tem1;
        qout2<=tem2;
    END PROCESS;
END behave;
```

4.24 进制计数器模块程序设计

```
LIBRARY IEEE;
USE IEEE.STD_LOGIC_1164.ALL;
USE IEEE.STD_LOGIC_UNSIGNED.ALL;
USE IEEE.STD_LOGIC_ARITH.ALL;
ENTITY fen24 IS
PORT
( clk :IN  STD_LOGIC;
rst :IN  STD_LOGIC;
qout1 :OUT STD_LOGIC_VECTOR(3 DOWNTO 0);
qout2 :OUT STD_LOGIC_VECTOR(3 DOWNTO 0);
carry :OUT STD_LOGIC
);
END fen24;
ARCHITECTURE behave OF fen24 IS
SIGNAL tem1:STD_LOGIC_VECTOR(3 DOWNTO 0);
SIGNAL tem2:STD_LOGIC_VECTOR(3 DOWNTO 0);
```

```
BEGIN
  PROCESS(clk,rst,tem1,tem2)
  BEGIN
    IF(rst='1')THEN
      tem1<="0000";
      tem2<="0000";
    ELSIF clk´EVENT AND clk='1' THEN
      IF    (tem2="0010") and (tem1="0011") THEN
        tem1<="0000";tem2<="0000";carry<='1';
      elsif tem1="1001"then
        tem1<="0000";
        tem2<=tem2+1;
      ELSE
        tem1<=tem1+1;
        carry<='0';
      END IF;
    END IF;
    qout1<=tem1;
    qout2<=tem2;
  END PROCESS;
END behave;
```

5. 数码管动态显示模块程序设计

（1）数码管动态显示位选程序设计。

```
LIBRARY IEEE;
USE IEEE.STD_LOGIC_1164.ALL;
USE IEEE.STD_LOGIC_UNSIGNED.ALL;
USE IEEE.STD_LOGIC_ARITH.ALL;
ENTITY sel IS
PORT(clk  : IN  STD_LOGIC;
     rst  : IN  STD_LOGIC;
     qin1 : IN  STD_LOGIC_VECTOR(3 DOWNTO 0);
     qin2 : IN  STD_LOGIC_VECTOR(3 DOWNTO 0);
     qin3 : IN  STD_LOGIC_VECTOR(3 DOWNTO 0);
     qin4 : IN  STD_LOGIC_VECTOR(3 DOWNTO 0);
     qin5 : IN  STD_LOGIC_VECTOR(3 DOWNTO 0);
     qin6 : IN  STD_LOGIC_VECTOR(3 DOWNTO 0);
     qout : OUT STD_LOGIC_VECTOR(3 DOWNTO 0);
     sel  : OUT STD_LOGIC_VECTOR(7 DOWNTO 0));
```

```
END sel;
ARCHITECTURE behave OF sel IS
BEGIN
  PROCESS(clk,rst)
  VARIABLE cnt:INTEGER RANGE 0 TO 7;
  BEGIN
    IF(rst='1')THEN
       cnt:=0;
       sel<="11111111";
       qout<="0000";
    ELSIF clk'EVENT AND clk='1' THEN
       IF cnt=7 THEN
         cnt:=0;
       ELSE
          cnt:=cnt+1;
       END IF;
       CASE cnt IS
         WHEN 0 =>qout<=qin1; sel <="00000001";
         WHEN 1 =>qout<=qin2; sel <="00000010";
         WHEN 2 =>qout<="1111";sel <="00000100";
         WHEN 3 =>qout<=qin3; sel <="00001000";
         WHEN 4 =>qout<=qin4; sel <="00010000";
         WHEN 5 =>qout<="1111";sel <="00100000";
         WHEN 6 =>qout<=qin5; sel <="01000000";
         WHEN 7 =>qout<=qin6; sel <="10000000";
         WHEN OTHERS =>qout<="1111";sel <="00000000";
       END CASE;
     END IF;
  END PROCESS;
ENDbehave;
```

(2) 数码管动态显示段选程序设计。

```
LIBRARY IEEE;
USE IEEE.STD_LOGIC_1164.ALL;
ENTITY seg7 IS
PORT(q: INSTD_LOGIC_VECTOR(3 DOWNTO 0);
        segment: OUTSTD_LOGIC_VECTOR(6 DOWNTO 0));
END seg7;
ARCHITECTURE rtl OF seg7   IS
```

```
BEGIN
PROCESS ( q )
    BEGIN
    CASE q IS
        WHEN"0000" =>segment<= "0111111";
        WHEN"0001" =>segment<= "0000110";
        WHEN"0010" =>segment<= "1011011";
        WHEN"0011" =>segment<= "1001111";
        WHEN"0100" =>segment<= "1100110";
        WHEN"0101" =>segment<= "1101101";
        WHEN"0110" =>segment<= "1111101";
        WHEN"0111" =>segment<= "0100111";
        WHEN"1000" =>segment<= "1111111";
        WHEN"1001" =>segment<= "1101111";
        WHEN others =>segment<= "1000000";
    END CASE;
    END PROCESS;
END rtl;
```

6. 数字钟顶层原理图综合模块设计

将上述 5 个 VHDL 程序生成符号元件，并绘制顶层电路图如图 10.67 所示。

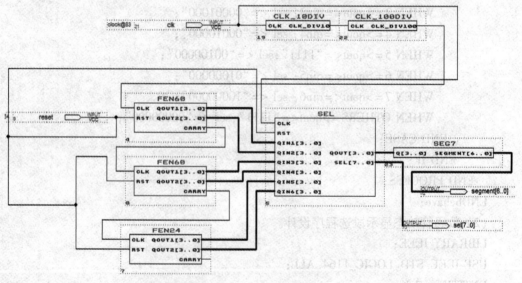

图 10.67 数字钟顶层电路图

CLK_10DIV 模块是 10 分频功能，CLK_100DIV 模块是 100 分频功能，clk 连接 1 kHz 信号源，CLK_10DIV 模块和 CLK_100DIV 模块将 1 kHz 进行 1 000 分频后输出 1 Hz 的秒信号，提供给 FEN60 模块。

FEN60 模块是 60 进制计数器,对秒信号进行 0~59 计数,计满产生进位给下面的 FEN60 模块作为时钟脉冲,即分信号 00~59 计数,计满产生进位给下面的 FEN24 模块,作为小时模块的 00~23 的计数脉冲信号;以上 3 个模块的个位输出和十位输出分别连接到 SEL 模块。

SEL 模块是数码管动态显示位选模块,SEG7 是数码管动态显示段选模块;segment[6..0]连接 8 位动态显示数码管的段选端上,sel[7..0]连接 8 位动态显示数码管的位选端上。

全编译通过后,将目标文件 *.pof 文件下载到实验板中,验证硬件功能是否正确。实现功能为 8 位数码管从左到右显示 2 位的小时数据、"-"、2 位分数据、"-"、2 位秒数据,比如 11 点 36 分 20 秒则显示"11-36-20"。

10.4.3　状态机实现花样灯设计

1. 设计要求

控制 8 个 LED 灯进行花式显示。设计 4 种显示模式:
s0,从左到右逐个点亮 LED 灯;
s1,从右到左逐个点亮 LED 灯;
s2,从两边到中间逐个点亮 LED 灯;
s3,从中间到两边逐个点亮 LED 灯;
4 种模式循环切换,复位键(rst)控制系统的运行与停止。

2. 状态分析

跑马灯的状态转换图如图 10.68 所示。跑马灯的电路符号如图 10.69 所示。其中,clk 为时钟信号输入端,rst 为复位信号输入端,q[7..0]为显示信号输出端。

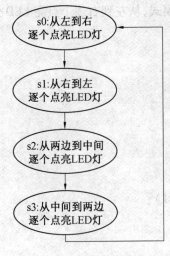

图 10.68　跑马灯的状态转换图

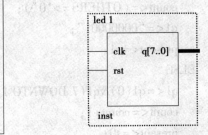

图 10.69　跑马灯的电路符号

3. 程序设计

```vhdl
LIBRARY IEEE;
USE IEEE.STD_LOGIC_1164.ALL;
USE IEEE.STD_LOGIC_UNSIGNED.ALL;
ENTITY led1 IS
PORT(clk:IN STD_LOGIC;--时钟信号输入端
     rst:IN STD_LOGIC;--系统复位信号输入端
     q:OUT STD_LOGIC_VECTOR(7 DOWNTO 0));--连接LED1~LED8
END;
ARCHITECTURE one OF led1 IS
    TYPE states IS(s0,s1,s2,s3);--定义4种模式
    SIGNAL present:states;--定义当前状态
    SIGNAL q1:STD_LOGIC_VECTOR(7 DOWNTO 0);
    SIGNAL count:STD_LOGIC_VECTOR(3 DOWNTO 0);
BEGIN
PROCESS(clk,rst)
BEGIN
    IF rst='1' THEN--系统复位
       present<=s0;
       q1<=(OTHERS=>'0');
    ELSIF clk'EVENT AND clk='1' THEN
      CASE present IS
      WHEN s0=>                  -- S0模式,从左到右逐个点亮LED灯
        IF q1="00000000" THEN
           q1<="10000000";
        ELSE
           IF count="0111" THEN
              count<=(OTHERS=>'0');
              q1<="00000001";
              present<=s1;
           ELSE
              q1<=q1(0)&q1(7 DOWNTO 1);
              count<=count+1;
              present<=s0;
           END IF;
        END IF;
      WHEN s1=>                  -- s1模式,从右到左逐个点亮LED灯
        IF count="0111" THEN
```

```
                count<=(OTHERS=>'0');
                q1<="10000001";
                present<=s2;
            ELSE
                q1<=q1(6 DOWNTO 0)&q1(7);
                count<=count+1;
                present<=s1;
            END IF;
        WHEN s2 =>             -- s2 模式,从两边到中间逐个点亮 LED 灯
            IF count="0111" THEN
                count<=(OTHERS=>'0');
                q1<="00011000";
                present<=s3;
            ELSE
                q1(7 DOWNTO 4)<=q1(4)&q1(7 DOWNTO 5);
                q1(3 DOWNTO 0)<=q1(2 DOWNTO 0)&q1(3);
                count<=count+1;
                present<=s2;
            END IF;
        WHEN s3 =>             -- s3 模式,从中间到两边逐个点亮 LED 灯
            IF count="0111" THEN
                count<=(OTHERS=>'0');
                q1<="10000000";
                present<=s0;
            ELSE
                q1(7DOWNTO 4)<=q1(6 DOWNTO 4)&q1(7);
                q1(3DOWNTO 0)<=q1(0)&q1(3 DOWNTO 1);
                count<=count+1;
                present<=s3;
            END IF;
        END CASE;
    END IF;
END PROCESS;
    q<=q1;
END;
```

跑马灯的功能仿真结果如图 10.70 所示,其时序仿真如图 10.71 所示。可以看出状态在 s0~s3 之间是循环转换的。

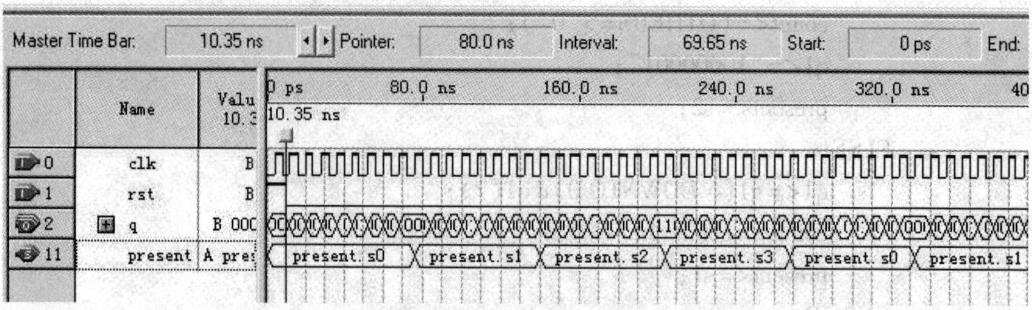

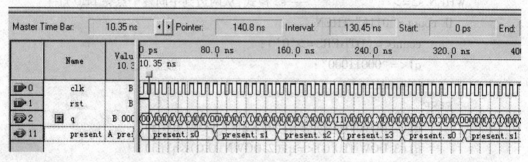

图 10.70　跑马灯参考程序的功能仿真图

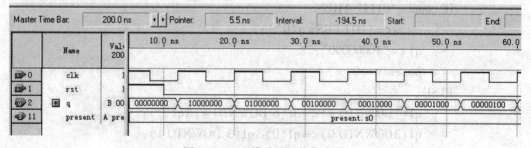

图 10.71　跑马灯参考程序的时序仿真图

为了观察各种模式下 LED 灯的显示情况，对 s0～s3 的各个模式进行局部观察。下面只给出 s0 模式的功能仿真图如图 10.72 所示。观察端口 q 的输出可知，按 s0 的模式从左到右逐个点亮 LED 灯。

图 10.72　s0 模式的功能仿真图

本章小结

本章通过多个实训案例，结合相关硬件实验系统，深入浅出地介绍了基于 EDA 技术设计复杂数字系统的方法。所有举例均经过综合工具或仿真工具的验证，许多实例给出了仿真波形，希望能够对读者有所帮助。

参考文献

[1] 赵艳华. 基于 Quartus Ⅱ 的 FPGA/CPLD 数字系统设计快速入门[M]. 北京:电子工业出版社,2017.
[2] 朱正伟. EDA 技术及应用[M]. 北京:清华大学出版社,2013.
[3] 杨光永. EDA 设计技术[M]. 北京:人民邮电工业出版社 2013.
[4] 潘松,黄继业. EDA 技术实用教程:VHDL 版[M]. 5 版. 北京:科学出版社,2013.
[5] 李洪伟,袁斯华. 基于 Quartus Ⅱ 的 FPGA 和 CPLD 设计[M]. 北京:电子工业出版社,2006.
[6] 延明. 数字逻辑设计实验与 EDA 技术[M]. 北京邮电大学出版社,2006.
[7] 王振红. FPGA 电子系统设计项目实战[M]. 北京:清华大学出版社,2014.
[8] 赵明富,李立军. EDA 技术基础[M]. 北京:北京大学出版社,2007.
[9] 黄平. 基于 Quartus Ⅱ 的 FPGA/CPLD 数字系统设计与应用[M]. 北京:电子工业出版社,2014.
[10] 张洪润,张亚凡等. FPGA/CPLD 应用设计 200 例[M]. 北京:北京航空航天大学出版社,2009.
[11] 周润景,图雅,张丽敏. 基于 Quartus Ⅱ 的 FPGA/CPLD 数字系统设计实例[M]. 北京:电子工业出版社,2007.
[12] 孟庆海,张洲. VHDL 基础及经典实例开发[M]. 西安:西安交通大学出版社,2008.
[13] 廉玉欣. 基于 Xilinx Vivado 的数字逻辑实验教程[M]. 北京:电子工业出版社,2016.
[14] 伍宗富. EDA 技术应用基础[M]. 西安:西安电子科技大学出版社,2016.